校企合作职业本科教育精品教材

机械制造技术

主审　孙晨曦

主编　于建国　韩彦龙

时代出版传媒股份有限公司
安徽科学技术出版社

图书在版编目（CIP）数据

机械制造技术 / 于建国，韩彦龙主编. -- 合肥：安徽科学技术出版社，2025.1. -- ISBN 978-7-5337-9270-1

Ⅰ.TH16

中国国家版本馆CIP数据核字第2025Z1Z131号

JIXIE ZHIZAO JISHU

机械制造技术 主编 于建国 韩彦龙

出 版 人：王筱文	选题策划：王　利	责任编辑：高　明
责任校对：张晓辉　王一帆	责任印制：阮怀平	装帧设计：北京金企鹅

出版发行：安徽科学技术出版社　　http://www.ahstp.net
（合肥市政务文化新区翡翠路1118号出版传媒广场，邮编：230071）
电话：（0551）63533330
印　　制：三河市祥达印刷包装有限公司　　电话：（0316）3656589
（如发现印装质量问题，影响阅读，请与印刷厂商联系调换）

开本：787×1092　1/16　　印张：16.25　　字数：375千
版次：2025年1月第1版　　印次：2025年1月第1次印刷

ISBN 978-7-5337-9270-1　　　　　　　　　　　　定价：49.80元

版权所有，侵权必究

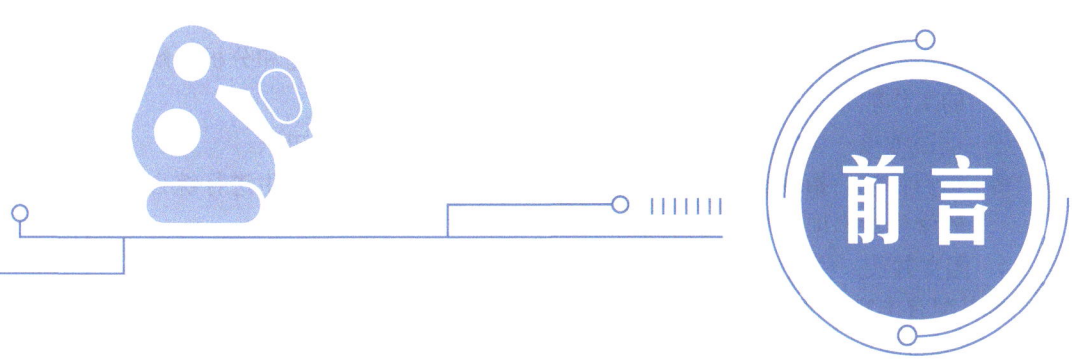

前言

作为工业生产的驱动核心,机械制造行业的重要性在我国经济向高质量发展阶段迈进的过程中愈发凸显。党的十八大以来,我国机械制造行业紧跟新一轮科技革命和产业变革发展新趋势,积极推进协同创新、开展联合攻关,一批重大技术装备实现了新突破。与此同时,随着物联网、大数据、云计算、人工智能等信息技术与机械制造技术深度融合,培养具备跨学科知识和技能的复合型、创新型人才已迫在眉睫。正是基于这种需求,我们精心编写了本书,致力于构建一个系统、全面的机械制造技术知识体系,引领他们深入探索其中的奥秘。

本书主要具有以下特色。

1. 立德树人,润物无声

为贯彻党的二十大精神,坚持为党育人、为国育才的教育初心,落实立德树人根本任务,本书积极践行"立德树人,德技并修"的编写理念,在每个项目的开头明确了"素质目标",以引导学生树立理想信念,培养优秀精神与品质;在相关知识中设置了"进德修业"模块,让学生在学习专业知识的同时了解制造业的发展态势,感受先进人物的劳模精神、劳动精神、工匠精神,以引导学生树立正确的世界观、人生观和价值观,培养学生良好的职业道德和工作作风。

2. 校企合作,工学结合

在编写本书的过程中,编者进行了大量的企业调研和毕业生访问调查,深入了解了市场对机械制造行业相关岗位的实际技能需求,在内容组织上遵循"理论够用、实用为主"的原则,在保证基础理论知识够用的前提下,侧重介绍相关技术在工程实际中的应用方法,力求让学生学以致用。

3. 全新理念,全新形态

本书采用全新理念、全新形态的项目式体例编写,每个项目按照"项目导读"→"项目描述"→"相关知识"→"项目实施"→"项目考核"→"项目评价"的结构安排内容。

- **项目导读**:让学生初步了解本项目的学习任务和相关背景,激发学生的学习兴趣。
- **项目描述**:以案例或情景故事等形式引出学习任务,让学生初步了解所学知识的实际应用场景,引出下文知识点。
- **相关知识**:作为项目实施的理论支撑,以"必需、够用"为原则,采用深入浅出、通俗易懂的方式介绍机械制造的过程、原理、方法和步骤等知识。
- **项目实施**:让学生在实施的过程中进一步融会贯通,以实现"做中学,学中做"

的一体化教学思想，最大限度地培养学生的自主学习能力和分析、解决实际问题的工作能力。

- ❖ **项目考核**：让学生通过解答习题来查漏补缺，巩固所学知识。
- ❖ **项目评价**：指导教师可从知识、技能和素养三个方面对学生进行综合评价，以检验学生对本项目的学习情况。

4. 图文并茂，栏目丰富

本书配有丰富、精美的示意图和实物图，不仅可以帮助学生直观地理解相关知识，还可以增强教材的可读性。同时，本书在恰当的位置设置了"点拨""知识链接""笔记"等模块，方便学生理解疑难知识，掌握重点内容，拓展相关知识，记录相关经验和感想。同时，本书还设置了"头脑风暴"等互动模块，以活跃课堂气氛，提高学生的学习积极性。

5. 平台支撑，资源丰富

本书配有丰富的数字资源，读者可以借助手机或其他移动设备扫描二维码观看微课视频，也可以登录文旌综合教育平台"文旌课堂"查看和下载本书配套资源，如教学课件、课后习题答案等。读者在学习过程中有任何疑问，都可以登录该平台寻求帮助。

此外，本书还提供了在线题库，支持"教学作业，一键发布"，教师只需要通过微信或"文旌课堂"App扫描扉页二维码，即可迅速选题、一键发布、智能批改，并查看学生的作业分析报告，提高教学效率、提升教学体验。学生可在线完成作业，巩固所学知识，提高学习效率。

本书由孙晨曦担任主审，于建国、韩彦龙担任主编，王嘉骥、丁媛媛、黎倩、牛洪媛、成涛、王少鹏、李明担任副主编。由于编者水平有限，书中难免存在疏漏和不妥之处，诚请广大读者批评指正。

特别说明：

（1）本书所选案例均来源于真实事件，但为了避免引起误会，部分人物使用了化名。

（2）本书没有注明资料来源的案例均为编者根据真实事件改编。

🔍 **本书配套资源下载网址和联系方式**

🌐 网址：https://www.wenjingketang.com

📞 电话：400-117-9835

✉ 邮箱：book@wenjingketang.com

目录

项目 1　机械制造概述 ········· 1
项目导读 ········· 1
项目描述 ········· 2
相关知识 ········· 2
1.1　机械制造过程 ········· 2
　　1.1.1　生产系统和生产过程的概念 ········· 2
　　1.1.2　机械加工工艺过程的组成 ········· 3
　　1.1.3　生产纲领和生产类型 ········· 6
1.2　机械制造方法 ········· 8
　　1.2.1　机械制造方法的分类 ········· 8
　　1.2.2　常见的机械加工方法 ········· 10
　　1.2.3　特种加工方法 ········· 15
项目实施——选择法兰盘的生产类型及制造方法 ········· 17
项目考核 ········· 18
项目评价 ········· 19

项目 2　金属切削原理 ········· 20
项目导读 ········· 20
项目描述 ········· 21
相关知识 ········· 21
2.1　金属切削概述 ········· 21
　　2.1.1　零件加工表面的成形 ········· 21
　　2.1.2　切削运动 ········· 23
　　2.1.3　切削用量 ········· 24
　　2.1.4　切削层参数 ········· 26
　　2.1.5　材料的切削加工性 ········· 27
2.2　金属切削的基本规律 ········· 29
　　2.2.1　金属切削过程的物理现象 ········· 29

2.2.2　切屑的分类及控制 ………………………………………………………… 32
　　2.2.3　切削力和切削功率 …………………………………………………………… 34
　　2.2.4　切削热和切削温度 …………………………………………………………… 35
项目实施——分析典型切削运动和计算切削用量 ……………………………………… 37
项目考核 ……………………………………………………………………………………… 38
项目评价 ……………………………………………………………………………………… 40

项目 3　金属切削刀具和切削液 …………………………………………………………… 41

项目导读 ……………………………………………………………………………………… 41
项目描述 ……………………………………………………………………………………… 42
相关知识 ……………………………………………………………………………………… 42
　3.1　刀具 …………………………………………………………………………………… 42
　　3.1.1　刀具种类 ……………………………………………………………………… 42
　　3.1.2　刀具材料 ……………………………………………………………………… 45
　　3.1.3　刀具角度 ……………………………………………………………………… 47
　　3.1.4　刀具磨损及刀具寿命 ………………………………………………………… 53
　3.2　切削液 ………………………………………………………………………………… 56
　　3.2.1　切削液的作用 ………………………………………………………………… 56
　　3.2.2　切削液的分类 ………………………………………………………………… 56
　　3.3.3　切削液的使用 ………………………………………………………………… 57
项目实施——测量外圆车刀的角度 ……………………………………………………… 58
项目考核 ……………………………………………………………………………………… 61
项目评价 ……………………………………………………………………………………… 63

项目 4　金属切削机床 ……………………………………………………………………… 64

项目导读 ……………………………………………………………………………………… 64
项目描述 ……………………………………………………………………………………… 65
相关知识 ……………………………………………………………………………………… 65
　4.1　机床概述 ……………………………………………………………………………… 65
　　4.1.1　机床的分类和型号 …………………………………………………………… 65
　　4.1.2　机床的结构 …………………………………………………………………… 68
　　4.1.3　机床的传动原理 ……………………………………………………………… 69
　　4.1.4　机床的技术性能及机床精度 ………………………………………………… 73
　4.2　常见的机床 …………………………………………………………………………… 75
　　4.2.1　车床 …………………………………………………………………………… 75
　　4.2.2　铣床 …………………………………………………………………………… 77
　　4.2.3　钻床 …………………………………………………………………………… 79
　　4.2.4　磨床 …………………………………………………………………………… 81

4.2.5　数控机床 ··· 83
　项目实施——认识机床并分析其结构及性能特点 ································· 87
　项目考核 ·· 88
　项目评价 ·· 90

项目 5　机床夹具 ·· 91

　项目导读 ·· 91
　项目描述 ·· 92
　相关知识 ·· 92
　5.1　夹具概述 ·· 92
　　　5.1.1　夹具的功用 ··· 92
　　　5.1.2　夹具的分类 ··· 93
　　　5.1.3　夹具的组成 ··· 94
　5.2　工件在夹具中的定位 ·· 95
　　　5.2.1　基准的概念及分类 ·· 95
　　　5.2.2　六点定位原理 ·· 96
　　　5.2.3　常见的定位方式和定位元件 ·· 96
　　　5.2.4　定位的分类 ··· 99
　　　5.2.5　定位误差的分析与计算 ··· 101
　5.3　工件在夹具中的夹紧 ·· 104
　　　5.3.1　夹紧装置 ··· 104
　　　5.3.2　夹紧力的确定 ·· 105
　　　5.3.3　定位夹紧符号 ·· 107
　　　5.3.4　基本夹紧机构 ·· 109
　5.4　常见的夹具 ·· 110
　　　5.4.1　车床夹具 ··· 110
　　　5.4.2　铣床夹具 ··· 112
　　　5.4.3　钻床夹具 ··· 114
　　　5.4.4　镗床夹具 ··· 117
　5.5　夹具的设计 ·· 118
　　　5.5.1　夹具设计的基本要求 ··· 118
　　　5.5.2　夹具的设计方法和步骤 ··· 119
　　　5.5.3　夹具装配图技术要求的制订 ··· 120
　项目实施——编制钻模的设计方案 ·· 121
　项目考核 ·· 124
　项目评价 ·· 125

项目 6　机械加工工艺规程设计 ……………………………………………………… 126

项目导读 ……………………………………………………………………………… 126
项目描述 ……………………………………………………………………………… 127
相关知识 ……………………………………………………………………………… 127
 6.1　机械加工工艺规程概述 ……………………………………………………… 127
  6.1.1　机械加工工艺规程的形式 ……………………………………………… 127
  6.1.2　机械加工工艺规程的作用 ……………………………………………… 130
  6.1.3　机械加工工艺规程设计的原则 ………………………………………… 130
  6.1.4　机械加工工艺规程设计的步骤 ………………………………………… 130
 6.2　零件工艺性分析和毛坯的选择 ……………………………………………… 131
  6.2.1　零件工艺性分析 ………………………………………………………… 131
  6.2.2　毛坯的选择 ……………………………………………………………… 133
 6.3　工艺路线的拟定 ……………………………………………………………… 135
  6.3.1　定位基准的选择 ………………………………………………………… 135
  6.3.2　加工方法的选择 ………………………………………………………… 136
  6.3.3　加工阶段的划分 ………………………………………………………… 138
  6.3.4　加工顺序的安排 ………………………………………………………… 139
  6.3.5　工序内容的组合 ………………………………………………………… 140
 6.4　加工工序的设计 ……………………………………………………………… 142
  6.4.1　加工余量和工序尺寸的确定 …………………………………………… 142
  6.4.2　工艺尺寸链 ……………………………………………………………… 147
  6.4.3　机床设备和工艺装备的选择 …………………………………………… 154
  6.4.4　时间定额及提高生产率的工艺措施 …………………………………… 155
项目实施——编制减速器传动轴的机械加工工艺卡片 …………………………… 156
项目考核 ……………………………………………………………………………… 159
项目评价 ……………………………………………………………………………… 160

项目 7　典型零件的加工工艺 …………………………………………………………… 161

项目导读 ……………………………………………………………………………… 161
项目描述 ……………………………………………………………………………… 162
相关知识 ……………………………………………………………………………… 163
 7.1　轴类零件的加工工艺 ………………………………………………………… 163
  7.1.1　轴类零件的特点 ………………………………………………………… 163
  7.1.2　轴类零件的装夹方法 …………………………………………………… 164
  7.1.3　轴类零件外圆表面的加工路线 ………………………………………… 165
  7.1.4　轴类零件外圆表面的加工方法 ………………………………………… 166
  7.1.5　保证轴类零件加工质量的措施 ………………………………………… 169

7.2 套类零件的加工工艺 ·· 171
7.2.1 套类零件的特点 ·· 171
7.2.2 套类零件的装夹方法 ··· 172
7.2.3 套类零件孔的加工路线 ··· 173
7.2.4 保证套类零件加工质量的措施 ··· 173
7.3 箱体类零件的加工工艺 ··· 176
7.3.1 箱体类零件的特点 ·· 176
7.3.2 箱体类零件的装夹方法 ··· 178
7.3.3 箱体类零件的结构工艺性 ·· 179
7.3.4 箱体类零件的定位基准 ··· 181
7.3.5 箱体类零件的加工路线 ··· 182
7.3.6 箱体类零件的加工方法 ··· 183
项目实施——编制车床主轴的机械加工工艺过程卡片 ·· 184
项目考核 ·· 188
项目评价 ·· 189

项目 8 机械装配工艺 ··· 190

项目导读 ·· 190
项目描述 ·· 191
相关知识 ·· 191
8.1 装配概述 ··· 191
8.1.1 装配的有关概念 ··· 191
8.1.2 装配的工作内容 ··· 192
8.2 装配精度和装配尺寸链 ·· 193
8.2.1 装配精度 ·· 193
8.2.2 装配尺寸链 ··· 195
8.3 装配方法 ··· 196
8.3.1 互换法 ··· 196
8.3.2 选配法 ··· 198
8.3.3 修配法 ··· 198
8.3.4 调整法 ··· 199
8.4 装配工艺规程设计 ·· 200
8.4.1 装配工艺规程设计所需的资料 ··· 200
8.4.2 装配工艺规程设计的步骤 ·· 201
项目实施——设计齿轮传动组件的装配工艺规程 ··· 206
项目考核 ·· 207
项目评价 ·· 208

项目 9　机械加工质量分析与控制 ··· 209

项目导读 ·· 209
项目描述 ·· 210
相关知识 ·· 210
 9.1　加工精度 ·· 210
  9.1.1　加工精度概述 ·· 210
  9.1.2　影响加工精度的因素 ·· 214
  9.1.3　提高加工精度的方法 ·· 229
 9.2　表面质量 ·· 231
  9.2.1　表面质量概述 ·· 231
  9.2.2　表面质量对零件使用性能的影响 ···································· 233
  9.2.3　影响表面质量的因素 ·· 236
  9.2.4　提高表面质量的方法 ·· 239
 9.3　机械加工振动 ··· 240
  9.3.1　受迫振动 ·· 241
  9.3.2　自激振动 ·· 242
项目实施——分析影响活塞销孔精镗加工精度的原始误差 ·················· 244
项目考核 ·· 245
项目评价 ·· 247

参考文献 ··· 248

项目 1　机械制造概述

项目导读

机械是机器设备和工具的总称,它贯穿现代社会的各行各业和每个角落。广义的机械制造是指机械的产出所涉及的一切活动,是利用制造资源(如设计方法、工艺、设备、工具和人力等)将材料转变成具有一定功能、能为人类服务的有用物品的全过程。机械制造业是为各产业提供装备的行业,其发展水平与规模是衡量一个国家科技水平和经济实力的重要标志。本项目主要介绍机械制造过程和机械制造方法的基本知识。

知识目标

- 了解生产系统和生产过程的概念。
- 掌握机械加工工艺过程的组成。
- 掌握生产纲领的计算和不同生产类型的特点。
- 掌握机械制造方法的分类。
- 掌握常见机械加工方法的特点。
- 了解特种加工方法的应用。

技能目标

- 能根据生产纲领合理选择产品的生产类型。
- 能为零件选择合适的机械加工方法。

素质目标

- 树立制造强国的远大职业理想和投身国家建设的使命担当。
- 培育崇实尚业、刻苦钻研、精益求精的工匠精神。

项目描述

某机械厂迎来了一批实习大学生,他们来自某学校不同的专业院系。为了让这些大学生熟悉厂里的生产情况,厂里的生产主管带领他们参观了加工车间和装配车间。在加工车间,这些大学生看到了不同零件的加工过程及所采用的加工方法;在装配车间,这些大学生看到了产品的整个装配过程。通过这次参观,这些大学生对产品的机械制造过程有了总体的认识。

机械制造过程是一个复杂的生产过程,它需要根据产品的生产纲领确定生产类型及工艺过程,并在生产过程中采用合适的机械制造方法。如图 1-1 所示为减速器上的法兰盘,该法兰盘为轻型零件,材料为 HT200 灰铸铁,备品率为 2%,废品率为 1%;减速器年产量为 80 台,每台减速器有 2 件该法兰盘。请为该法兰盘选择合适的生产类型和制造方法。

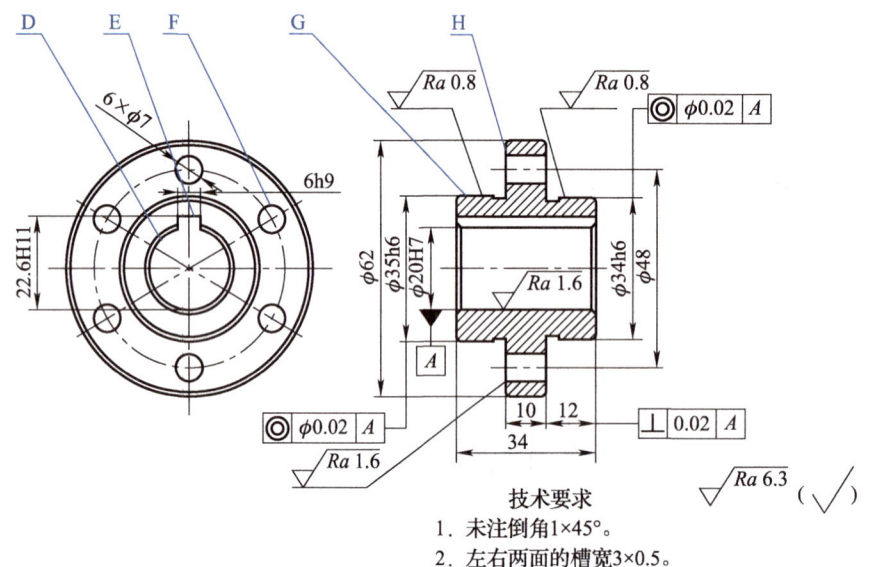

图 1-1 减速器上的法兰盘

1.1 机械制造过程

1.1.1 生产系统和生产过程的概念

生产系统是指由人、生产原料、生产工具共同组成的,能将生产原料转换为产品的系统。一个机械制造工厂就可看作一个有输入和输出的生产系统。生产系统一般由三个层次组成：决策层、计划管理层、生产技术层。在生产技术层中，将原材料转变为成品的全过程称为生产过程，它是生产系统的核心组成部分。

生产过程包括原材料的运输保管、生产准备、毛坯制造、零件加工、部件和产品装配、质量检验和包装等。生产过程由物料流、信息流和能量流三大系统组成，如图1-2所示。其中，物料流是指原材料转变、储存、运输的过程；信息流是指生产中所用到的各种知识、信息和数据的处理、传递、转换和利用过程；能量流是指为生产活动提供动力能源的过程。

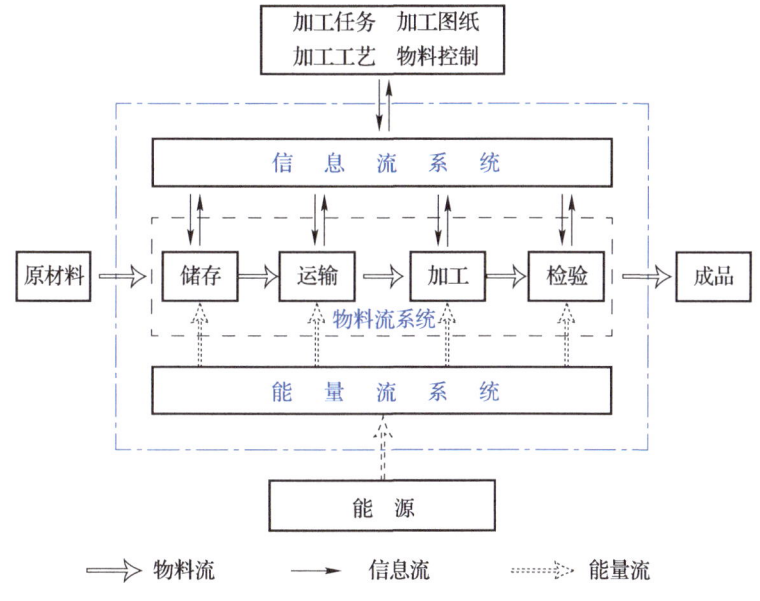

图 1-2　生产过程的组成

1.1.2　机械加工工艺过程的组成

工艺过程是指改变生产对象的形状、尺寸、相对位置和性质等，使其成为成品或半成品的过程。它包括毛坯制造、零件加工、部件或产品装配、质量检验和包装等。

机械制造工艺过程一般包括机械加工工艺过程和机械装配工艺过程。其中，采用机械加工的方法，直接改变毛坯的形状、尺寸、表面质量和性能等，使其成为合格零件的过程，称为机械加工工艺过程；根据产品设计的技术规定和精度要求等，采用合适的装配方法将构成产品的零件组合成组件、部件直至产品的过程，称为机械装配工艺过程。

机械加工工艺过程由若干按顺序排列的工序组成，而每个工序又可分为安装、工位、工步和走刀。

1. 工序

工序是指一个工人（或一组工人）在一台机床上（或一个工作地点），对同一个（或同时对几个）工件连续完成的那一部分工艺过程。工序是组成工艺过程的基本单元。

工作地点（机床）、工人、加工对象（工件）和连续作业是构成工序的四个要素，其中任何一个要素发生改变即成为新的工序。连续作业是指在该工序内的全部工作要不间断地接连完成。

如图 1-3 所示为阶梯轴零件,它的每个表面都需要进行机械加工。该零件的机械加工工艺过程如表 1-1 所示,从中可计算出加工阶梯轴所需设备的数量、工人的人数和工作面积的大小。因此,工序也是制订时间定额、配备工人及机床设备、安排作业计划和进行质量检验的基本单元。

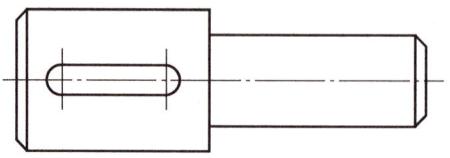

图 1-3　阶梯轴零件

表 1-1　阶梯轴零件的机械加工工艺过程

工序号	工序内容	工作地点（设备）
1	车一端面、钻中心孔,调头车另一端面、钻另一面中心孔	车床
2	车大外圆及倒角,调头车小外圆及倒角	车床
3	铣键槽	铣床
4	磨外圆	外圆磨床
5	去毛刺	钳工台

2．安装

安装是指工件经一次装夹后所完成的那一部分工序。在一个工序中,工件可能被装夹一次或多次才能完成加工,如表 1-1 中的工序 1 和工序 2,工件都有一次调头装夹,这两个工序均包含两次安装。在机械加工过程中,应尽量减少工件装夹的次数,以减少装夹过程中产生的误差和消耗的时间。

3．工位

为了减少工件在机械加工过程中的装夹次数,人们常采用各种回转工作台、回转夹具或移动夹具,使工件在一次装夹中先后处于几个不同的位置,并在不同的位置对工件进行加工。工位是指工件相对于机床或刀具每占据一个加工位置所完成的那部分工序。

4．工步

工步是指在加工表面不变、加工工具不变、切削用量不变（"三个不变"）的条件下所连续完成的那部分工序。改变构成工步"三个不变"的任一因素可使其成为一个新工步。

对于连续进行的几个相同的工步,如在法兰上依次钻多个同样尺寸的孔,习惯上算作一个工步,称为连续工步,如图 1-4（a）所示。对于同时用几把刀具（或用复合刀具）加工几个不同表面的工步,也可看作是一个工步,称为复合工步,如图 1-4（b）所示。

项目 1　机械制造概述

（a）连续工步　　　　　　　　　　　　　（b）复合工步

图 1-4　连续工步和复合工步

5. 走刀

在一个工步内，若要切除的金属层较厚、需要分几次切削，则每次切削就是一次走刀。走刀又称工作行程，是构成工艺过程的最小单元。

点 拨

一个机械加工工序可能包含一个或几个安装，每个安装可能包含一个或几个工位，每个工位可能包含一个或几个工步，每个工步可能包括一次或数次走刀，如图 1-5 所示。

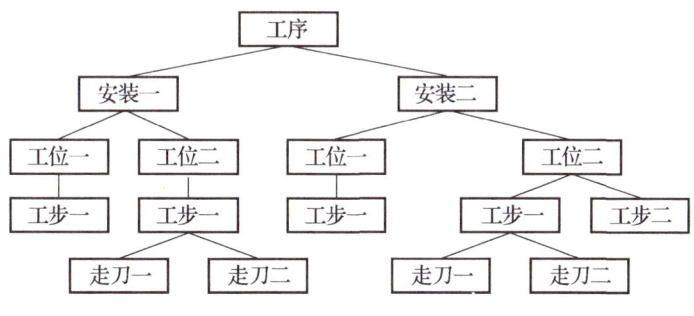

图 1-5　工序、安装、工位、工步、走刀之间的关系

笔记

1.1.3 生产纲领和生产类型

1. 生产纲领

生产纲领是指企业在计划期内应当生产产品的产量和进度计划,通常由生产企业根据产品的市场需求和自身的生产能力来确定。零件的生产纲领通常还包括一定数量的备品和废品。计划期为一年的生产纲领称为年生产纲领,其计算公式为

$$N = Qn(1+\alpha)(1+\beta) \tag{1-1}$$

式中:

N ——零件的年生产纲领(件/年);

Q ——产品的年产量(台/年);

n ——每台产品中该零件的数量(件/台);

α ——备品百分率;

β ——废品百分率。

生产纲领决定了产品的生产类型,是机械加工工艺规程设计和修改的重要依据,直接影响车间(或工段)的设计和生产设备的配置。

2. 生产类型

生产类型是指企业(或车间、工段、班组、工作地)生产专业化程度的分类,一般分为单件生产、大量生产和成批生产三种类型,其划分标准如表1-2所示。

表1-2 生产类型的划分标准

生产类型		零件的年生产纲领(件/年)		
		轻型零件(质量≤15 kg)	中型零件(质量>15~50 kg)	重型零件(质量>50 kg)
单件生产		≤100	≤20	≤5
成批生产	小批生产	>100~500	>20~200	>5~100
	中批生产	>500~5 000	>200~500	>100~300
	大批生产	>5 000~50 000	>500~5 000	>300~1 000
大量生产		>50 000	>5 000	>1 000

* **单件生产**:产品种类多,同一种类产品的产量很小,工作地点和加工对象完全不重复或很少重复。例如,重型机器、专用设备的制造或新产品试制等都属于单件生产。

* **成批生产**:分批生产相同的产品,工作地点和加工对象会周期性地进行轮换。例如,普通机床、纺织机械等的制造多属于成批生产。按批量大小的不同,成批生产又可分为小批生产、中批生产和大批生产三种类型。其中,小批生产和大批生产的工艺特点分别与单件生产和大量生产类似,故常分别称为单件小批生产和大批大量生产。

* **大量生产**:产品种类单一,产量很大,大多数工作地点长期进行某一产品或某一道工序的加工。例如,汽车轴承、自行车等的制造多属于大量生产。

各生产类型的工艺特点如表1-3所示。

表1-3 各生产类型的工艺特点

项目	工艺特点			
	单件生产	成批生产		大量生产
		小批生产	中批生产	大批生产	
加工对象	经常变换	周期性变换		固定不变
毛坯及加工余量	自由锻造、木模手工造型；毛坯精度低，加工余量大	部分采用模锻、金属模造型；毛坯精度及加工余量中等		广泛采用模锻、机器造型等高效方法；毛坯精度高、加工余量小
机床设备及其布置形式	通用机床，部分数控机床；按机床类别采用机群式布置	通用机床和数控机床结合；按工件类别分工段布置		广泛采用高效专用机床及自动机床；按自动线或专用机床流水线布置
夹具及尺寸保证	通用夹具、标准附件或组合夹具；通过试切法保证尺寸	通用夹具、专用夹具或成组夹具；通过定程法保证尺寸		高效专用夹具；通过定程法及自动测量控制尺寸
刀具、量具	通用刀具、量具	专用或标准刀具、量具		高效专用刀具、量具
零件的互换性	配对制造，互换性差，多采用钳工修配	多数互换，部分试配或修配		全部互换，高精度偶件采用分组装配、配磨
工艺文件的要求	编制反映工序顺序的工艺过程卡片	编制较为详细的工艺卡片及关键工序的工序卡片		编制详细的工艺卡片、工序卡片及调整卡片
生产率	若采用传统加工方法，则生产率低，可采用数控机床加工来提高生产率	中等		高
成本	较高	中等		低
对工人技术能力的要求	需要技术熟练的工人	需要技术较为熟练的工人		对操作工人的技术要求较低，对调整工人的技术要求较高
发展趋势	采用成组工艺、数控机床、加工中心及柔性制造单元	采用成组工艺、柔性制造系统或柔性自动线		采用计算机控制的自动化制造系统、车间或无人工厂，实现自适应控制

笔记

1.2 机械制造方法

1.2.1 机械制造方法的分类

零件要实现其在机器中的预定功能，必须具有一定的形状和尺寸。零件的形状和尺寸需要通过不同的制造方法来获得。在将原材料或毛坯制造成零件的过程中，按其质量 m 变化的不同，零件的成形方法可分为材料成形方法（$\Delta m = 0$）、材料累加方法（$\Delta m > 0$）和材料去除方法（$\Delta m < 0$）三种。

1. 材料成形方法

材料成形方法是指在零件的制造过程中，原材料或毛坯的形状、尺寸和性能等发生变化，而质量未发生变化的一种制造方法。常见的材料成形方法有铸造、锻造、冲压和粉末冶金等。

铸造

1）铸造

铸造是指熔炼金属，制造铸型，并将熔融金属浇入铸型，凝固后获得一定形状、尺寸、成分、组织和性能的铸件的成形方法。这种方法的优点是适应性强，生产成本低；缺点是铸件质量难以控制，力学性能较差，生产工序多，劳动强度大。

2）锻造

锻造是指使坯料在工具的冲击力或静压力作用下产生塑性变形，成形为具有一定形状和尺寸的锻件的制造方法。锻件由于受塑性变形，其内部组织更加致密，晶粒得到细化，因此具有很好的力学性能，常用于制造综合力学性能要求较高的零件。但锻件是在固态下成形的，因此其形状复杂程度一般不高。此外，锻件加工余量较大、材料利用率低，加工成本比相同材质的铸件高。

3）冲压

冲压是指利用冲模和冲压设备对材料施加压力，使其产生塑性变形或分离，获得所需形状和尺寸的零件（冲压件）的加工方法。冲压件的力学性能好、尺寸精度高，其材料利用率比较高，是一种生产率较高的制造方法。冲压可制出难以用其他方法制造的零件，如表面起伏或附有加强筋、肋及翻边的零件等，因此在生产中，尤其在大批大量生产中应用十分广泛。例如，不锈钢饭盒、搪瓷盆、高压锅、汽车覆盖件、冰箱门板、枪炮弹壳等，都可通过冲压的方法制造。

4）粉末冶金

粉末冶金是指制取金属粉末（添加或不添加非金属粉末），实施成形和烧结，制成材料或制品的加工方法。用粉末冶金法制造零件，是一种无切削或少切削的制造方法，可大量减少加工工作量，节约金属材料，提高生产率。但粉末冶金也有不足之处，例如，金属粉末成本较高，粉末冶金制品的大小和形状受到一定限制且韧性较小等。

2. 材料累加方法

材料累加方法是指将分离的原材料或毛坯通过加热、加压或其他途径结合成零件的方法。这种方法包括连接、表面涂覆和快速成形制造等。

1）连接

连接是一种传统的材料累加方法，它通过不可拆卸的连接方法，如焊接、黏接、铆接和过盈配合等，使原材料或毛坯接合成一个零件。

2）表面涂覆

表面涂覆是指用规定的异己材料，在零件表面形成涂层的方法，主要包括电镀、电刷镀、化学镀、物理气相沉积、化学气相沉积、热喷涂等。

3）快速成形制造

快速成形制造（rapid prototyping, RP）是指由三维 CAD 模型直接驱动，通过材料逐层堆积制造三维实体零件的一系列技术的总称，其基本原理是"分层制造，逐层叠加"。该方法以零件的三维模型为蓝本，通过分层软件及数控成形系统得到零件各截面的二维轮廓；按照这些二维轮廓，使用激光束或电子束等选择性地将粉末材料烧结成一层一层的截面轮廓（或喷涂一层一层的热熔材料和黏结剂等），并将每个截面轮廓有序地叠加成三维零件。

快速成形制造将计算机辅助设计（CAD）、计算机辅助制造（CAM）、计算机数字控制（CNC）、激光、精密伺服驱动和新材料等先进技术集于一身，已成为当今世界上新产品快速加工与制造的强有力手段之一，目前在航空航天装备、汽车、医疗器械及家用电器等的制造领域得到了广泛的应用。

知识链接

"3D 打印"（见图 1-6）是快速成形制造的一种，它以数字模型文件为基础，运用粉末状金属或塑料等可黏合材料，通过逐层打印的方式来构造物体。随着快速成形制造技术的发展，其中一些工艺方法的成形过程类似于打印机的喷头喷射。由于这类技术与当下流行的"3D"概念相契合，所以出现了"3D 打印"这一称呼。

图 1-6　3D 打印

3. 材料去除方法

材料去除方法是指以一定方式将原材料或毛坯上多余的材料去除，以得到所需零件的方法。这种方法主要包括切削加工及特种加工两大类。

电火花线切割

1）切削加工

切削加工是指利用切削工具从原材料或毛坯上切除多余材料的加工方法，包括车削、铣削、刨削、磨削、钻削和镗削等。切削加工不仅适用范围广，而且能使零件获得很高的尺寸精度和表面质量，因此在机械制造业中占有非常重要的地位。

2）特种加工

特种加工是指直接利用电能、热能、声能、光能、电化学能、化学能及特殊机械能等多种能量，以去除材料的加工方法。有些零件因其材料性能特殊、形状复杂等原因，难以采用切削加工方法加工，而采用电火花加工、电解加工、超声加工、激光加工、电子束加工等特种加工方法，则能很好地解决这些难题。

 笔记

进德修业

弘扬工匠精神，逐梦制造强国

干一行爱一行，在干中增长技艺与才能，养成"择一事终一生"的执着专注，"干一行钻一行"的精益求精，"偏毫厘不敢安"的一丝不苟，"千万锤成一器"的卓越追求，劳动的价值才能得到最大程度的体现。

"天下大事，必作于细。"弘扬工匠精神，离不开文化支撑。唯有心无旁骛，把技艺的精准、精细视为艺术、视为生命，才能在本职岗位上坐得住、做得好，乃至至精至善。要铸匠艺，需要一丝不苟、精益求精的价值追求、认真精神。中央电视台《大国工匠》纪录片中讲述的 24 位大国工匠故事中，最令人印象深刻的细节就是他们对匠艺永无止境的追求与超越。例如，匠人彭祥华，能够把装填爆破药量的呈送控制在远远小于规定的最小误差之内；高凤林，我国火箭发动机焊接第一人，不仅把焊接误差控制在 0.16 毫米之内，而且将焊接停留时间从 0.1 秒缩短到 0.01 秒……先修"心境"而后方达"技境"正是匠心文化的体现。

（资料来源：岳奎，《弘扬工匠精神，逐梦制造强国》，《光明日报》2023 年 1 月 18 日）

1.2.2 常见的机械加工方法

由于机械制造技术一般仅讨论切削加工和装配方面的工艺问题，因此这里所讲述的机械加工方法主要是指零件的各种切削加工方法。零件的外形是由多个表面组成的，每个表面可通过多种机械加工方法获得，因此合理选择机械加工方法是高效制造零件的关键，这要求我们首先要掌握各种机械加工方法的特点。

1. 车削

车削是指通过车床使工件旋转做主运动、车刀做进给运动的机械加工方法。车削加工主要用于加工回转表面，其主要应用如图 1-7 所示。

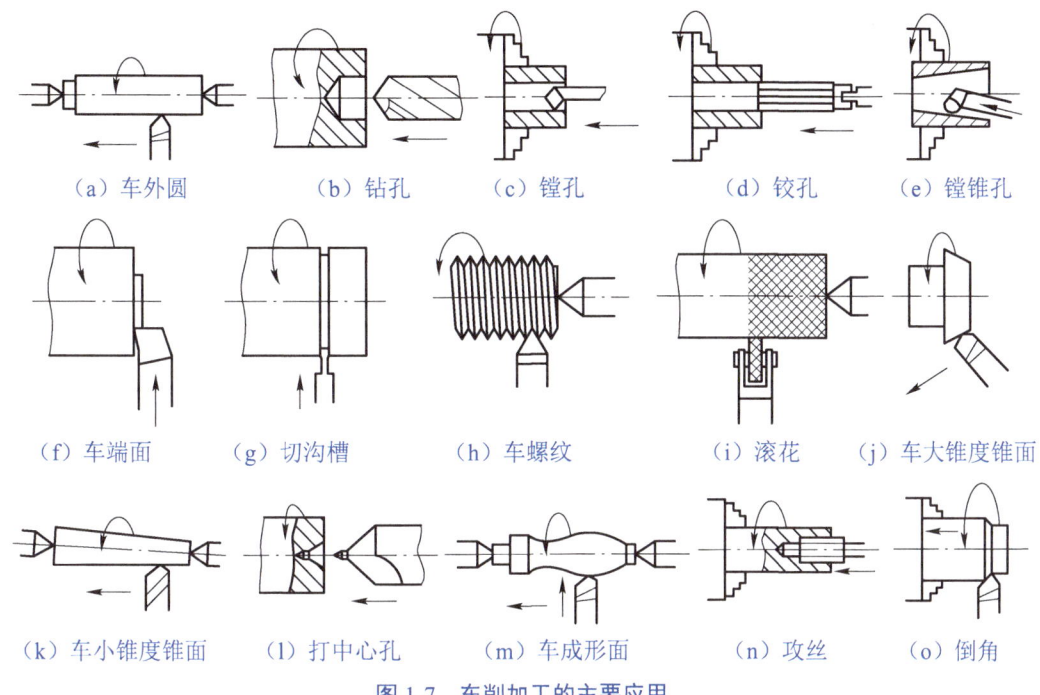

图 1-7 车削加工的主要应用

车削加工的尺寸精度一般为 IT7～IT8，表面粗糙度 Ra 一般为 0.8～6.3 μm；精车时尺寸精度一般为 IT5～IT6，表面粗糙度 Ra 一般为 0.1～0.4 μm。单件小批生产中，各种轴类、盘类、套类工件多选用适应范围广的卧式车床或数控车床进行加工；长度短而直径大（长度与直径比值为 0.3～0.8）的大型工件，多用立式车床加工。

车削的工艺特点

车削加工具有以下优点：① 加工精度比较高，且各加工表面之间的相对位置精度容易得到保证；② 生产率高，可用很高的切削速度及较大的切削用量进行加工；③ 适用于有色金属工件的精加工；④ 刀具简单，制造、刃磨和装夹方便，生产成本较低。

2. 铣削

铣削是指铣刀旋转做主运动、工件或铣刀做进给运动的机械加工方法，其主要应用如图 1-8 所示。铣削不但是平面加工的主要方法之一，而且适合台阶面、沟槽、各种形状复杂的成形表面（如齿面、曲面等）的加工。此外，铣削还可用于切断。

铣削加工的尺寸精度一般为 IT7～IT8，表面粗糙度 Ra 一般为 1.6～6.3 μm。铣削加工时，铣刀每个刀齿周期性地参与断续切削，有利于铣刀的散热和切屑的排出，因此铣削可采用较大的切削用量，是一种较为高效的机械加工方法。但由于每个铣刀刀齿的切削厚度和切削力大小是不断变化的，因此工件和刀齿会受到周期性的冲击和振动。这不仅会影响工件的表面质量，还会降低铣刀的刀具寿命，所以铣削常用于工件的粗加工和半精加工。

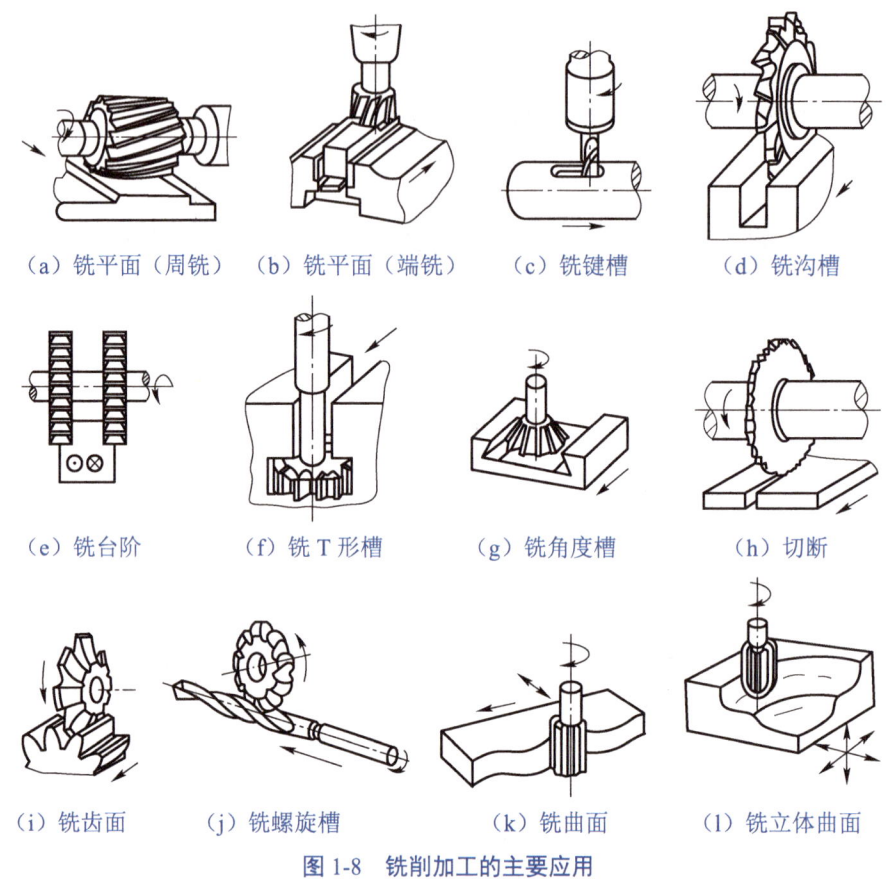

图 1-8　铣削加工的主要应用

3．刨削

刨削是指刨刀与工件在水平方向做相对往复直线运动的机械加工方法，其主要应用如图 1-9 所示。刨削可用于加工水平面、垂直面、台阶面和斜面，还可用于加工直槽、T 形槽、燕尾槽和成形槽等。

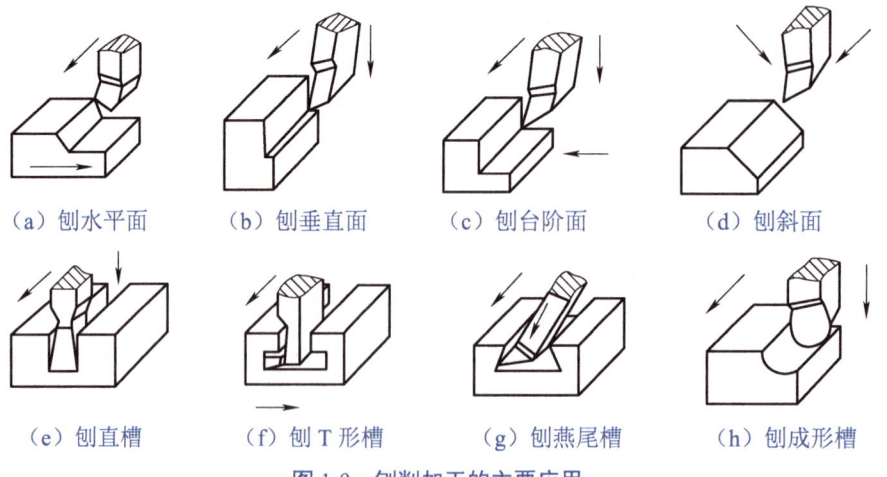

图 1-9　刨削加工的主要应用

刨削加工的尺寸精度一般为 IT7～IT9，表面粗糙度 Ra 一般为 1.6～6.3 μm。刨削所用机床和刀具的结构比较简单，制造安装方便，调整容易且通用性强。但刨削加工每个往复行程中的回程不进行切削，其加工过程不连续、冲击较重，且刨削常用单刃刨刀切削，刨削量较少，因此加工效率较低。刨削通常在单件小批生产中用于加工狭长平面。

> **点拨**
>
> 插削与刨削类似，主要区别为插刀与工件在垂直方向做相对往复直线运动，因此可以把插床看作立式刨床。插削主要用于加工工件的内表面，如孔内单键槽、花键槽、方孔、五边形孔等，如图 1-10 所示。
>
>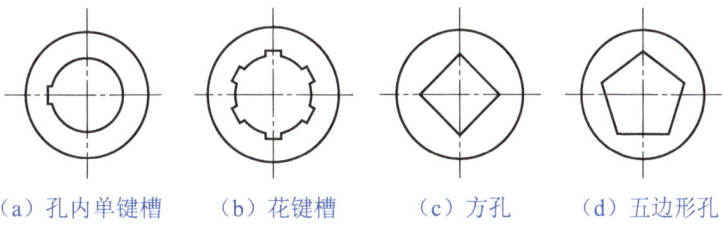
>
> （a）孔内单键槽　　（b）花键槽　　（c）方孔　　（d）五边形孔
>
> 图 1-10　插削加工工件的内表面

4．磨削

磨削是指用磨具以较高的线速度旋转，对工件表面进行机械加工的方法，其主要应用如图 1-11 所示。磨削的实质是磨具上的砂粒对工件进行切削、刻画和划擦三种作用的综合效应。

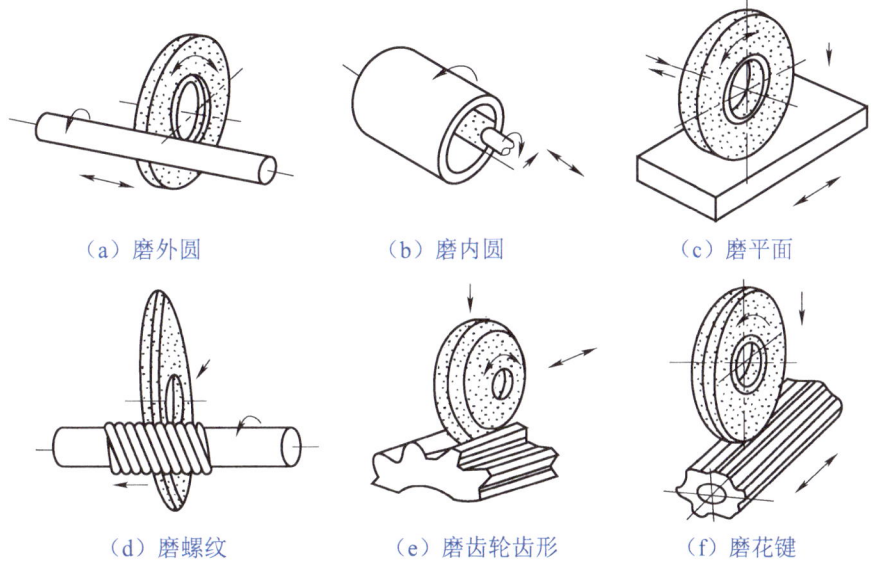

（a）磨外圆　　　　　　（b）磨内圆　　　　　　（c）磨平面

（d）磨螺纹　　　　（e）磨齿轮齿形　　　　（f）磨花键

图 1-11　磨削加工的主要应用

磨削加工的尺寸精度一般为 IT4～IT6，表面粗糙度 Ra 一般为 0.01～1.25 μm，精磨的表面粗糙度 Ra 一般为 0.008～0.1 μm。磨削加工的加工精度高，加工过程平稳，加工量小，因而常用于工件的精加工，作为工件的最终加工工序。由于磨具表面布满了高硬度的磨粒，因此磨削不仅能加工钢、铸铁等一般金属材料工件，还能加工一般刀具难以加工的硬质材料工件。

5．钻削

钻削是指钻削刀具与工件做相对旋转运动，在工件上加工孔的机械加工方法，其主要应用如图1-12所示。其中，钻孔是指用钻头在实体材料上加工孔的一种方法，属于粗加工；扩孔是用扩孔刀具扩大工件孔径的一种加工方法，通常作为孔的半精加工；铰孔是指用铰刀在未淬硬的工件孔壁上切除微量金属层，以提高工件加工精度和表面质量的加工方法，属于精加工；锪孔是指在已加工的孔上加工圆柱形沉头孔、锥形沉头孔和端面凸台的加工方法。

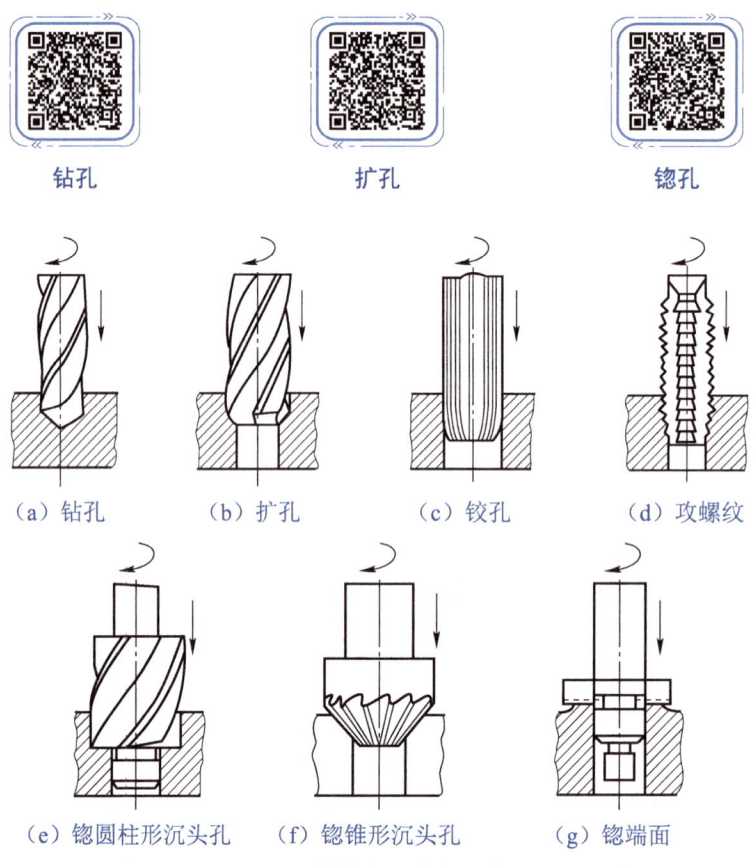

图1-12 钻削加工的主要应用

钻孔加工的尺寸精度一般为IT10，表面粗糙度Ra一般为6.3~12.5 μm；扩孔、铰孔加工的尺寸精度一般为IT6~IT9，表面粗糙度Ra一般为0.4~1.6 μm，因此钻孔后常用扩孔和铰孔进行半精加工和精加工。

6．镗削

镗削是指镗刀旋转做主运动，工件或镗刀做进给运动的机械加工方法，主要用于孔的加工，如图1-13所示。在镗床上对工件镗孔时，镗刀随镗杆一起转动形成主切削运动，而工件不动。镗削加工的孔径较大且精度较高,常用于加工有严格同轴度、垂直度、平行度及孔距要求的孔或孔系,也常用于铸造孔或钻削孔的扩孔加工和位置校正。

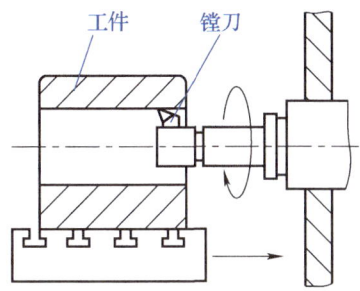

图 1-13　镗削加工的主要应用

镗削加工的尺寸精度一般为 IT7～IT9,表面粗糙度 Ra 一般为 0.8～6.3 μm。由于镗刀、镗杆的截面尺寸和长度受所镗工件孔径和深度的限制,因此镗刀的刚度比较低,加工中容易产生变形和振动。此外,镗削加工过程中切削液的注入和切屑的排出较为困难,生产率较低,因此常用于单件小批生产。

1.2.3　特种加工方法

按能量来源、作用形式和加工原理的不同,特种加工可分为电火花加工、电化学加工、高能束加工、物料切蚀加工、化学加工等类型。各种特种加工方法的应用如表 1-4 所示。

表 1-4　各种特种加工方法的应用

特种加工方法		主要能量形式	可加工材料	应用范围
电火花加工	电火花成形加工	电能、热能	任何导电金属材料,如硬质合金钢、耐热钢、不锈钢、淬火钢、钛合金等	可加工各种形状的型孔和型腔工件,切割各种导电材料工件等
	电火花线切割加工	电能、热能		可切割各种二维、三维直纹面组成的模具及工件,直接切割样板,也常用于钼、钨、半导体材料或贵金属的切割
电化学加工	电解加工	电化学能		可加工从微小工件到超大型的工件、模具,可进行型孔、型腔的加工及抛光、去毛刺等
	电解磨削	电化学能、机械能		可磨削硬质合金钢等难加工材料,如硬质合金刀具、量具、轧辊的加工及小孔研磨、珩磨等
高能束加工	激光束加工	光能、热能	任何材料	可加工精密小孔和窄缝、成形切割、蚀刻等
	电子束加工	电能、热能		可在各种难加工材料上打微小孔、切缝、蚀刻等,常用于制造大、中规模集成电路微电子器件
	离子束加工	电能、机械能		可对工件表面进行超精密、超微量加工、抛光、刻蚀等

续表

特种加工方法		主要能量形式	可加工材料	应用范围
物料切蚀加工	超声波加工	声能、机械能	任何脆性材料	可加工、切割脆硬材料，如玻璃、石英、宝石、金刚石、硅等，可加工型孔、型腔、小孔等
	水射流切割	机械能	钢铁、石材等	可用于下料、成形切割、剪裁
化学加工	化学铣削	化学能	易腐蚀金属材料	可加工薄板、薄片、型孔、型腔等，还可用于图形蚀刻等
	化学抛光	化学能		
	光刻	光能、化学能		

由于各种特种加工方法的能量来源、作用形式和工艺特点不尽相同，应用范围差异很大，因此选择特种加工方法时，必须根据工件材料、尺寸、形状、精度以及加工经济性等情况综合分析决定。

笔记

知识链接

随着科技的进步，特种加工方法在机械制造中的应用越来越广泛。激光束加工与机器人技术结合后，其切割功能得以迅速地发展和延伸，如机器设备外壳等形状复杂的金属板件可用激光一次切割完成，大大提高了生产率。同时，水射流切割在机械制造中的应用也非常普遍，如切割钢板、机械密封垫片等。除此之外，电火花成形加工和电解加工已应用于复杂零件及模具的制造，电子束加工已应用于特殊零件环槽的加工等。

特种加工有效弥补了传统机械加工方法的不足，在保证加工质量的同时大幅提升了产品的生产率。随着智能制造技术的不断发展，多种加工方法的复合应用将给特种加工带来更为广阔的应用前景。

项目实施 ——选择法兰盘的生产类型及制造方法

1. 选择法兰盘的生产类型

根据式（1-1），当减速器年产量为 80 台时，该法兰盘的年生产纲领为

$$N = 80 \times 2 \times (1+2\%)(1+1\%) \approx 165（件）$$

根据表 1-2，当减速器年产量为 80 台时，该法兰盘的生产类型应选择小批生产。

2. 选择法兰盘的制造方法

1) 选择法兰盘毛坯的制造方法

该法兰盘的材料为 HT200 灰铸铁，毛坯的制造方法可选择铸造。

2) 选择法兰盘的机械加工方法

该法兰盘是一个过渡连接件，用于轴与其他部件的连接。其中，轴与 ϕ20H7 孔配合并通过键传递转矩，ϕ34h6 和 ϕ35h6 分别与不同孔径配合，6 个 ϕ7 孔用于与其他零部件的紧固。该法兰盘各加工表面的类型及机械加工方法如表 1-5 所示。

表 1-5 法兰盘各加工表面的类型及机械加工方法

加工表面代号	加工表面类型	机械加工方法
D	内圆柱面	车削、镗削、磨削
E	矩形槽	插削
F	内圆柱面	钻削
G	外圆柱面	车削、磨削
H	外圆端面	车削、磨削

笔记

项目考核

1. 填空题

（1）机械制造工艺过程一般包括_____和机械装配工艺过程。

（2）工作地点、工人、_____和连续作业是构成工序的四个要素，其中任何一个要素发生改变即成为新的工序。

（3）工件经一次装夹后所完成的那一部分工序称为_____。

（4）对于同时用几把刀具（或用复合刀具）加工几个不同表面的工步，也可看作是一个工步，称为_____。

（5）在将原材料或毛坯制造成零件的过程中，按其质量 m 变化的不同，零件的成形方法可分为_____、材料累加方法和材料去除方法。

（6）冲压是指利用冲模和冲压设备对材料施加压力，使其产生_____或分离，获得所需形状和尺寸的零件（冲压件）的加工方法。

（7）刨削是指刨刀与工件在水平方向做_____运动的机械加工方法。

（8）钻孔后常用_____和_____进行半精加工和精加工。

2. 选择题

（1）划分生产类型是根据产品的（　　）。
　　A．尺寸大小和特征　　B．批量　　C．用途　　D．生产纲领

（2）在同一台钻床上对工件上的孔进行钻—扩—铰，应划分为（　　）。
　　A．三次走刀　　B．三个工步　　C．三个工位　　D．一个复合工步

（3）（　　）是构成机械加工工艺过程的最小单元。
　　A．工序　　B．工步　　C．安装　　D．走刀

（4）在实心材料上加工孔，应选择（　　）。
　　A．钻孔　　B．扩孔　　C．铰孔　　D．镗孔

（5）车削加工方法较适用于加工（　　）零件。
　　A．平板类　　B．轴类　　C．箱体类　　D．轮齿成形类

3. 判断题

（1）加工工件时，一次安装只能有一个工位。（　　）

（2）刨削加工每个往复行程中的回程不进行切削，所以其加工过程不连续。（　　）

（3）车、铣、钻、铸、锻均属于金属切削加工。（　　）

（4）粉末冶金是一种材料累加的成形方法。（　　）

（5）插削主要用于加工工件的内表面，如孔内单键槽、花键槽、方孔等。（　　）

4. 问答题

（1）简述工序、安装、工位、工步、走刀之间的关系。

（2）简述镗削与车削的异同点。

（3）简述特种加工的定义和特点。

项目评价

指导教师根据学生对本项目的实际学习成果对其进行评价，学生配合指导教师共同完成如表 1-6 所示的学习成果评价表。

表 1-6 学习成果评价表

班级		组号		日期	
姓名		学号		指导教师	
项目名称		机械制造概述			
评价项目	评价内容		评价方式	分值/分	评分/分
知识（40%）	生产系统和生产过程的概念		理论测试	4	
	机械加工工艺过程的组成			8	
	生产纲领和生产类型			6	
	机械制造方法的分类			6	
	常见的机械加工方法			10	
	特种加工方法			6	
技能（40%）	能根据生产纲领合理选择产品的生产类型		实践操作	20	
	能为零件选择合适的机械加工方法			20	
素养（20%）	认真参加教学活动，积极学习和思考		综合评判	5	
	高效完成学习和实践任务			5	
	服从指挥，遵守课堂纪律			5	
	团结合作，具有创新思维			5	
合计				100	
自我评价					
指导教师评价					

项目 2　金属切削原理

项目导读

金属切削加工是指利用金属切削刀具在毛坯或工件上切除多余金属材料的加工方法,主要用于获得尺寸、形状、加工精度和表面质量均符合设计要求的零件。金属切削加工的方法很多,不同方法的工作特点和应用范围各不相同,但它们的加工过程都是刀具与工件相互运动、相互作用的过程,基本规律大致相同。本项目主要介绍金属切削的基本知识,并分析金属切削的基本规律。

知识目标

- 掌握零件加工表面的成形原理和成形方法。
- 掌握切削运动、切削用量和切削层参数的组成及计算方法。
- 了解材料切削加工性的影响因素及改善方法。
- 了解金属切削过程的物理现象。
- 掌握切屑的分类及控制方法。
- 掌握切削力的组成和切削温度的分布。

技能目标

- 能正确分析切削用量和切削层参数。
- 能合理选择工件车削加工的切削用量。

素质目标

- 激发心系国家建设、勇担时代使命的爱国情怀。
- 培育执着专注、踏实认真的职业素质。

项目 2 金属切削原理

项目描述

小王是某机械加工厂的一名学徒,跟着师傅边干边学已经快两年了。这期间,小王学会了操作车床、铣床、钻床等多种机床进行金属切削加工。工作踏实细心的小王慢慢发现,不同的金属切削加工方法虽然用于加工不同类型的表面,但都是利用刀具与工件之间的相互运动和相互作用来切削加工。

金属切削加工方法和刀具不同,刀具与工件之间的相互运动和作用也就不同。如图 2-1 所示为五种典型切削加工的切削运动,请分析这五种切削运动的主运动和进给运动。此外,假设车削某一光轴的外圆表面,已知加工前光轴直径为 65 mm,加工后光轴直径为 56 mm,工件转速为 360 r/min,刀具每秒沿工件轴向移动 1.5 mm,请计算该光轴加工表面的切削用量。

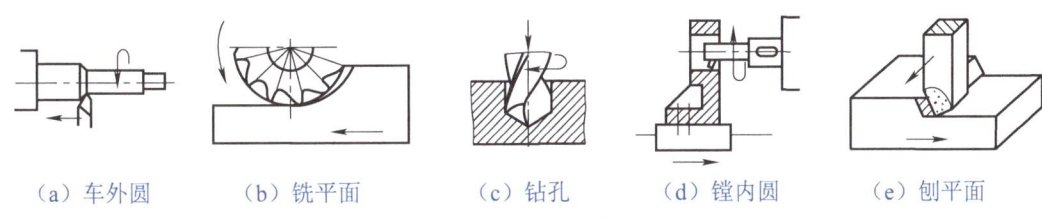

（a）车外圆　　　（b）铣平面　　　（c）钻孔　　　（d）镗内圆　　　（e）刨平面

图 2-1 五种典型切削加工的切削运动

相关知识

2.1 金属切削概述

2.1.1 零件加工表面的成形

零件的形状都是由各种各样的表面构成的。零件的表面可分为加工表面和非加工表面两种,零件的机械加工过程实质上就是工件上的多余金属材料不断被刀具切除,从而使各加工表面成形的过程。

零件加工表面的成形过程通常经历三个表面的依次变化,即待加工表面、过渡表面和已加工表面,如图 2-2 所示。其中,待加工表面是指工件上即将被切除的表面;已加工表面是指工件上经刀具切削后生成的成形表面;过渡表面是指工件上正在被刀具切削刃切削的表面,它在金属切削过程中不断变化,但总处在待加工表面和已加工表面之间。

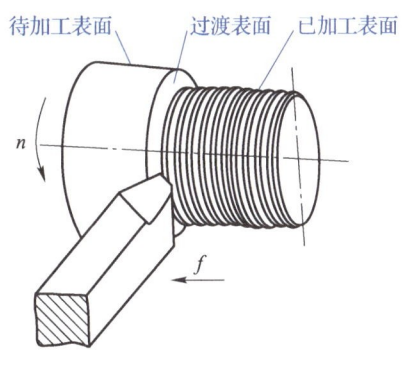

图 2-2 零件加工表面的成形过程

1. 零件加工表面的成形原理

零件加工表面虽然多种多样，但大多是由几种常见表面组合而成的，这些表面包括圆柱面、圆锥面、回转双曲面、平面、螺旋面和成形曲面等，如图2-3所示。

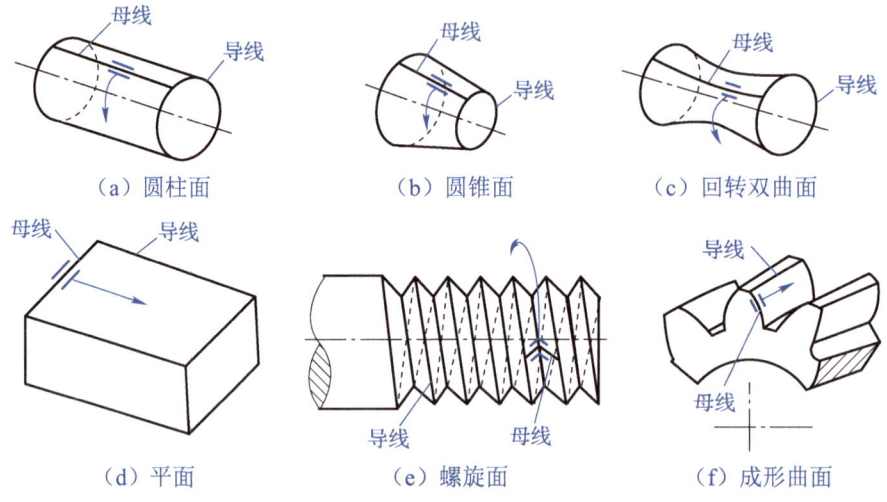

图2-3 常见的零件加工表面

零件加工表面虽各不相同，但都可看成一条线（称为母线）沿着另一条线（称为导线）的运动轨迹，如图2-4所示。零件加工表面成形的母线和导线统称为发生线。有了这两条发生线及所需的相对运动，就可得到相应的零件加工表面。

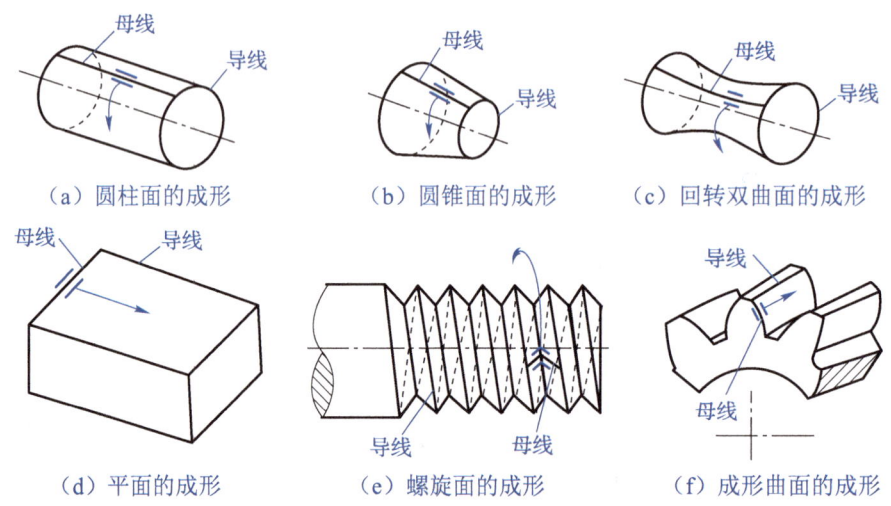

图2-4 零件加工表面的成形原理

2. 零件加工表面的成形方法

通过切削加工成形的零件加工表面，其发生线是由工件与刀具之间的相对运动和刀具切削刃的形状共同生成的。按零件加工表面发生线生成方式的不同，零件加工表面的成形方法可分为轨迹法、成形法、展成法和相切法四种。

1）轨迹法

轨迹法是指使刀具按一定规律的轨迹运动，从而对工件进行切削加工的方法。如图2-5（a）所示，利用轨迹法加工工件时，刀具切削刃与工件加工表面之间为点接触，刀具与工件之间相对运动，零件加工表面的成形通过刀具刀尖的运动轨迹来实现。

2）成形法

成形法是指利用成形刀具对工件进行切削加工的方法。如图2-5（b）所示，利用成形法加工工件时，刀具切削刃与工件加工表面之间为线接触，切削刃的形状与零件加工表面一条发生线的形状完全相同，另一条发生线由刀具与工件的相对运动来生成。

3）展成法

展成法又称范成法，是指利用刀具与工件做展成运动对工件进行切削加工的方法，主要用于各种齿形表面的加工。展成运动又称啮合运动，其中刀具与工件之间的相对运动由相互严格约束的两个分运动组合而成。如图2-5（c）所示，利用展成法加工工件时，刀具切削刃与工件加工表面之间为线接触，切削刃各瞬时位置的包络线生成齿形表面的母线，刀具沿齿长方向的运动生成导线。

4）相切法

相切法是指利用刀具边旋转边按一定轨迹运动，从而对工件进行切削加工的方法。如图2-5（d）所示，利用相切法加工工件时，刀具的旋转运动使刀具多个切削刃轮流与工件加工表面接触，切削刃旋转的切点连线生成母线，工件的直线运动生成导线，两个运动叠加生成零件加工表面。

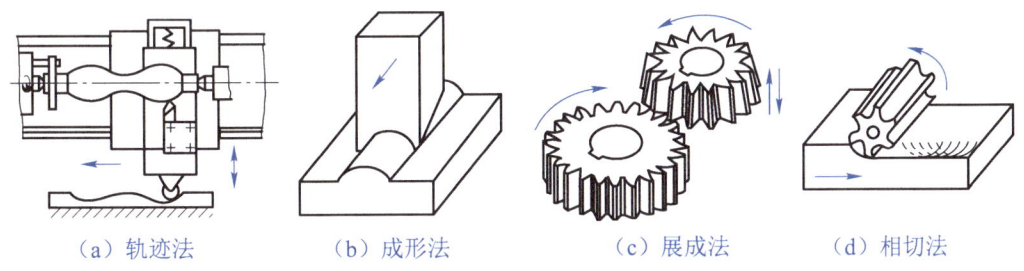

（a）轨迹法　　　　（b）成形法　　　　（c）展成法　　　　（d）相切法

图2-5　零件加工表面的成形方法

2.1.2　切削运动

在金属切削加工中，工件与刀具之间的相对运动称为切削运动（又称表面成形运动）。按运动作用的不同，切削运动可分解为主运动和进给运动。

1. 主运动

主运动使刀具和工件产生相对运动以进行切削，是加工表面成形最基本的运动。主运动的速度较高，消耗的功率较大。在金属切削加工中，主运动只有一个，它可以由工件完成，也可以由刀具完成；可以是旋转运动，也可以是直线运动。例如，图2-6（a）所示车外圆的主运动是工件的旋转运动，图2-6（b）所示刨平面的主运动是刨刀的直线往复运动。

2. 进给运动

进给运动使工件的多余材料连续在相同或不同深度上被去除，它的速度一般较低，消耗的功率较小，可由一个或多个运动组成。进给运动可以是连续的，也可以是间歇的。例如，图 2-6（a）所示车外圆的进给运动是车刀沿平行于工件轴线方向的连续直线运动，图 2-6（b）所示刨平面的进给运动是工件沿垂直于主运动方向的间歇直线运动。

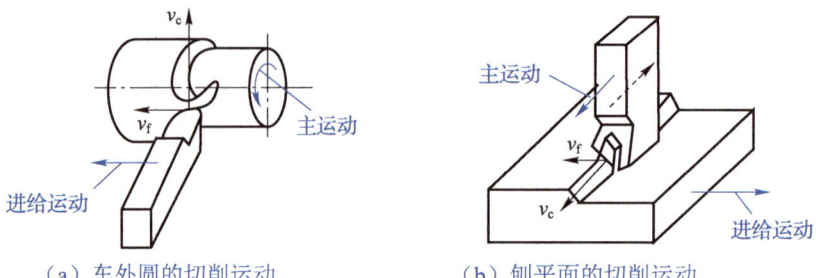

（a）车外圆的切削运动　　　　（b）刨平面的切削运动

图 2-6　两种切削加工的切削运动

> **笔记**

2.1.3　切削用量

切削用量又称切削用量三要素，是金属切削加工过程中切削速度、进给量和背吃刀量的总称。

1. 切削速度

切削速度是指金属切削加工时，切削刃上选定点相对于工件的主运动速度。切削刃上不同选定点的切削速度可能是不同的。当主运动为旋转运动时，切削速度为

$$v_c = \frac{\pi d_w n}{1\,000} \tag{2-1}$$

式中：

v_c——切削速度（mm/s 或 m/min）；

d_w——工件待加工表面的直径（mm）；

n——主运动的转速（r/s 或 r/min）。

2. 进给速度、进给量和每齿进给量

进给速度是指金属切削加工过程中，切削刃上选定点相对于工件的进给运动速度。

当主运动为旋转运动时，进给量是指主运动每旋转一周，工件和刀具沿进给方向的相对位移量；当主运动为直线往复运动时，进给量是指主运动每个行程中工件或刀具沿进给方向的相对位移量。

每齿进给量是指多齿刀具（如铣刀、切齿刀）每转过或移动一个刀齿，刀具相对工件沿进给方向的相对位移量。

进给速度、进给量和每齿进给量之间的关系为

$$v_f = nf = nf_z z \tag{2-2}$$

式中：

v_f ——进给速度（mm/s 或 mm/min）；

f ——进给量（mm/r 或 mm/行程）；

f_z ——每齿进给量（mm/齿）；

n ——主运动的转速（r/s 或 r/min）；

z ——刀具的齿数（齿/r）。

3．背吃刀量

背吃刀量是指工件已加工表面和待加工表面的垂直距离，它表示切削刃切入工件的深度。外圆车削的背吃刀量为

$$a_p = \frac{d_w - d_m}{2} \quad (2\text{-}3)$$

式中：

a_p ——背吃刀量（mm）；

d_w ——工件待加工表面的直径（mm）；

d_m ——工件已加工表面的直径（mm）。

钻孔加工的背吃刀量为

$$a_p = \frac{d_o}{2} \quad (2\text{-}4)$$

式中：

d_o ——钻孔的直径（mm）。

4．切削用量的选择

合理选择切削用量可充分利用刀具切削性能和机床动力性能（功率、转矩等），在保证质量的前提下，获得高生产率和低成本的切削用量，它对加工质量、生产率、生产成本等有着非常重要的影响。

切削用量的选择原则为：粗加工时，在保证一定刀具寿命的前提下，要尽可能地增大单位时间的金属切除量，即尽可能地提高生产率；精加工或半精加工时，在保证加工质量的前提下，兼顾必要的生产率。切削用量的选择顺序为：先选背吃刀量 a_p，再选进给量 f，最后选切削速度 v_c。

1）背吃刀量的选择

粗加工时，在工艺系统刚度允许的情况下，背吃刀量 a_p 应根据加工余量确定。在保留后续加工余量的前提下，应尽量将粗加工余量一次走刀切完。但切削刃参加切削的工作长度（即切削宽度）不宜超过切削刃总长度的 2/3。

点 拨

> 在机械加工中，由机床、夹具、刀具和工件等组成的统一体称为工艺系统。

当加工余量过大或工艺系统刚度较低时，加工余量应分两次或多次走刀切除。这时，应将第一次走刀的背吃刀量 a_p 取大些，可占全部余量的 2/3～3/4，第二次或后几次走刀的

背吃刀量 a_p 取小些。半精加工、精加工时，应一次切除加工余量。半精加工时的背吃刀量 a_p 一般为 0.5～2 mm，精加工时的背吃刀量 a_p 一般为 0.1～0.4 mm。

2）进给量的选择

选定背吃刀量 a_p 以后，应选择较大的进给量 f。其数值应当保证机床、刀具不致因切削力太大而损坏，切削力所造成的工件挠度不超出工件加工精度允许的数值，工件表面质量符合要求等。

粗加工时，进给量的选择主要考虑工艺系统刚度、切削力和刀具的尺寸等，生产中一般根据经验或查阅有关手册选取，特殊情况下还要进行验算。半精加工、精加工时，进给量 f 的选择主要考虑工件表面质量的要求。

3）切削速度的选择

切削速度 v_c 主要受刀具寿命的限制，但在较旧较小的机床上，限制切削速度的因素也可能是机床功率。因此，一般情况下，可先按刀具寿命计算出切削速度 v_c，然后再校验机床功率是否超载。精加工及半精加工时，切削速度 v_c 的选择还应注意避免积屑瘤的产生。

点　拨

在进行金属切削加工时，可采用以下方法增大切削用量：

（1）采用切削性能更好的新型刀具材料。采用耐热性和耐磨性好的刀具材料是增大切削用量的主要方法，如采用超硬高速钢、含有添加剂的新型硬质合金、涂层硬质合金、涂层高速钢、新型陶瓷及超硬材料等。

（2）改善工件材料的切削加工性。通过调整工件材料的化学成分和对工件进行热处理，可改善工件材料的切削加工性，从而可使切削用量得到增大。

（3）改善冷却润滑条件。在加工一些难加工材料时，采用性能优良的新型切削液和高效冷却方法，如采用含有极压添加剂的切削液和喷雾冷却法等，可显著增大切削用量。

（4）改进刀具，提高刀具刃磨质量。例如，采用可转位刀片的车刀比采用焊接式硬质合金车刀，切削速度可提高 15%～30%；用金刚石砂轮代替碳化硅砂轮刃磨硬质合金刀具，刃磨后不会出现裂纹和烧伤，可提高刀具寿命 50%～100%，并显著增大切削用量。

笔　记

2.1.4　切削层参数

切削层是指刀具相对于工件沿进给运动方向每移动一个进给量所切除的工件材料层。通过切削刃上选定点并与该点主运动方向相垂直的平面，称为切削层尺寸平面。在切削层尺寸平面测得的切削层尺寸，包括切削厚度 h_D、切削宽度 b_D、切削面积 A_D 等，统称为切削层参数，如图 2-7 所示。

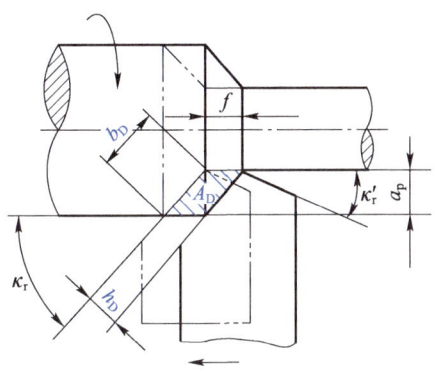

图 2-7 切削层参数

切削厚度 h_D 是指垂直于过渡表面所测量的切削层参数，即相邻两过渡表面之间的距离，它反映了切削刃单位长度上的切削负荷。切削宽度 b_D 是指沿过渡表面所测量的切削层参数，它反映了切削刃参加切削的工作长度。切削面积 A_D 是指在切削层尺寸平面内所测量的切削层横截面积。切削用量和切削层参数的关系如下：

$$\begin{cases} h_D = f \sin \kappa_r \\ b_D = \dfrac{a_p}{\sin \kappa_r} \\ A_D = h_D b_D = a_p f \end{cases} \quad (2-5)$$

式中：

h_D ——切削厚度（mm）；

κ_r ——刀具主偏角（°）；

b_D ——切削宽度（mm）；

A_D ——切削面积（mm^2）。

2.1.5 材料的切削加工性

材料的切削加工性是指在一定加工条件下，材料被切削的难易程度。切削加工性是一个相对的概念，切削加工的具体情况和要求不同，评价材料切削加工性的内容和指标就不同。例如，纯铁材料工件的加工余量很容易被切除，但很难使工件获得较高的表面质量，因此，在对纯铁材料工件进行精加工时，认为其切削加工性不好。材料的切削加工性通常以刀具寿命、切削力、切削温度、工件表面质量、切屑控制的难易程度等指标进行衡量。

1. 影响材料切削加工性的基本因素

影响材料切削加工性的基本因素主要有材料的强度和硬度、塑性和韧性、弹性模量及导热系数等。

1）材料的强度和硬度

一般情况下，材料的切削加工性随其强度增高而恶化。材料的高温强度越高，切削加工性越差。材料的常温硬度和高温硬度越高，材料中的硬质点数量越多、形状越尖锐、分布越广，切削加工性就越差。

2）材料的塑性和韧性

材料的塑性越大，切削力和切削变形越大，切削温度越高，材料就越容易与刀具发生黏结，工件加工表面的质量也就越差。一般情况下，减小材料的塑性可改善其切削加工性，但材料的塑性太小，切屑与前刀面的接触长度就会变得很短，使切削力和切削热都集中在切削刃附近，从而加剧刀具的磨损。因此，塑性过大和过小都会使材料的切削加工性变差。

材料的韧性对切削加工性的影响与塑性相似。此外，韧性对切屑控制的影响也比较明显。例如，在其他条件相同时，材料的韧性越小，切屑的折断就越困难。

3）材料的弹性模量

材料的弹性模量越大，其切削加工性就越差。但当材料的弹性模量很小时，其切削加工性也不好。

4）材料的导热系数

一般情况下，材料的导热系数越大，其切削加工性能就越好，但加工过程中工件的温升较快，需要注意加工尺寸的控制。

2. 改善材料切削加工性的方法

材料的切削加工性对零件的生产率和表面质量有很大的影响，所以在满足零件使用要求的前提下，应尽量选用切削加工性较好的材料。在实际生产中，常通过调整工件材料的化学成分和对工件进行热处理来改善其切削加工性。

1）调整工件材料的化学成分

在钢中添加适量的硫、磷、铅等元素，可略微降低钢的强度，同时减小钢的塑性，使其变为易切削钢。这样不仅能减小切削力，使切屑更容易折断，提高刀具寿命，还能提高零件的表面质量。

铸铁的切削加工性主要取决于石墨含量的大小，这是因为石墨具有润滑作用。铸铁中的碳多以碳化铁的形式存在，加入适量的硅、铜、铝、镍、钛等元素，可促进碳的石墨化，从而改善铸铁的切削加工性。

2）对工件进行热处理

同样化学成分的材料，金相组织不同，力学性能也就不同。因此，可根据材料的性能特点采用适当的热处理方法，以降低材料的硬度、减小材料的韧性等，使材料内部组织更为均匀，从而改善切削加工性。例如，对高碳钢工件，可通过退火或正火后高温回火，将材料内片状珠光体转变为粒状珠光体；对低碳钢工件，则可通过正火或调质处理来减小其塑性。

2.2 金属切削的基本规律

2.2.1 金属切削过程的物理现象

下面以塑性金属材料工件的切削加工为例来分析金属切削过程的物理现象。

切削变形区的划分及切削变形程度的表示方法

1. 切屑的形成过程

在金属切削过程中，工件上的材料受刀具的作用，产生以滑移为主的塑性变形而形成切屑。切屑的形成过程实质上与金属材料受挤压的过程类似。金属材料受挤压作用时，其内部会产生应力，根据材料力学的知识可知，材料内部的剪应力在与挤压力成45°的斜截面处最大，如图2-8中的AB线所示。随着挤压力的不断增大，当AB线处的剪应力达到材料的屈服强度时，材料开始从此处发生剪切滑移变形，并随着刀具的连续运动而与下方的材料分离，进而形成切屑。

2. 切削变形区的划分

对塑性金属材料进行低速切削时，切削层的变形如图2-9所示。在切削过程中，切削层的变形大致可分为三个区域：第Ⅰ变形区、第Ⅱ变形区和第Ⅲ变形区。

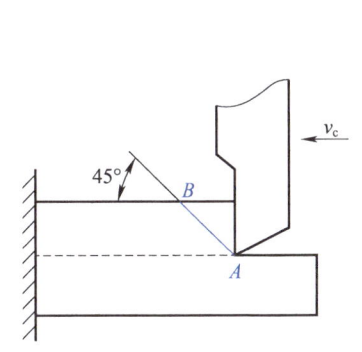

图2-8 受刀具挤压作用的金属材料工件

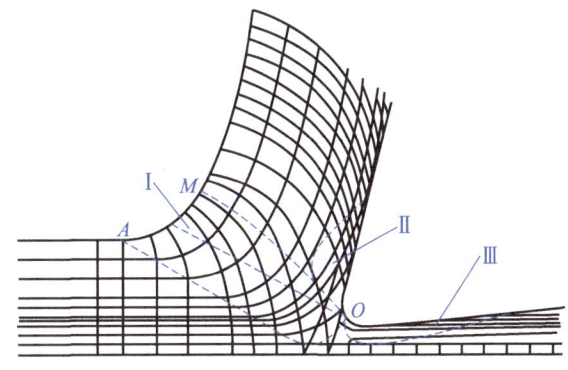

图2-9 对塑性金属材料进行低速切削时切削层的变形

（1）第Ⅰ变形区又称主变形区，是指在切削层内靠近切削刃处产生塑性变形的区域。在第Ⅰ变形区内，切削层金属材料从曲线OA（称为始剪切线）开始产生剪切滑移变形，到曲线OM（称为终剪切线）剪切滑移基本完成。经过第Ⅰ变形区后，切削层金属材料变成切屑，从刀具前刀面流出。

（2）第Ⅱ变形区是指与前刀面接触的切屑底层内产生变形的区域。在第Ⅱ变形区内，从前刀面流出的切屑，其底层受到前刀面的挤压和摩擦，形成与前刀面平行的纤维化金属层。第Ⅱ变形区的变形是造成前刀面磨损和产生积屑瘤的主要原因。

（3）第Ⅲ变形区是指与后刀面接触的已加工表面表层产生变形的区域。在第Ⅲ变形区内，已加工表面受到切削刃钝圆部分和后刀面的挤压、摩擦以及自身弹性变形回复的影响，造成表层组织的纤维化和加工硬化。第Ⅲ变形区的变形是造成已加工表面加工硬化和产生残余应力的主要原因。

3. 切削变形程度的表示方法

第Ⅰ变形区的宽度（线 OA 与 OM 的间距）仅有 0.02～0.2 mm，因此可将第Ⅰ变形区视为一个平面，这个平面称为剪切面。剪切面与切削速度方向之间的夹角称为剪切角 ϕ。

经过切削变形后的切屑与切削层相比，其形状和尺寸都发生了改变，但其体积保持不变。所以，可用切屑长度或厚度相对于切削层的变化量（见图 2-10）表示切削变形，这个变化量称为变形系数 ξ，其计算公式为

$$\xi = \frac{l_c}{l_{ch}} = \frac{a_{ch}}{a_c} = \frac{OM \sin(90° - \phi + \gamma_o)}{OM \sin\phi} = \frac{\cos(\phi - \gamma_o)}{\sin\phi} \tag{2-6}$$

式中：

l_c、a_c——切削层的长度和厚度（mm）；

l_{ch}、a_{ch}——切屑的长度和厚度（mm）。

由于第Ⅰ变形区的变形主要是剪切滑移变形，因此还可用第Ⅰ变形区单位厚度上的剪切滑移量（即相对滑移量 ε）来衡量切削变形，如图 2-11 所示。相对滑移量 ε 的计算公式为

$$\varepsilon = \frac{\Delta s}{\Delta y} = \frac{NP}{MK} = \frac{NK + KP}{MK} = \cot\phi + \tan(\phi - \gamma_o) \tag{2-7}$$

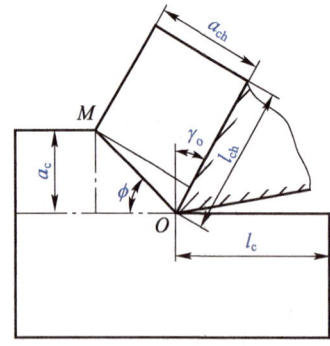
图 2-10 切屑与切削层的变化量

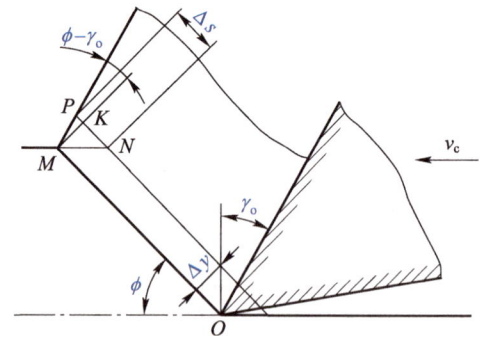
图 2-11 切削变形的相对滑移量

4. 积屑瘤对金属切削过程的影响

积屑瘤（见图 2-12）是指以中等或较低切削速度切削塑性金属材料时，刀尖上出现的小块高硬度金属黏附物，它是由切屑在前刀面上黏结、摩擦形成的。

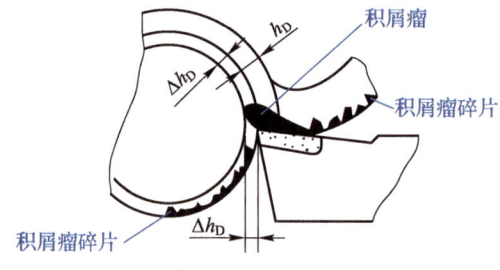
图 2-12 积屑瘤

金属切削加工时，前刀面与切屑之间的压力较大，摩擦力较大，导致切屑底层金属的流动速度降低，形成滞流层。在一定的压力和温度下，滞流层会与切屑分离并黏结或冷焊

项目2 金属切削原理

在前刀面上,形成第一层积屑瘤。随着切屑连续不断地流出,新的滞流层又黏结在已形成的积屑瘤上,如此层层堆积,积屑瘤不断长大。当积屑瘤长到一定高度时,切屑与前刀面的接触条件和受力情况发生变化,积屑瘤就会停止生长。当切削力发生变化或出现冲击、振动时,积屑瘤就会局部破裂或整体脱落。

积屑瘤对金属切削过程的影响既有有利的一面,也有不利的一面,具体如下。

- ✱ **有利的一面**:积屑瘤的硬度很高(一般为被加工材料的2~3倍),它覆盖在切削刃上,可代替切削刃进行切削,对切削刃有一定的保护作用;积屑瘤使刀具的实际前角增大,切削力减小。
- ✱ **不利的一面**:积屑瘤的前端伸出切削刃,使切削厚度增大,且切削厚度增加量随积屑瘤的产生、长大、脱落而变化,这可能会在切削过程中引起振动;积屑瘤破碎时,除一部分脱落的碎片被切屑带走外,另一部分会留在工件上,使工件的表面质量下降,还有可能嵌入工件表面形成硬质点,加速刀具的磨损。

抑制或避免积屑瘤的措施有:① 控制切削速度,尽量使用很低或很高的切削速度,避开产生积屑瘤的速度范围;② 在加工塑性较大的金属材料前,对材料进行正火或调质处理,提高材料硬度,减小材料塑性;③ 合理选择刀具角度,减小进给量,提高刀具表面刃磨质量,选用润滑性能良好的切削液等。

点 拨

> 精加工钢、铜、铝等塑性金属材料时,是不允许出现积屑瘤的。若存在积屑瘤,则会增大工件的表面粗糙度,严重影响工件的表面质量。因此,在精加工时,必须合理选择切削速度和进给量,避开积屑瘤的形成区,防止积屑瘤的产生。

 笔 记

进德修业

"火箭点火主刀手"是怎样炼成的?

洪海涛是中国航天科工六院红岗公司特级技师。他所承担的火箭发动机某动力部件的生产加工任务,工艺精度要求高、操作难度大、批次多、数量大,而所加工的零部件尺寸小,仅有拳头大小,且结构十分复杂,特别是其间的点火孔只有黄豆粒大小,加工完成后要求与装配面必须贴合至 90%以上。当时，此技术一直都是行业内让人挠头的难题，平时遇到难题就喜欢较真的洪海涛，决定接受这一挑战，一定要交出圆满答卷。

洪海涛反复研究工艺流程，寻找突破口。他发现要完成如此难度的加工技术活儿，必须练就敏锐的眼力和手感，如此才能实现"走刀"的稳定性与准确性。他将家中的鸡蛋作为练手工具，从徒手装夹鸡蛋到使用全包覆软爪，从刀具设计到加工参数，从车削熟鸡蛋到车削生鸡蛋，无数次磨炼手眼配合，连续多日反复苦练，终于练就剥蛋壳不破蛋心的技术绝活。当他把这一绝活用于火箭发动机核心零部件加工生产时，达到了"人机合一"，一举攻破了这一加工技术难题，优质快速完成了本批次火箭发动机核心零部件加工任务。因为突出的工作业绩和高超的加工技艺，洪海涛被同事们亲切地称为"火箭点火主刀手"。

洪海涛用自身行动告诉大家："干一行就要爱一行，谋一行就要钻一行，勤能补拙，追求卓越，还要努力创新。"洪海涛是这样说的，也是这样做的。

（资料来源：皇甫秀玲、项佳楠，《"火箭点火主刀手"是怎样炼成的？》，《内蒙古日报》2023 年 5 月 2 日）

2.2.2 切屑的分类及控制

1. 切屑的分类

金属切削过程中，由于工件材料、刀具角度、切削用量等不同，切削层的变形程度也不同，因此产生的切屑类型也就不同。常见的切屑可分为带状切屑、节状切屑、粒状切屑和崩碎切屑四种，如图 2-13 所示。

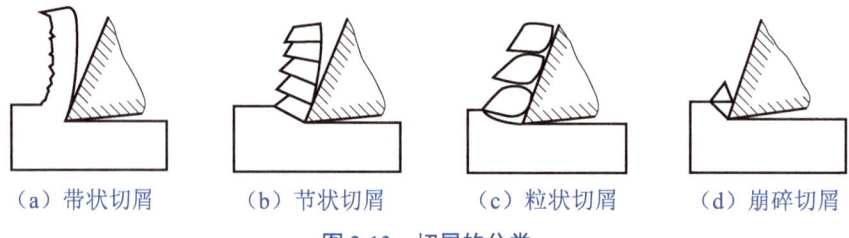

（a）带状切屑　　　（b）节状切屑　　　（c）粒状切屑　　　（d）崩碎切屑

图 2-13　切屑的分类

1）带状切屑

带状切屑是指在加工塑性金属材料时，采用较小的切削厚度和较高的切削速度，选用前角较大的刀具得到的一种切屑。带状切屑的内表面因与前刀面挤压摩擦而较为光滑，外表面则呈毛茸状。出现带状切屑时，切削过程较平稳，切削力波动较小，已加工表面的表面粗糙度较小。

2）节状切屑

节状切屑又称挤裂切屑，是指在加工塑性金属材料时，采用较大的切削厚度和较低的切削速度，选用前角较小的刀具得到的一种切屑。节状切屑与带状切屑的不同之处在于其外表面呈锯齿状，内表面有时存在裂纹。

3）粒状切屑

粒状切屑又称单元切屑，是指在加工塑性金属材料时，采用很大的切削厚度和很低的切削速度，选用前角很小的刀具得到的一种梯形颗粒状切屑。出现粒状切屑时，切削力波动大，切削过程不平稳。

4）崩碎切屑

崩碎切屑是指在切削铸铁等脆性材料时，采用较大的切削厚度得到的一种形状不规则的碎块状切屑。出现崩碎切屑时，切削力波动大，切削过程不平稳。

点 拨

> 带状切屑、节状切屑和粒状切屑之间可随切削条件的变化而相互转化。例如，在形成节状切屑的工况条件下，如进一步减小前角，或增大切削厚度，就有可能得到粒状切屑；反之，加大前角，或减小切削厚度，就有可能得到带状切屑。

2. 切屑的控制

切屑的控制是指在金属切削加工中采取适当的措施来控制切屑的流向、卷曲和折断，以便于切屑的排出。金属切削过程中，不良的排屑状态不仅会影响加工生产的正常进行，还有可能酿成事故，所以切屑的控制具有重要意义，这在自动化生产中尤为重要。

1）切屑的流向

如图 2-14 所示，直角自由切削时，切屑从正交平面内流出；直角非自由切削时，受刀尖圆弧半径和切削刃的影响，切屑流出的方向与正交平面形成一个出屑角 η。

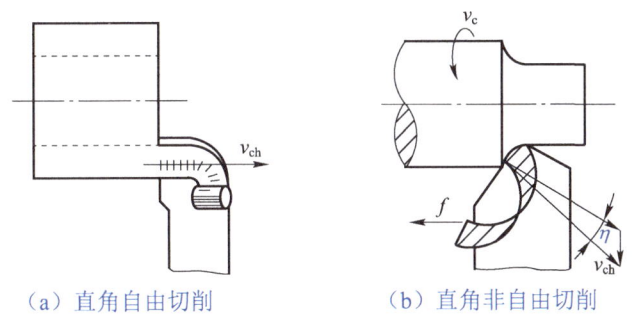

（a）直角自由切削　　（b）直角非自由切削

图 2-14　直角切削时切屑的流向

斜角切削时，切屑的流向受刃倾角 λ_s 正负的影响，如图 2-15 所示。此时出屑角 η 约等于刃倾角 λ_s。若切屑的流向控制不好，则切屑不仅会缠绕在工件上挤坏刀具，而且会拉伤已加工表面，影响加工质量，因此必须对切屑的流向加以控制，这在精加工中尤为必要。例如，车外圆时选用刃倾角为正的车刀，可使切屑流向待加工表面；精车时，选用刃倾角较大的车刀，不仅能使切屑流向待加工表面，而且还能使切屑呈棉絮状，避免拉伤工件。

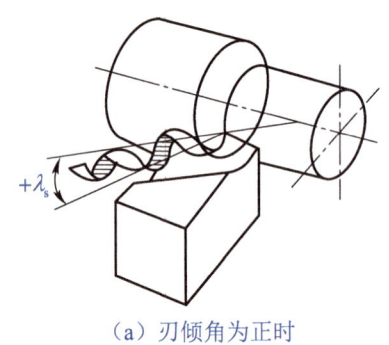 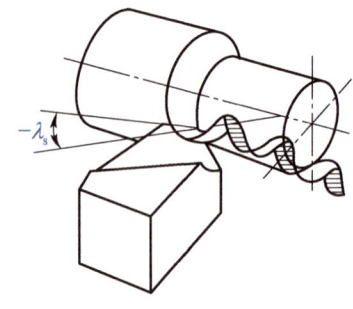

（a）刃倾角为正时　　　　　　（b）刃倾角为负时

图 2-15　斜角切削时切屑的流向

> **知识链接**
>
> 　　自由切削与非自由切削：在金属切削过程中，若刀具只有一条直线切削刃参与切削工作，则这种切削称为自由切削；若刀具的切削刃为曲线，或有几条切削刃（包括主切削刃和副切削刃）都参加了切削，并且同时完成整个切削过程，则这种切削称为非自由切削。
>
> 　　直角切削与斜角切削：直角切削是指刀具主切削刃的刃倾角 $\lambda_s=0$ 时的切削，此时主切削刃与切削速度方向成直角；斜角切削是指刀具主切削刃的刃倾角 $\lambda_s\neq 0$ 时的切削，此时主切削刃与切削速度的方向不成直角。

2）切屑的卷曲

切屑的卷曲又称卷屑，是由切屑在切削过程中产生的塑性变形、摩擦变形及切屑流出时的附加变形引起的。切屑的卷曲可通过在前刀面上刃磨出卷屑槽（断屑槽）、凸台、附加挡块及其他障碍物来实现。

3）切屑的折断

切屑的折断简称断屑，是生产中为了便于对切屑进行收集、处理和运输而采用的控制措施。断屑常采用的方法有以下三种：① 增大进给量；② 选择合适的刀具角度；③ 在刀具上采用断屑槽。

2.2.3　切削力和切削功率

1. 切削力

切削力是指在金属切削加工中，工件材料抵抗刀具切削而产生的阻力。切削力的主要来源有两方面：① 工件材料弹性变形和塑性变形产生的抗力；② 切屑从刀具前刀面流出产生的摩擦阻力和工件表面与刀具相对运动产生的摩擦阻力。在金属切削过程中，切削力直接影响切削热、刀具寿命、工件表面质量等；在生产中，切削力还是设计和选用机床、刀具、夹具的重要依据。因此，研究切削力，对于分析切削过程和指导现实生产有着重要的意义。

为了便于测量和应用，切削力 F_r 可在空间直角坐标系中分解为三个相互垂直的分力：主切削力 F_c、背向力 F_p 和进给力 F_f，如图 2-16 所示。

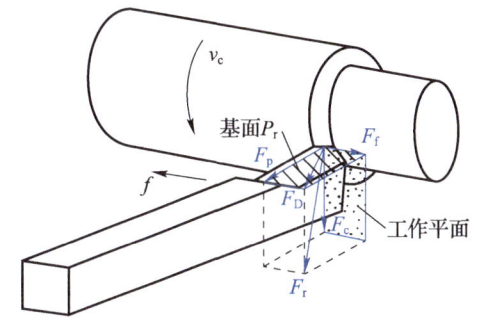

图 2-16 切削力的分解

（1）主切削力 F_c 是切削力 F_r 在主运动方向的分力。它垂直于基面，与切削速度 v_c 的方向一致。主切削力 F_c 是设计与选用刀具、计算机床功率和设计主传动系统的主要依据，也是设计夹具和选择切削用量的依据。

（2）背向力 F_p 是切削力 F_r 在垂直于工作平面方向的分力。它在基面内，并与进给方向垂直。背向力 F_p 是造成工件变形和产生切削振动的主要作用力。

（3）进给力 F_f 是切削力 F_r 在进给方向的分力。它在基面内，并与进给方向平行。进给力 F_f 作用在机床的进给机构上，是校验机床进给机构强度的主要依据。

由图 2-16 可知，切削力 F_r 还可分解为主切削力 F_c 和作用于基面 P_r 内的合力 F_D，F_D 可分解为背向力 F_p 和进给力 F_f。切削力与各分力之间的关系为

$$\begin{cases} F_r = \sqrt{F_c^2 + F_D^2} = \sqrt{F_c^2 + F_p^2 + F_f^2} \\ F_f = F_D \sin \kappa_r \\ F_p = F_D \cos \kappa_r \end{cases} \quad (2-8)$$

2. 切削功率

切削功率是指消耗在金属切削过程中的功率，它是各方向切削运动的功率之和。由于主运动的功率最大，因此通常用主运动的功率 P_c 表示切削功率，其计算公式为

$$P_c = F_c v_c \times 10^{-3} \quad (2-9)$$

2.2.4 切削热和切削温度

切削时所消耗的能量绝大部分都转变成了热量，只有 1%～2% 作为应变能储存在工件材料中。大量的切削热会导致切削温度升高、刀具磨损加剧、刀具寿命降低。此外，工件和刀具受热膨胀，还会影响加工精度。因此，研究切削热的产生及切削温度的变化规律是非常必要的。

1. 切削热

切削热是指在切削过程中，切削层金属变形和与刀具摩擦产生的热量。切削热可通过切屑、工件、刀具及周围介质传导出去。工件的导热系数越大，通过工件和切屑传走的热量越多，就越有利于提高刀具寿命，但工件温度升高会影响加工精度。

2. 切削温度

在金属切削过程中，随着切削热的产生和传导，工件、切屑和刀具上各点的温度是不同的，而且温度的分布也会随时间变化。切削温度一般是指前刀面与切屑接触区域的平均温度。

在工件和刀具一定的前提下，切削温度的高低取决于切削热产生的多少和传导的快

慢。切削温度通常用实测的方法得出。如图 2-17 所示为切削塑性金属材料时刀具、切屑和工件上的温度分布。

由图 2-17 可知,切削温度的分布具有以下特征。

(1) 沿剪切面方向各点温度几乎相同,而垂直于剪切面方向的温度梯度很大。

(2) 前刀面和后刀面上的最高温度都不在切削刃上,而是在离切削刃有一定距离的地方。

(3) 在切屑厚度方向温度梯度也很大,在远离前刀面方向温度下降很快。

(4) 工件加工表面温度的升降是在极短时间内完成的。

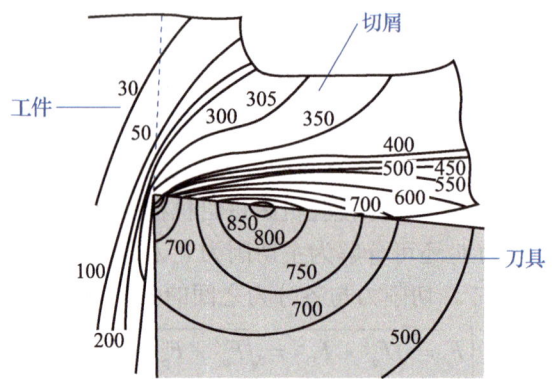

图 2-17　切削塑性金属材料时刀具、切屑和工件上的温度分布

知识链接

工件材料和切削用量对切削过程的影响规律如表 2-1 所示。

表 2-1　工件材料和切削用量对切削过程的影响规律

影响因素		影响规律
工件材料		材料的强度、硬度越高,塑性越小,切削变形越小;高硬度、高强度材料的剪切屈服强度较高,切削力也较大,产生的切削热也较多,加之高硬度材料的导热性能较差,所以切削温度较高
切削用量	切削速度 v_c	随切削速度的升高,切削变形呈减小趋势,但对于塑性金属材料,在积屑瘤生成的速度范围内,切削变形有一个低谷;切削速度对切削力的影响与其对切削变形的影响类似;随切削速度的升高,切削变形和摩擦产生的热量剧增,切削温度将急剧升高
	进给量 f	进给量增大,则切削变形减小;但由于切削面积增大,切削力将相应增大,切削温度将升高
	背吃刀量 a_p	背吃刀量增大,切削变形基本不变,但由于切削面积成比例增大,切削力也成比例增大;背吃刀量增大,会使散热条件大为改善,切削温度升高不明显

项目实施——分析典型切削运动和计算切削用量

1. 分析切削运动

五种切削加工的类型和切削运动如表 2-2 所示。

表 2-2 五种切削加工的类型和切削运动

类型	切削运动	
	主运动	进给运动
车外圆	工件的旋转运动	车刀的平移运动
铣平面	铣刀的旋转运动	工件的平移运动
钻孔	钻头的旋转运动	钻头的轴向运动
镗内圆	镗刀的旋转运动	工件的平移运动
刨平面	刨刀的平移运动	工件的平移运动

2. 计算切削用量

1）计算切削速度

光轴转速为 360 r/min，光轴加工前直径为 65 mm，根据式（2-1）可得，光轴的切削速度为

$$v_c = \frac{\pi d_w n}{1\,000} = \frac{3.14 \times 65 \times 360}{1\,000} = 73.476 \text{ (m/min)}$$

2）计算进给量

车削光轴的外圆表面时，切削运动的主运动为光轴的旋转运动，进给量为主运动旋转一周光轴和刀具沿进给方向的相对位移量。因光轴转速为 360 r/min，刀具每秒沿工件轴向移动 1.5 mm，因此，光轴的进给量为

$$f = \frac{60l}{n} = \frac{60 \times 1.5}{360} = 0.25 \text{ (mm/r)}$$

3）计算背吃刀量

根据式（2-3）可得，光轴外圆表面车削的背吃刀量为

$$a_p = \frac{d_w - d_m}{2} = \frac{65 - 56}{2} = 4.5 \text{ (mm)}$$

笔记

项目考核

1．填空题

（1）零件加工表面的成形过程通常经历三个表面的依次变化，即待加工表面、已加工表面和_____。

（2）按零件加工表面发生线生成方式的不同，零件加工表面的成形方法可分为_____、成形法、_____和相切法四种。

（3）在切削运动中，_____使刀具和工件产生相对运动以进行切削，是加工表面成形最基本的运动。

（4）在切削层尺寸平面测得的切削层尺寸，包括_____、_____、切削面积等，统称为切削层参数。

（5）影响材料切削加工性的基本因素主要有材料的_____、塑性和韧性、_____及导热系数等。

（6）切屑的控制是指在金属切削加工中采取适当的措施来控制切屑的流向、卷曲和_____，以便于切屑的排出。

（7）为了便于测量和应用，切削力可在空间直角坐标系中分解为三个相互垂直的分力：主切削力、_____和进给力。

（8）切削温度一般是指前刀面与_____的平均温度。

2．选择题

（1）下列选项中不属于切削用量的是（　　）。

　　A．切削速度　　　　　　　　B．进给量
　　C．切削厚度　　　　　　　　D．背吃刀量

（2）根据切削用量和切削层参数的关系，影响切削厚度的主要因素是（   ）。
    A．切削速度和进给量   B．进给量和主偏角
    C．切削深度和进给量   D．进给量和刃倾角

（3）第（   ）变形区的变形是造成已加工表面加工硬化和产生残余应力的主要原因。
    A．Ⅰ   B．Ⅱ
    C．Ⅲ   D．Ⅳ

（4）下列选项中，不属于常见切屑类型的有（   ）。
    A．带状切屑   B．节状切屑
    C．粒状切屑   D．片状切屑

（5）在切削过程中，下列选项中不会引起切屑卷曲的是（   ）。
    A．切屑塑性变形   B．切屑弹性变形
    C．切屑摩擦变形   D．切屑流出时的附加变形

（6）下列选项中，不属于切削力主要来源的是（   ）。
    A．工件材料弹性变形
    B．工件材料塑性变形
    C．切屑从刀具前刀面流出产生的摩擦阻力
    D．切削振动

3．判断题

（1）过渡表面是指工件上经刀具切削后生成的成形表面。（   ）

（2）轨迹法是指利用刀具按一定规律的轨迹运动，从而对工件进行切削加工的方法。（   ）

（3）在金属切削加工中，切削运动的主运动只有一个。（   ）

（4）计算车外圆的切削速度时，应按照已加工表面的直径数值进行计算。（   ）

（5）经过切削变形后的切屑与切削层相比，其形状和尺寸都发生了改变，其体积也相应发生改变。（   ）

（6）积屑瘤对金属切削加工总是有害的，应尽量避免。（   ）

（7）进给量增大后，切削厚度随之增大，有利于断屑。（   ）

（8）在工件和刀具一定的前提下，切削温度的高低取决于切削热产生的多少和传导的快慢。（   ）

4．问答题

（1）简述切削用量的选择原则和选择顺序。

（2）简述改善材料切削加工性的方法。

（3）简述抑制或避免积屑瘤的措施。

项目评价

指导教师根据学生对本项目的实际学习成果对其进行评价,学生配合指导教师共同完成如表 2-3 所示的学习成果评价表。

表 2-3　学习成果评价表

班级		组号		日期	
姓名		学号		指导教师	
项目名称		金属切削原理			
评价项目	评价内容		评价方式	分值/分	评分/分
知识 (40%)	零件加工表面的成形		理论测试	6	
	切削运动、切削用量和切削层参数			10	
	材料的切削加工性			4	
	金属切削过程的物理现象			6	
	切屑的分类及控制			6	
	切削力和切削功率			4	
	切削热和切削温度			4	
技能 (40%)	能正确分析切削用量和切削层参数		实践操作	20	
	能合理选择工件车削加工的切削用量			20	
素养 (20%)	认真参加教学活动,积极学习和思考		综合评判	5	
	高效完成学习和实践任务			5	
	服从指挥,遵守课堂纪律			5	
	团结合作,具有创新思维			5	
合计				100	
自我评价					
指导教师评价					

项目 3　金属切削刀具和切削液

项目导读

我们都听过《论语》中"工欲善其事，必先利其器"的典故，也知道"磨刀不误砍柴工"的道理，这些都说明了要想做好一件工作，首先必须让工具"锋利"。因此，正确选择金属切削刀具（以下简称刀具）对金属切削加工至关重要。此外，作为金属切削加工过程中的重要辅助材料，切削液可起到冷却、润滑等作用，从而提高加工效率，减少刀具磨损，并改善加工表面的质量。本项目主要介绍刀具和切削液的种类、特点和使用方法等。

知识目标

- 掌握刀具种类和刀具材料。
- 掌握刀具切削部分的组成，以及刀具角度参考系的分类和建立。
- 掌握刀具的标注角度和工作角度，以及刀具角度的选择方法。
- 掌握刀具磨损的形式、过程及磨钝标准。
- 了解刀具寿命的影响因素。
- 了解切削液的作用。
- 掌握切削液的分类及使用方法。

技能目标

- 能正确选择刀具和测量刀具角度。
- 能正确选择和使用切削液。

素质目标

- 提高执着专注、严谨细致的学习态度。
- 培养爱岗敬业、诚实守信的职业道德。

项目描述

在机械加工过程中，要高质量、高效率地切削工件，所用刀具的切削部分就必须具有合适的几何形状。而刀具角度决定了刀具切削部分各表面的相对位置，是确定刀具切削部分几何形状的重要参数。

如图 3-1 所示为车刀测角仪，它可用于测量车刀的前角、后角、刃倾角等。这些刀具角度对于切削效率、刀具寿命以及工件表面质量都有重要影响。请使用车刀测角仪测量外圆车刀的角度。

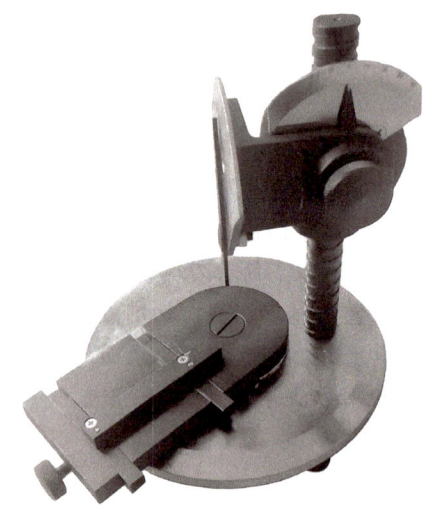

图 3-1　车刀测角仪

相关知识

3.1　刀具

3.1.1　刀具种类

零件的材质、形状、技术要求和加工工艺多种多样，这要求进行加工的刀具具有不同的结构和切削性能，因此生产中所使用的刀具种类很多。按加工方式和用途的不同，金属切削刀具可分为车刀、铣刀、孔加工刀具、螺纹刀具、拉刀和齿轮刀具等。

1. 车刀

车刀是在车床上使用的刀具的总称。按所加工表面特征的不同，车刀可分为车槽刀、外圆车刀、成形车刀、精车刀、螺纹车刀、通孔车刀、盲孔车刀等，具体如图 3-2 所示。

项目 3 金属切削刀具和切削液

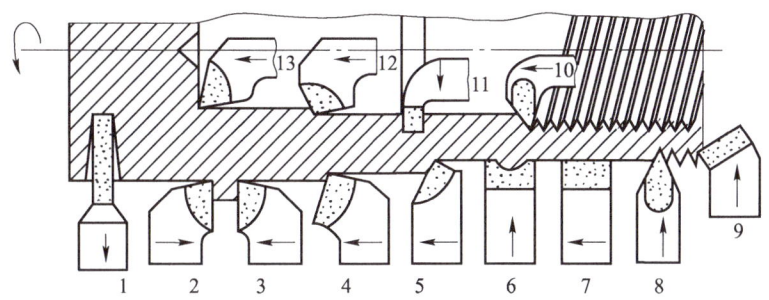

1—车槽刀；2—90°左偏外圆车刀；3—90°右偏外圆车刀；4—75°弯头外圆车刀；5—45°直头外圆车刀；6—成形车刀；7—宽刃外圆精车刀；8—外螺纹车刀；9—45°弯头车刀；10—内螺纹车刀；11—内孔车槽刀；12—通孔车刀；13—盲孔车刀。

图 3-2 用于加工不同特征表面的车刀

按结构的不同，车刀可分为整体车刀、焊接车刀、机夹车刀和可转位车刀等，如图 3-3 所示。

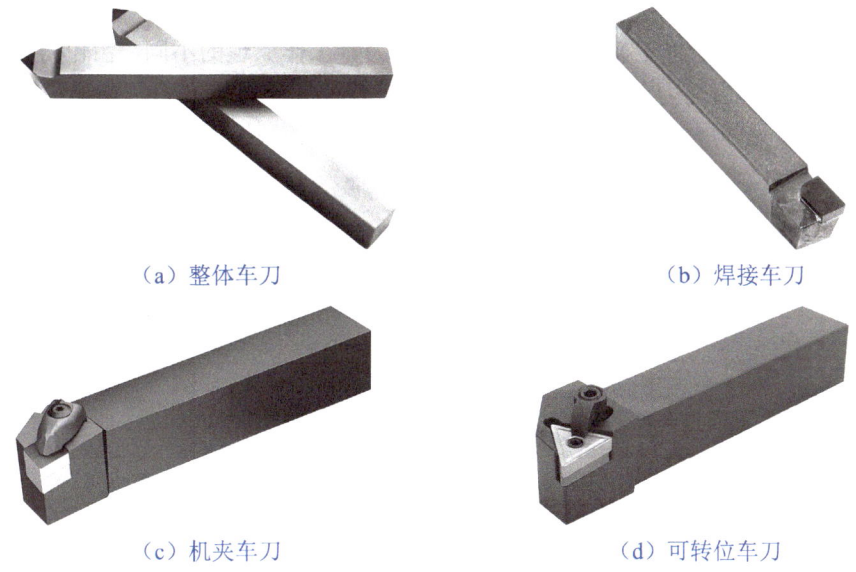

（a）整体车刀　　　　　　　　　　　（b）焊接车刀

（c）机夹车刀　　　　　　　　　　　（d）可转位车刀

图 3-3 不同结构的车刀

2．铣刀

铣刀是指用于铣削加工，具有一个或多个刀齿的旋转刀具。按用途的不同，铣刀可分为以下三类：① 用于平面加工的铣刀，如圆柱铣刀、面铣刀等；② 用于沟槽加工的铣刀，如立铣刀、三面刃铣刀、角度铣刀、锯片铣刀、T 形铣刀等；③ 用于成形表面加工的铣刀，如凸半圆铣刀、凹半圆铣刀等。

3．孔加工刀具

孔加工刀具一般分为两大类，一类是从实体材料上加工出孔的刀具，如麻花钻、中心钻和深孔钻等；另一类是对工件已有孔进行再加工的刀具，如扩孔钻、铰刀、镗刀等。

4．螺纹刀具

螺纹的加工除螺纹车刀和螺纹铣刀外，还可使用专用的螺纹刀具，如丝锥和板牙等。

5. 拉刀

拉刀是指在机床拉力作用下进行金属切削加工的刀具，常用于加工圆孔、花键孔、键槽、平面和成形表面等。按加工表面的不同，拉刀可分为内拉刀和外拉刀两种，如图 3-4 所示。

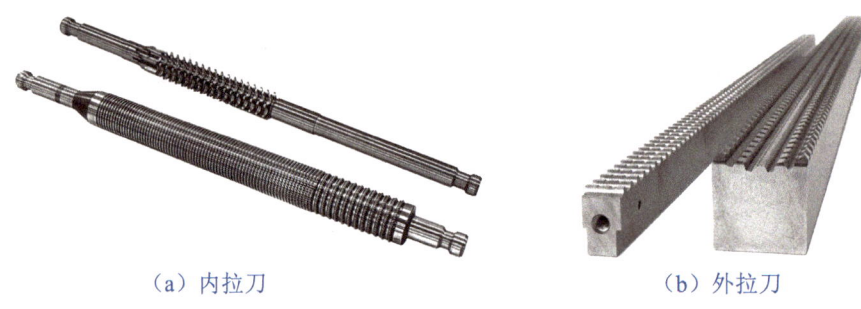

（a）内拉刀　　　　　　　　　　　　　（b）外拉刀

图 3-4　拉刀

6. 齿轮刀具

齿轮刀具是指用于加工齿轮齿形的刀具。按刀具工作原理的不同，齿轮刀具可分为成形齿轮刀具和展成齿轮刀具。常见的成形齿轮刀具有盘形齿轮铣刀和指形齿轮铣刀，如图 3-5 所示；常见的展成齿轮刀具有齿轮滚刀、插齿刀、剃齿刀等，如图 3-6 所示。

（a）盘形齿轮铣刀　　　　　　　　　　（b）指形齿轮铣刀

图 3-5　常见的成形齿轮刀具

（a）齿轮滚刀　　　　　　　　　　　　（b）插齿刀

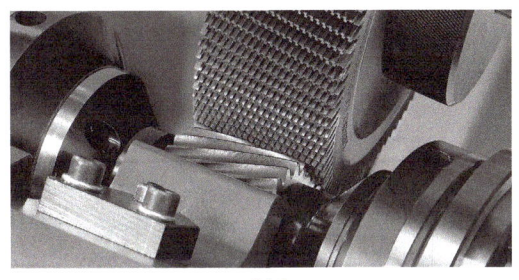

(c) 剃齿刀

图 3-6　常见的展成齿轮刀具

3.1.2 刀具材料

刀具材料是指刀具切削部分的材料，是影响工件表面质量、切削效率、刀具寿命的基本因素。正确选择刀具材料，是提高生产率和产品质量，降低生产成本的重要方法。

1．刀具材料应具备的性能

在金属切削加工过程中，刀具的切削部分不仅要承受很大的压力和冲击力，还要承受切削变形和摩擦产生的高温。因此，刀具的材料应具备以下性能。

1）较高的硬度和较好的耐磨性

刀具材料的硬度必须高于被加工工件材料的硬度，且必须具有较好的耐磨粒磨损性能。常温下刀具材料的硬度应在 60 HRC 以上。一般来说，刀具材料的硬度越高，耐磨性越好。

2）足够的强度和韧性

为防止刀具切削部分因受压力和冲击力而产生脆性破坏和塑性变形，刀具材料必须具有足够的强度和韧性。

3）良好的耐热性和导热性

刀具材料的耐热性是指刀具切削部分在高温下仍能保持硬度和强度的能力。耐热性越好，刀具材料在高温下抵抗塑性变形和磨损的能力就越强。刀具材料的导热性越好，切削过程产生的热量就越容易传导散发出去，有利于降低刀具切削部分的温度，减轻刀具磨损。

4）良好的加工工艺性和经济性

刀具材料应便于制造，有良好的锻造、焊接、热处理和磨削等加工工艺性，同时还要尽可能满足原材料资源丰富、价格低廉等要求。

2．常见的刀具材料

常见的刀具材料有工具钢、硬质合金、陶瓷和超硬材料四大类。其中，工具钢包括碳素工具钢、合金工具钢和高速工具钢等，硬质合金包括钨钴类硬质合金和钨钛钴类硬质合金等，陶瓷包括氧化铝陶瓷和氮化硅陶瓷等，超硬材料包括立方氮化硼和金刚石等。常见刀具材料的特性如表 3-1 所示。

表 3-1 常见刀具材料的特性

材料种类		硬度	维持切削性能的最高温度/℃	抗弯强度/MPa	工艺性能	适用范围
工具钢	碳素工具钢	60～64 HRC（81～83 HRA）	约 200	2 452～2 750	可冷、热加工成形，加工性能良好，切削刃可磨得非常锋利，但热处理淬透性差、变形大、易淬裂	手丝锥、手铰刀、板牙、锯条、锉刀等手动刀具，加工轻合金的机动刀具
	合金工具钢	60～65 HRC（81～83.5 HRA）	250～300	2 452～2 750	可冷、热加工成形，加工性能良好，热处理淬透性好、变形小	手动刀具或切削刃形状较复杂的低速机动刀具，如丝锥、板牙、拉刀等
	高速工具钢	62～69 HRC（82～87 HRA）	540～600	3 435～4 415	可冷、热加工成形，加工性能良好，高钒高速钢可磨性差	各种刀具，特别是切削刃形状较复杂的刀具
硬质合金	钨钴类硬质合金	89.5～91 HRA	800～900	1 080～1 470	不能冷、热加工成形，刀片压制烧结后不需要热处理就能使用；用碳化硅砂轮磨削易产生磨削应力及裂纹；钨钛钴类硬质合金的可磨性及可焊性比钨钴类硬质合金的略差	各种车刀、铣刀、孔加工刀具、齿轮刀具、螺纹刀具等。钨钴类硬质合金适用于加工铸铁及有色金属材料；钨钛钴类硬质合金适用于加工钢材
	钨钛钴类硬质合金	89.5～92.5 HRA	900～1 000	885～1 275		
陶瓷	氧化铝陶瓷	91～94 HRA	1 200	440～835	压制烧结而成，不需要热处理；可焊性、可磨性差；采用镶片形式使用	连续切削的精加工及半精加工车刀
	氮化硅陶瓷	2 000 HV	1 300	735～835	压制烧结而成，不需要热处理；可用金刚石砂轮或立方氮化硼砂轮磨削	高硬度材料的精加工及半精加工车刀
超硬材料	立方氮化硼	8 000～9 000 HV	1 400	410	在高温、高压下由人工合成，可用金刚石砂轮磨削	磨料，硬质合金为衬底的复合聚晶刀片（用于高硬度、高强度材料精加工的车刀）
	金刚石	10 000 HV	700～800	295	天然成形或在高温、高压下由人工合成，只能用金刚石粉研磨	磨料，大颗粒天然金刚石或复合聚晶刀片（用于有色金属高精度、高表面质量加工的车刀）

3.1.3 刀具角度

刀具种类繁多且形状各异，但不同刀具切削部分的几何特征具有共性，其基本形态都近似于外圆车刀。因此，下面以外圆车刀为例来研究刀具角度。

1. 刀具切削部分的组成

外圆车刀由刀柄和切削部分组成，如图 3-7 所示。其中，切削部分由前刀面 A_γ、主后刀面 A_α、副后刀面 A_α'、主切削刃 S、副切削刃 S' 和刀尖组成，统称为"三面两刃一尖"。

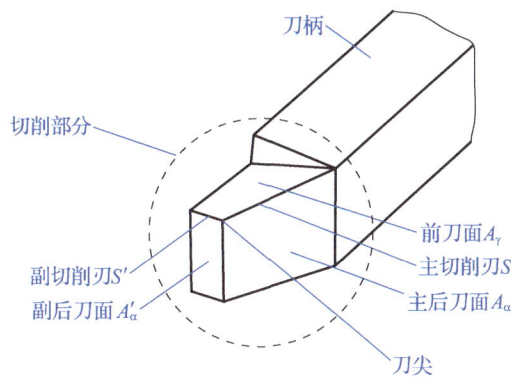

图 3-7 外圆车刀的组成

（1）前刀面 A_γ 又称前面，是指刀具上切屑直接接触并沿其流出的刀具表面。

（2）主后刀面 A_α 又称后面，是指与工件上过渡表面相对的刀具表面。

（3）副后刀面 A_α' 又称副后面，是指与工件上已加工表面相对的刀具表面。

（4）主切削刃 S 又称主刀刃，是指前刀面与主后刀面的交线。它承担主要的切削工作。

（5）副切削刃 S' 又称副刀刃，是指前刀面与副后刀面的交线。它协同主切削刃完成切削工作，并使待加工表面最终成形为已加工表面。

（6）刀尖是指主切削刃与副切削刃的连接处相当少的一部分切削刃。刀尖可以是一段圆弧，也可以是一段直线，分别称为修圆刀尖和倒角刀尖。

2. 刀具角度的参考系

1）刀具角度参考系的分类

刀具角度的大小及空间相对位置通常利用正投影原理，采用多面投影的方法来表示。用于确定刀具角度的投影体系称为刀具角度的参考系，参考系中的投影面称为参考平面。刀具角度的参考系分为刀具静止参考系和刀具工作参考系两类。

（1）刀具静止参考系是指在刀具设计、制造、刃磨及测量时，因无法确定切削运动的方向和切削力的大小而在假定条件下设立的角度参考系。在静止参考系中确定的刀具角度称为刀具的标注角度，它用于确定切削刃和刀面相对于定位基准的几何位置。

（2）刀具工作参考系是指在刀具实际工作状态下建立的参考系。在工作参考系中确定的刀具角度称为刀具的工作角度，它用于确定切削过程中切削刃和刀面相对于工件的几何位置。

2）刀具角度参考系的建立

在建立刀具静止参考系时，需要在假定工作状态下设定刀具的主运动方向和进给运动方向，然后据此定义参考系的各参考平面。以外圆车刀为例，假定主运动方向垂直于刀柄安装面，假定进给运动方向平行于刀柄安装面并且垂直于刀柄轴线。如图3-8所示，刀具静止参考系的参考平面有基面 P_r、切削平面 P_s、正交平面 P_o、法平面 P_n、假定工作平面 P_f 和背平面 P_p 六个平面。

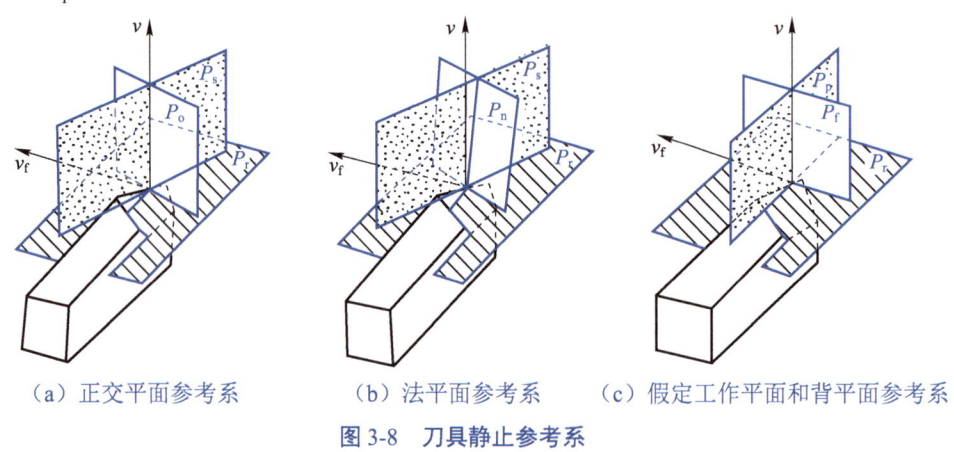

（a）正交平面参考系　　（b）法平面参考系　　（c）假定工作平面和背平面参考系

图3-8　刀具静止参考系

（1）基面 P_r 是指通过主切削刃选定点，垂直于假定主运动方向的平面。基面平行或垂直于刀具在制造、刃磨及测量时适合于安装或定位的一个平面或轴线。

（2）切削平面 P_s 是指通过主切削刃选定点，与主切削刃相切并垂直于基面的平面。

（3）正交平面 P_o 是指通过主切削刃选定点，同时垂直于基面和切削平面的平面。

（4）法平面 P_n 是指通过主切削刃选定点，垂直于主切削刃的平面。

（5）假定工作平面 P_f 是指通过主切削刃选定点，垂直于基面并平行于进给方向的平面。

（6）背平面 P_p 是指通过主切削刃选定点，同时垂直于基面和假定工作平面的平面。

不同的参考平面可组成不同的静止参考系。基面 P_r、切削平面 P_s 和正交平面 P_o 三个相互垂直的参考平面组成了正交平面参考系；基面 P_r、切削平面 P_s 和法平面 P_n 组成了法平面参考系；基面 P_r、假定工作平面 P_f 和背平面 P_p 三个相互垂直的参考平面组成了假定工作平面和背平面参考系。

同理，对副切削刃也可建立副基面 P_r'、副切削平面 P_s' 和副正交平面 P_o'，它们可组成副正交平面参考系。

3. 刀具的标注角度

刀具的标注角度以在正交平面参考系中标注的角度为主,可根据需要兼用其他平面参考系。正交平面参考系的标注角度是指对刀具在该参考系中三个参考平面的投影测量所得的角度。如图3-9所示为外圆车刀的标注角度,在正交平面参考系中,确定外圆车刀切削部分的结构需要前角γ_o、后角α_o、主偏角κ_r、副偏角κ_r'和刃倾角λ_s五个基本角度。

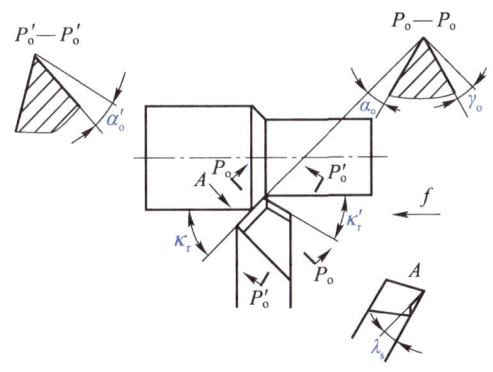

刀具的标注角度

图3-9 外圆车刀的标注角度

(1) 前角γ_o是指在正交平面测量的前刀面与基面之间的夹角。前角表示前刀面的倾斜程度,当基面在前刀面之上时,γ_o为正值;当基面在前刀面之下时,γ_o为负值;当基面与前刀面平行时,γ_o为零。

(2) 后角α_o是指在正交平面测量的主后刀面与切削平面之间的夹角。后角α_o表示主后刀面的倾斜程度,一般为正值。

(3) 主偏角κ_r是指在基面测量的主切削刃在基面的投影与进给运动方向的夹角,一般为正值。

(4) 副偏角κ_r'是指在基面测量的副切削刃在基面的投影与进给运动反方向的夹角。

(5) 刃倾角λ_s是指在切削平面测量的主切削刃与基面之间的夹角。当刀尖为主切削刃的最高点时,λ_s为正值;当刀尖为主切削刃的最低点时,λ_s为负值;主切削刃与基面平行时,λ_s为零。

要完全确定车刀切削部分所有表面的空间位置,还需要确定副后角α_o'。副后角α_o'是指在副正交平面内测量的副后刀面与副切削平面之间的夹角。

4. 刀具的工作角度

刀具的标注角度是在静止参考系中测量的,但在实际的切削过程中,刀具的安装位置及进给运动方向的变化,会使参考系各组成平面发生变化,从而使刀具的工作角度不同于标注角度。

1) 刀具安装位置对工作角度的影响

(1) 刀具安装位置高低对工作角度的影响。

以车外圆为例,在不考虑进给运动的情况下,当车刀刀尖高于工件回转轴线时,工作基面P_{re}和工作切削平面P_{se}都要偏转一个角度θ,如图3-10所示。此时,刀具的工作前角γ_{oe}和工作后角α_{oe}分别增大和减小一个角度θ。

当车刀刀尖低于工件回转轴线时，刀具的工作前角 γ_{oe} 和工作后角 α_{oe} 将会分别减小和增大一个角度 θ。车内圆时，工作角度的变化与车外圆相反。

（2）刀具安装位置偏斜对工作角度的影响。

同样以车外圆为例，当车刀刀柄轴线与进给方向不垂直（车刀刀柄轴线相对进给方向倾斜角度为 θ）时，刀具的工作主偏角 κ_{re} 和工作副偏角 κ'_{re} 会按照刀具偏斜的方向分别增大和减小一个角度 θ，如图 3-11 所示。

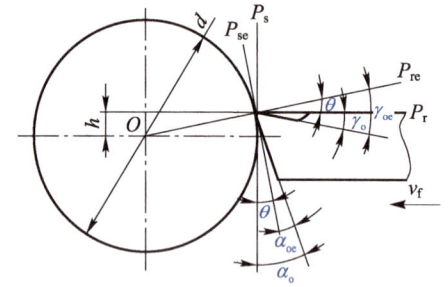

图 3-10 刀具安装位置高低对工作角度的影响　　图 3-11 刀具安装位置偏斜对工作角度的影响

2）进给运动对工作角度的影响

一般情况下，切削过程中进给速度远低于切削速度，刀具的工作角度近似等于标注角度。但当进给速度较高时，切削主运动和进给运动的合成运动方向发生改变，工作角度将会出现较大变化，此时必须考虑进给运动对工作角度的影响。

车外圆和车螺纹时，由于纵向（平行于工件回转轴线的方向）进给运动的存在，使加工表面呈螺旋面。在假定工作平面 P_f 中，工作基面 P_{re} 和工作切削平面 P_{se} 要偏转一个附加的螺旋升角 μ_f，车刀的工作前角 γ_{fe} 增大，工作后角 α_{fe} 减小，如图 3-12 所示。

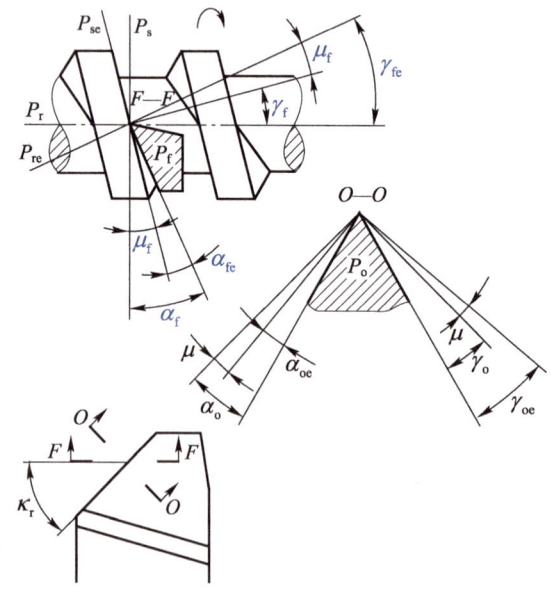

图 3-12 纵向进给运动对工作角度的影响

> **点 拨**
>
> 在正交平面P_o中，螺旋升角为μ，车刀的工作前角γ_{oe}增大，工作后角α_{oe}减小。

车端面和进行切断时，由于横向（垂直于工件回转轴线的方向）进给运动的存在，加工表面是阿基米德螺旋面，工作基面P_{re}和工作切削平面P_{se}要偏转一个附加的螺旋升角μ，车刀的工作前角γ_{oe}增大，工作后角α_{oe}减小，如图3-13所示。

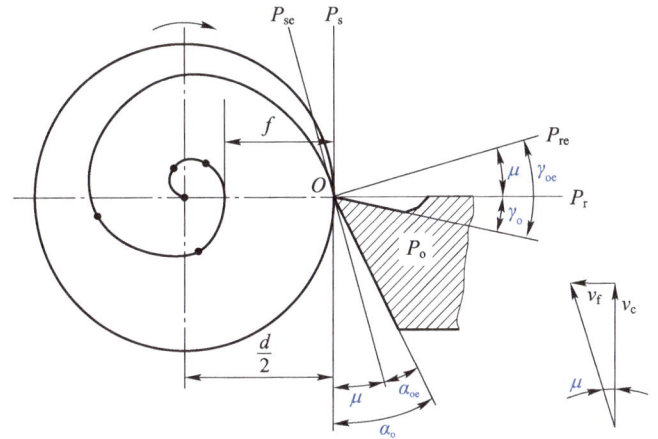

图3-13 横向进给运动对工作角度的影响

5. 刀具角度的选择

刀具角度对切削变形、切削力、切削温度、刀具磨损和工件表面质量等有直接影响，合理选择刀具角度对提升生产率、降低加工成本有着重要的意义。刀具角度的选择主要包括前角γ_o、后角α_o、主偏角κ_r和刃倾角λ_s的选择，下面以外圆车刀为例进行介绍。

刀具角度的选择

1）前角的选择

一般情况下，前角γ_o越大，刀具的切削刃就越锋利，切削层的塑性变形和摩擦阻力就越小，切削力和切削热也就越小。但前角过大，将会使切削刃和刀尖的强度降低，同时会使刀具导热体积减小、刀具寿命降低。

选择前角时应首先考虑工件材料，其次考虑刀具材料和加工性质。工件材料的强度和硬度较高时，前角应取较小值，反之应取较大值（用硬质合金车刀加工一般灰铸铁材料时，$\gamma_o = 5°\sim 15°$；加工一般钢材时，$\gamma_o = 10°\sim 20°$）。刀具材料韧性较大（如高速工具钢）时，前角应取较大值；刀具材料韧性较小（如硬质合金）时，前角应取较小值。精加工时，前角应取较大值；粗加工时，前角应取较小值。

2）后角的选择

增大后角α_o可减小刀具后刀面与工件之间的摩擦和后刀面的磨损，但后角过大会降低切削刃强度，恶化散热条件，降低刀具寿命。

选择后角首先考虑切削厚度 h_D，其次考虑工件材料和加工条件。精加工时切削厚度小，后角应取较大值（$\alpha_o = 8°\sim12°$）；粗加工时切削厚度大、负荷重，后角应取较小值（$\alpha_o = 6°\sim8°$）。工件材料硬度较低、塑性较大时，后角应取较大值。工艺系统刚度较低时，应适当减小后角。

3）主偏角的选择

主偏角 κ_r 的大小决定了切削层截面的形状、切削分力的比例、刀尖的强度和散热条件等，从而影响了刀具寿命。

选择主偏角时，主要考虑工艺系统的刚度。工艺系统刚度较高时，主偏角应取较小值（$\kappa_r = 30°\sim45°$）；工艺系统刚度较低（如车削细长轴）时，为避免产生振动和工件变形，主偏角应取较大值（$\kappa_r = 60°\sim75°$）。

4）刃倾角的选择

刃倾角 λ_s 主要影响切削刃的强度和切屑流出的方向。当刃倾角为正值时，切屑流向待加工表面；当刃倾角为负值时，切屑流向已加工表面；当刃倾角的角度为零时，切屑沿正交平面 P_o 方向流出。

对于冲击负荷较大的连续切削，刃倾角应取较大的负值，以保护刀尖，提高切削的稳定性。精加工时，刃倾角应取正值（$\lambda_s = 0°\sim5°$），使切屑流向待加工表面，以免划伤已加工表面。加工高硬度材料时，刃倾角应取负值（$\lambda_s = -5°\sim0°$），以提高刀具强度。

笔记

进德修业

爱岗敬业、争创一流——不变的奋斗底色

伟大出自平凡，英雄来自人民。在我党领导人民进行革命斗争时期，就涌现出了一批批"劳动英雄"，"边区工人"赵占魁穿着湿棉袄在高达 2 000 ℃的熔炉前工作，终日汗流浃背，从不叫苦叫累。新中国成立后，当家做主的中国工人阶级为党分忧、为国解难，全力投身社会主义革命和建设洪流，大庆"铁人"王进喜立下"宁肯少活二十年，拼命也要拿下大油田"的铮铮誓言。改革开放号角吹响，劳动模范勇立时代潮头，开拓进取，产业工人许振超先后6次打破集装箱装卸世界纪录，创下令世界惊叹的"振超效率"。党的十八大开启中国特色社会主义新时代，越来越多知识型、技能型、创新型的劳动者为实现中华民族伟大复兴梦想而奋斗，"金手天焊"高凤林先后为90多发火箭焊接过"心脏"，先后攻克航天焊接200多项难关，成为航天航空领域"大国工匠"。

项目 3　金属切削刀具和切削液

> 在劳模身上，体现了一以贯之强烈的主人翁事业心和责任感，勇攀高峰的坚定志向和坚韧品格，崇尚劳动、恪尽职守的高尚情操。时代在变，奋斗的底色永远不变。
>
> （资料来源：樊曦，《爱岗敬业、争创一流——劳模精神述评》，新华网，2021 年 9 月 20 日）

3.1.4　刀具磨损及刀具寿命

刀具在切削过程中承受很大的压力、很高的温度和剧烈的摩擦，使用一段时间后切削性能会大幅度下降，甚至因完全丧失切削性能而失效。刀具失效的形式有磨损和破损两种。前者是刀具随使用时间的增加，损耗逐渐增大直至无法使用的失效形式，属正常磨损；后者是突然的损坏，属非正常磨损。下面主要介绍刀具磨损。

刀具磨损会降低工件的加工精度及表面质量，增大切削力，升高切削温度，甚至产生振动，以致无法继续正常切削。只有更换新的刀具或重新刃磨刀具的切削刃，才能使刀具继续使用。

1. 刀具磨损的形式

刀具磨损是指金属切削过程中，刀具在高温和高压条件下，因受到工件、切屑的剧烈摩擦而产生的损伤。刀具磨损的形式主要有前刀面磨损、后刀面磨损和边界磨损三种，如图 3-14 所示。

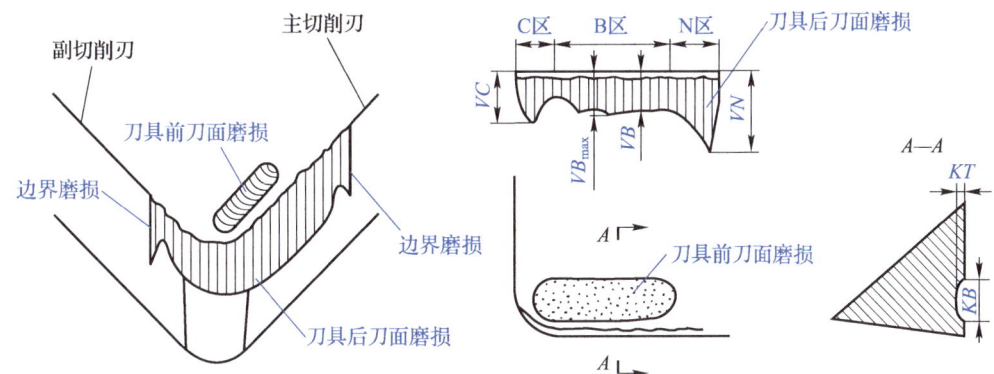

图 3-14　刀具磨损的形式

1）前刀面磨损

前刀面磨损是指切削塑性金属材料时，采用较高的切削速度和较大的背吃刀量，刀具前刀面与切屑之间的压力大、摩擦大、切削温度高，切屑在刀具的前刀面上磨出的月牙洼形磨损。前刀面磨损最早发生在前刀面的温度最高处，并逐渐向切削刃处扩展，使切削刃强度降低，最终会导致刀具崩刃。前刀面磨损的大小用月牙洼的宽度 KB 和深度 KT 表示。

2）后刀面磨损

后刀面磨损是指切削脆性金属材料时，采用较低的切削速度和较小的背吃刀量，刀具后刀面与已加工表面之间产生强烈的摩擦，在后刀面毗邻切削刃的区域形成的后角为零的带状磨损。因不同位置所受摩擦力的大小和散热条件等存在差异，后刀面磨损的程度并不均匀。后刀面磨损通常分为 C 区、B 区和 N 区三个磨损区，其中 B 区磨损较为均匀且便于测量，故以该处的宽度 VB 来表示后刀面的磨损程度。

3）边界磨损

边界磨损是指切削铸锻件等外皮粗糙的金属工件，或采用中等切削速度和中等进给量切削塑性金属材料时，在后刀面主切削刃靠近工件外皮处和副切削刃靠近刀尖处形成的沟纹状磨损。

2．刀具磨损过程

如图 3-15 所示为刀具磨损曲线。刀具磨损过程可分为初期磨损、正常磨损和急剧磨损三个阶段。

1）初期磨损阶段

这个阶段刀具磨损较快，时间短。由于新刃磨的刀具表面粗糙不平，后刀面与工件之间为凸峰点接触，压应力较大，因此磨损较快。初期磨损阶段的后刀面磨损量 VB 一般为 0.05～0.1 mm，其大小与刀具刃磨质量有关。刃磨过的刀具，初期磨损量较小，且很耐用。

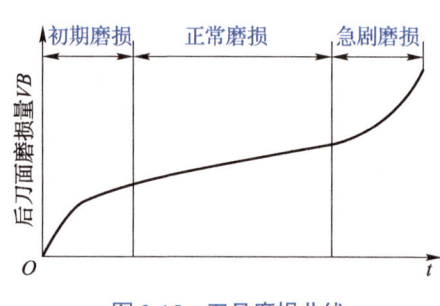

图 3-15　刀具磨损曲线

2）正常磨损阶段

这个阶段刀具磨损较慢且均匀。由于初期磨损后凸峰点被磨掉，后刀面与工件表面的接触面积增大，应力减小且较为恒定，因此后刀面磨损量 VB 与切削时间近似成正比关系。正常磨损阶段，切削过程较为平稳，是刀具工作的有效阶段。这个阶段磨损曲线近似为直线，它的斜率表示刀具正常工作时的磨损强度，是衡量刀具切削性能的重要指标之一。

3）急剧磨损阶段

这个阶段后刀面磨损量 VB 急剧增大，刀具很快失效。当正常磨损达到一定程度后，刀具切削刃变钝，切削力急剧增大，切削温度急剧升高，刀具磨损加剧。在这个阶段，刀具若继续使用，不但无法保证加工质量，而且会过多地消耗刀具材料，甚至损毁。因此，必须在刀具进入急剧磨损阶段前对其进行更换或重新刃磨。

3．刀具磨钝标准

刀具磨钝标准是指根据加工要求规定的刀具最大允许磨损值，它是刀具磨损到不能继续使用的限度。国际标准化组织（ISO）统一规定，以 1/2 背吃刀量处后刀面上测定的磨损量 VB 作为刀具磨钝标准。自动化生产中的精加工刀具，常以沿工件径向的刀具磨损尺寸（径向磨损量 NB）作为刀具磨钝标准。刀具磨钝标准的具体数值可参考有关手册。

点　拨

在对工件进行精加工时，由于必须保证工件表面粗糙度和尺寸精度，因此要根据工件表面粗糙度和尺寸精度的要求来制定磨钝标准，所制定的磨钝标准称为工艺磨钝标准。工艺磨钝标准低于正常的磨钝标准。

4. 刀具寿命

刀具寿命又称刀具耐用度，是指刀具刃磨后，从开始切削至磨损量达到磨钝标准为止的总切削时间，有时还可用达到磨钝标准所经历的切削路程或加工出的零件数量来表示。对于重磨刀具，由刀具第一次使用到报废为止的总切削时间称为刀具总寿命。在切削用量和磨钝标准相同的情况下，刀具寿命越高，表示刀具磨损得越慢，切削性能越好。

当工件、刀具材料和刀具角度选定之后，切削用量通过影响切削温度，成为影响刀具寿命的主要因素。其中，以切削速度 v_c 的影响最为显著，进给量 f 次之，背吃刀量 a_p 最小，这与它们对切削温度影响的程度一样。

实际生产中，刀具寿命不是越高越好。刀具寿命过高必然会减小切削用量，此时虽然降低了刀具的消耗和成本，但过低的生产率会造成生产成本的升高。反之，刀具寿命过低，虽可采用更大的切削用量，但刀具磨损加快使换刀或刃磨的工时和费用显著增加，同样达不到高效率、低成本的生产目的。因此，应综合考虑影响生产率和加工成本等多方面因素来选取刀具寿命。刀具寿命一般分为最高生产率刀具寿命和最低成本刀具寿命两种，前者根据单件时间定额最少的目标确定，后者根据工序成本最低的目标确定。

知识链接

刀具破损及其预防措施

刀具破损是指在一定切削条件下，切削刃经受不住强大的应力而突然发生损坏，造成刀具提前失去切削能力的失效形式。刀具破损分为脆性破损和塑性破损两类。

（1）脆性破损是指刀具在进行断续切削或加工高硬度材料时，受机械冲击力和热效应力的作用，发生的崩刃、碎断、剥落和裂纹等形式的破损。脆性破损常出现在硬质合金刀具和陶瓷刀具上。

（2）塑性破损是指在高温和高压的切削条件下，切削刃和刀面发生塌陷或隆起形式的塑性变形造成的刀具破损。塑性破损常出现在高速钢刀具上。

刀具破损是一种非正常的刀具失效形式，具有一定的突发性，所以常在生产中造成较大的危害和经济损失。为减少刀具破损，进行切削时，除合理选择刀具材料、刀具角度、切削用量外，保证刀具焊接和刃磨质量还需要使工艺系统保持较高的刚度，减小受到的振动和冲击。

笔记

3.2 切削液

切削液是指在切削过程中注入工件与刀具或磨具之间的液体,它可降低切削温度,减小摩擦,提高金属切削加工效率。切削液对减少刀具磨损、改善工件表面质量和提高生产率有着非常重要的作用。

3.2.1 切削液的作用

切削液在金属切削加工中的主要作用有冷却、润滑、清洗和防锈等。

- **冷却**:切削液能将切削热迅速地从切削区带走,降低切削温度,防止因刀具受热而降低刀具寿命。在切削速度高、刀具和工件材料导热性差、热膨胀系数较大的情况下,切削液的冷却作用尤为重要。
- **润滑**:切削液能渗入刀具、切屑、加工表面之间,通过物理吸附或化学反应形成一层薄薄的润滑膜,从而减小它们之间的摩擦力。
- **清洗**:切削液的流动可冲走切削区和机床导轨上的细小切屑及脱落的磨粒,避免划伤已加工表面和机床导轨,这对磨削、深孔加工、自动化加工尤为重要。
- **防锈**:在切削液中加入防锈添加剂之后,可在金属材料表面形成附着力很强的一层保护膜(或与金属材料发生化学反应形成化学膜),对工件、机床、刀具都能起到很好的防锈、防腐蚀作用。

3.2.2 切削液的分类

切削液主要有水基切削液和油基切削液两种,前者冷却能力强,后者润滑性能突出。

1. 水基切削液

水基切削液的主要成分是水、化学合成剂或乳化液。水基切削液中都添加了防腐剂,有的还会加入极压添加剂。

2. 油基切削液

油基切削液的主要成分是各种矿物油、动物油、植物油或由它们组成的混合油,并根据需要加入各种添加剂,如极压添加剂、油性添加剂等。

生产中,应根据工件材料、刀具材料、加工方法、加工要求、机床类别等情况综合考虑,合理选用切削液。切削液的分类、性能及适用范围如表 3-2 所示。

表 3-2 切削液的分类、性能及适用范围

分类			性能	适用范围
水基切削液	水溶液	普通型	冷却、清洗性能好,有一定的防锈性能,润滑性能差	适用于粗加工
		防锈型	冷却、清洗、防锈性能好,兼有一定的润滑性能,透明性较好	适用于对防锈性能要求较高的精加工
		极压型	有一定极压润滑性	适用于重负荷切削或强力磨削
		多效型	除具有良好的冷却、清洗、防锈、润滑性能外,还能防止铜、铝等金属腐蚀	适用于多种金属材料(黑色金属、铜、铝)的切削及磨削加工,也适用于极压切削或精密切削加工

续表

分类		性能	适用范围
水基切削液	防锈乳化液	防锈性能好，冷却、润滑性能一般，清洗性能稍差	适用于防锈性能要求较高的工序及一般的车、铣、钻等加工
	普通乳化液	清洗、冷却性能好，兼有防锈性能和润滑性能	应用广泛，适用于磨削加工及一般切削加工
	极压乳化液	极压润滑性能好，其他性能一般	适用于极压润滑性能要求高的工序，如拉削、攻螺纹、铰孔以及难切削材料的加工
油基切削液	矿物油	润滑性能好，冷却性能差，化学稳定性好，透明性好	适用于流体润滑，可用于冷却和润滑系统一体的机床，如多轴自动车床、齿轮加工机床、螺纹加工机床
	动植物油	润滑性能比矿物油更好，但容易腐败变质，冷却性能差，黏附在金属上不易清洗	适用于边界润滑，可用于攻螺纹、铰孔、拉削

点 拨

金属切削加工中，除采用切削液作冷却剂、润滑剂外，少数情况下也采用二硫化钼等固体材料作润滑剂或采用各种气体材料作冷却剂。

3.3.3 切削液的使用

切削液的使用方法很多，常见的有浇注法、喷射法和喷雾法等。

1. 浇注法

浇注法是指通过泵送的方式将切削液直接浇注在切削区的使用方法。金属切削加工中，浇注法应用较为广泛。采用浇注法时，切削液的流速慢、压力小，难以直接进入切削区的最高温度处，因此应尽量使浇注位置接近切削区，并保证浇注量充足，以达到良好的冷却、润滑效果。

2. 喷射法

喷射法是指在高压作用下，直接将切削液喷入切削区的使用方法。采用喷射法时，切削液流速快、压力大，冷却效果好于浇注法。因此，深孔加工、难加工材料的加工、高速磨削等，应采用喷射法。

3. 喷雾法

喷雾法是指先利用压缩空气和雾化装置将切削液雾化，再将雾化后的切削液高速喷向切削区的使用方法。采用这种方法时，微小的液滴接触到高温的刀具、切屑和工件后迅速汽化，带走大量热量，可有效降低切削温度。

项目实施 ——测量外圆车刀的角度

1. 车刀测角仪的测量原理

车刀测角仪主要由底座、立柱、滑体、测量台、定位块、大刻度盘、小刻度盘、大指度片、小指度片、大螺母等组成,如图3-16所示。其中,底座和立柱组成整个仪器的结构主体。测量刀具角度时,刀具在测量台上紧贴定位块,能同测量台一起沿顺时针或逆时针方向转动,也能在测量台上同定位块一起左右平移。转动大螺母可使滑体上下移动,从而使两刻度盘及指度片达到需要的高度。

大指度片的结构包括主平面、底平面和侧平面这三个相互正交的平面,如图3-17所示。在测量过程中,可通过转动测量台和大指度片,使刀具平面与大指度片的不同平面紧密贴合,即可从底座上或刻度盘上读出被测量角度的数值。

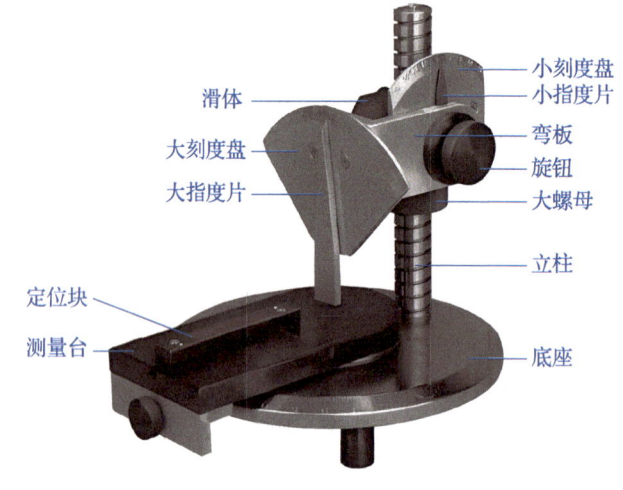

图3-16 车刀测角仪的组成

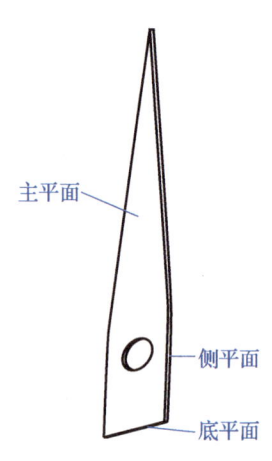

图3-17 大指度片的结构

2. 使用车刀测角仪测量外圆车刀的角度

1)测量前的调整

将车刀测角仪的大、小指度片及测量台全部调至零位,把外圆车刀放在测量台上,并使刀柄紧贴定位块、刀尖紧贴大指度片的主平面。此时,大指度片的底平面与基面平行,刀柄轴线与大指度片的主平面垂直,如图3-18所示。

2)在基面内测量主偏角 κ_r、副偏角 κ_r'

转动测量台,使主切削刃与大指度片的主平面贴合,如图3-19所示。此时,可直接在底座上读出主偏角 κ_r 的角度值。同理,转动测量台,使副切削刃与大指度片的主平面贴合,即可直接在底座上读出副偏角 κ_r' 的角度值。

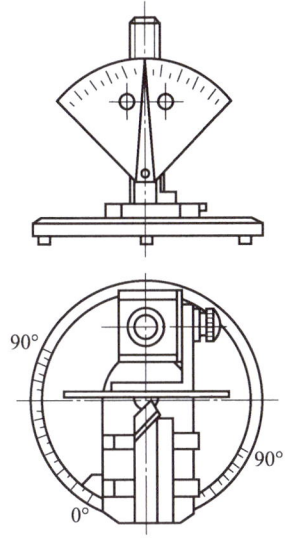

图 3-18 测量前的调整

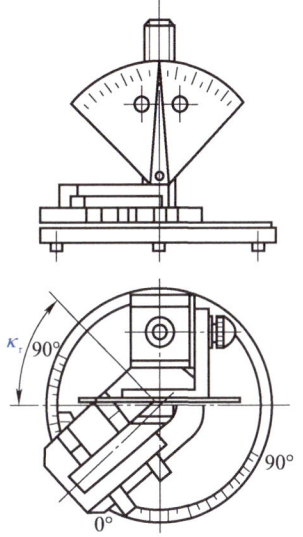

图 3-19 在基面内测量主偏角

3）在切削平面内测量刃倾角 λ_s

转动测量台，使主切削刃与大指度片的主平面贴合，此时，大指度片与车刀主切削刃的切削平面重合。然后使大指度片底平面与主切削刃贴合，即可在大刻度盘上读出刃倾角 λ_s 的角度值（注意数值的正负），如图 3-20 所示。

4）在正交平面内测量前角 γ_o、后角 α_o

首先将车刀测角仪置于测量主偏角 κ_r 的位置上，然后逆时针转动测量台 90°（即测量台逆时针转动 $90°-\kappa_r$），此时大指度片主平面即正交平面。调节大螺母使大指度片底平面与外圆车刀前刀面贴合，即可在大刻度盘上读出前角 γ_o 的角度值，如图 3-21 所示。

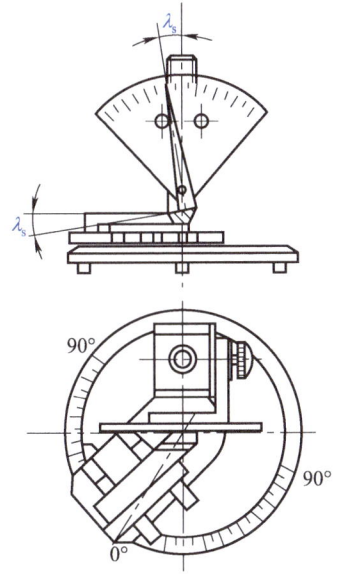

图 3-20 在切削平面内测量刃倾角

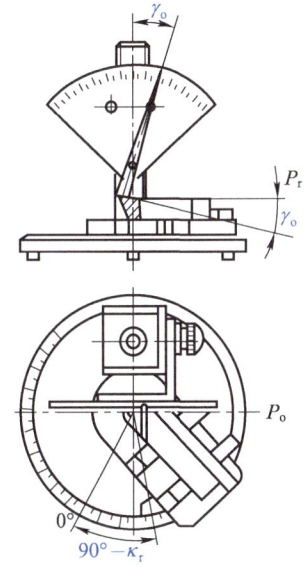

图 3-21 在正交平面内测量前角

测量后角时，测量台处于上述同一位置，调节大螺母使大指度片侧平面与外圆车刀后刀面贴合，即可在大刻度盘上读出后角 α_o 的数值，如图 3-22 所示。

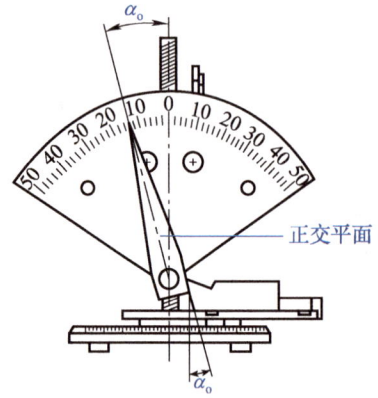

图 3-22　在正交平面内测量后角

> 笔记

项目3 金属切削刀具和切削液

项目考核

1. 填空题

（1）铣刀是指用于铣削加工，具有一个或多个_____的旋转刀具。

（2）刀具材料的硬度必须高于_____材料的硬度，且必须具有好的耐磨粒磨损性能。

（3）刀具材料的耐热性是指刀具切削部分在高温下仍能保持_____和_____的能力。

（4）外圆车刀由刀柄和切削部分组成，其中切削部分由_____、主后刀面、_____、主切削刃、副切削刃和刀尖组成，统称为"三面两刃一尖"。

（5）刀尖是指主切削刃与_____的连接处相当少的一部分切削刃。

（6）在静止参考系中确定的刀具角度称为刀具的_____，它用于确定切削刃和_____相对于定位基准的几何位置。

（7）在正交平面参考系中，确定外圆车刀切削部分的结构需要_____、后角、_____、副偏角和刃倾角五个基本角度。

（8）刀具磨损的形式主要有前刀面磨损、_____和边界磨损三种。

（9）刀具寿命又称刀具耐用度，是指刀具刃磨后，从开始切削至磨损量达到_____为止的总切削时间。

（10）切削液在金属切削加工中的主要作用有_____、润滑、清洗和_____。

2. 选择题

（1）下列选项中不属于常见刀具材料的是（   ）。

　　A．工具钢　　　　　　　　B．硬质合金
　　C．玻璃　　　　　　　　　D．超硬材料

（2）在外圆车刀的静止参考系中，通过主切削刃选定点，同时垂直于基面和切削平面的平面是（   ）。

　　A．假定工作平面　　　　　B．正交平面
　　C．法平面　　　　　　　　D．背平面

（3）对于刀具在正交平面参考系的标注角度，属于在切削平面内测量的是（   ）。

　　A．前角和后角　　　　　　B．主偏角和副偏角
　　C．刃倾角　　　　　　　　D．工作角度

（4）车刀刀尖高于工件回转中心时，刀具的（   ）。

　　A．前角增大，后角减小　　B．前角减小，后角增大
　　C．前角、后角都增大　　　D．前角、后角都减小

（5）下列刀具角度中，主要影响切削刃强度和切屑流出方向的是（   ）。

　　A．刃倾角　　　　　　　　B．前角
　　C．后角　　　　　　　　　D．主偏角

（6）在刀具磨损过程的磨损曲线中，（　　）的斜率表示刀具正常工作时的磨损强度，是衡量刀具切削性能的重要指标之一。

A．初期磨损阶段　　　　　　　　B．正常磨损阶段

C．急剧磨损阶段　　　　　　　　D．以上都不对

3．判断题

（1）螺纹的加工除了螺纹车刀和螺纹铣刀，还可使用专用的螺纹刀具，如丝锥和板牙等。（　　）

（2）为防止刀具切削部分因受压力和冲击力而产生脆性破坏和塑性变形，刀具材料必须具有足够的硬度。（　　）

（3）刀具的标注角度用于确定切削刃和刀面相对于定位基准的几何位置，刀具的工作角度用于确定切削过程中切削刃和刀面相对于工件的几何位置。（　　）

（4）当车刀刀尖低于工件回转轴线时，刀具的工作前角和工作后角将会分别减小和增大一个角度。（　　）

（5）相对于粗加工，精加工时刀具应选择较大的前角和较小的后角。（　　）

（6）主偏角的大小决定了切削层截面的形状、切削分力的比例、刀尖的强度和散热条件等，从而影响了刀具寿命。（　　）

（7）后刀面磨损最早发生在前刀面的温度最高处，并逐渐向切削刃处扩展，使切削刃强度降低，最终会导致刀具崩刃。（　　）

（8）使用切削液时，深孔加工、难加工材料的加工、高速磨削等，应采用喷射法。（　　）

4．问答题

（1）简述刀具材料应具备的性能。

（2）简述进给运动对刀具工作角度的影响。

（3）简述刀具前角和后角的选择方法。

（4）简述切削液的作用。

项目评价

指导教师根据学生对本项目的实际学习成果对其进行评价,学生配合指导教师共同完成如表 3-3 所示的学习成果评价表。

表 3-3 学习成果评价表

班级		组号		日期	
姓名		学号		指导教师	
项目名称		金属切削刀具和切削液			
评价项目	评价内容		评价方式	分值/分	评分/分
知识 (40%)	刀具种类		理论测试	5	
	刀具材料			5	
	刀具角度			9	
	刀具磨损及刀具寿命			6	
	切削液的作用			4	
	切削液的分类			7	
	切削液的使用			4	
技能 (40%)	能正确选择刀具和测量刀具角度		实践操作	20	
	能正确选择和使用切削液			20	
素养 (20%)	认真参加教学活动,积极学习和思考		综合评判	5	
	高效完成学习和实践任务			5	
	服从指挥,遵守课堂纪律			5	
	团结合作,具有创新思维			5	
合计				100	
自我评价					
指导教师评价					

项目4　金属切削机床

项目导读

　　金属切削机床（以下简称机床）是指采用切削、磨削等方法加工各种金属零件，使金属零件获得所要求的几何形状、尺寸精度和表面质量的机器。机床是制造机器的机器，所以又称工作母机或工具机，它的工艺能力和加工效率直接影响产品的生产水平和经济效益。本项目主要介绍机床的分类、型号、结构及传动原理等基本知识，并简要介绍常见的几种机床及数控机床。

知识目标

- 掌握机床的分类、型号、结构及传动原理。
- 掌握机床的技术性能及机床精度。
- 掌握常见机床的分类、组成和特点。
- 掌握数控机床的组成、工作原理和特点。
- 了解常见的数控机床。

技能目标

- 能识别机床的类型和型号。
- 能根据零件加工技术要求选择机床。

素质目标

- 养成专注技艺、追求卓越的职业作风。
- 树立勇于探索未知、追求真理的科学精神。

项目 4　金属切削机床

项目描述

A厂是一家机械加工工厂,由于需要按照客户的零件加工技术要求进行生产,且产品种类繁多,因此常出现因机床无法满足零件加工技术要求而失去订单的情况。工作不久的小陈心存疑惑,厂里的机床那么多,是哪里不满足要求呢?若添置新机床,又该怎么选呢?

在进行金属切削加工时,首先需要了解各种机床的类型、结构、技术性能和机床精度等,然后根据零件加工技术要求选择合适的机床。请通过各种机床实物,认识这些机床并分析它们的结构及性能特点。

相关知识

4.1　机床概述

4.1.1　机床的分类和型号

机床的种类和规格繁多,为了便于区别、使用和管理,应对机床加以分类和编制型号。

1. 机床的分类

《金属切削机床　型号编制方法》(GB/T 15375—2008)规定,机床按工作原理可分为11大类,即车床、钻床、镗床、磨床、齿轮加工机床、螺纹加工机床、铣床、刨插床、拉床、锯床和其他机床。每类机床又可按工艺特点、布局形式、结构性能等分为若干组,每组又可细分为若干系。

此外,机床还可按以下特征进行分类。

- **按工艺范围**:机床可分为通用机床、专门化机床和专用机床等。其中,通用机床是指使用范围较广、可加工多种工件、完成多种工序的机床;专门化机床是指用于加工形状相似而尺寸不同的工件、完成特定工序的机床;专用机床是指用于加工特定工件、完成特定工序的机床。
- **按加工精度**:机床可分为普通精度机床、精密机床和高精度机床等。
- **按布局**:机床可分为卧式机床、立式机床、台式机床和龙门机床等。
- **按工件大小和机床质量**:机床可分为仪表机床、中小型机床、大型机床、重型机床和超重型机床等。
- **按自动化程度**:机床可分为手动操作机床、半自动机床和自动机床等。
- **按自动控制方式**:机床可分为仿形机床、数字控制机床、适应控制机床和加工中心等。
- **按主要工作部件的数目**:机床可分为单轴机床、多轴机床、单刀机床和多刀机床等。

2. 机床的型号

机床的型号是机床的产品代号，用于简明地表示机床的类型、性能、结构特点和主参数等。GB/T 15375—2008 规定了机床和回转体加工自动线的型号表示方法，适用于新设计的各类通用及专用机床、自动线，不适用于组合机床和特种加工机床。

机床型号由基本部分和辅助部分组成，它们之间用"/"（读作"之"）隔开。前者需要统一管理，后者是否纳入型号由企业自定。机床型号的表示方法如图 4-1 所示。

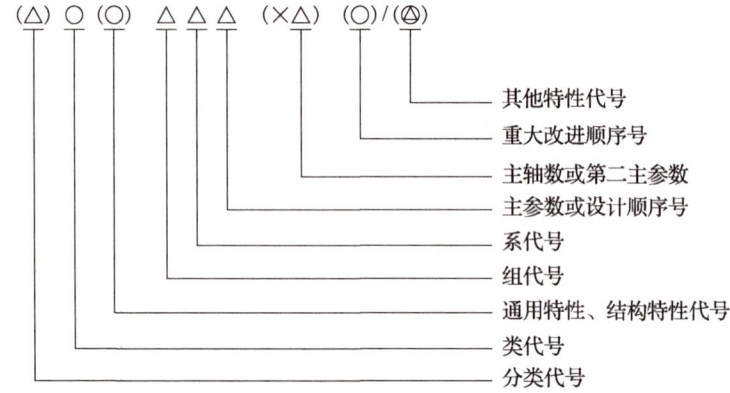

图 4-1　机床型号的表示方法

注：① 有"（　）"的代号或数字，当无内容时，则不表示。若有内容则不带括号。
　　② 有"○"符号的，为大写的汉语拼音字母。
　　③ 有"△"符号的，为阿拉伯数字。
　　④ 有"⊙"符号的，为大写的汉语拼音字母，或阿拉伯数字，或两者兼有。

1）类代号及分类代号

机床的类代号用大写的汉语拼音字母表示。必要时，每类可分为若干分类。分类代号在类代号之前，作为型号的首位，并用阿拉伯数字表示。第一分类代号前的"1"省略，第二、三分类代号前的"2""3"则应予以表示。机床的类代号和分类代号的含义如表 4-1 所示。

表 4-1　机床的类代号和分类代号的含义

类别	车床	钻床	镗床	磨床			齿轮加工机床	螺纹加工机床	铣床	刨插床	拉床	锯床	其他机床
代号	C	Z	T	M	2M	3M	Y	S	X	B	L	G	Q
读音	车	钻	镗	磨	二磨	三磨	牙	丝	铣	刨	拉	割	其

2）特性代号

机床的特性代号包括通用特性代号和结构特性代号两种，用大写的汉语拼音字母表示，位于类代号之后。

（1）通用特性代号。

若某类型机床除普通型外还有某种通用特性，则在类代号后加相应的通用特性代号予以区分。若某类型机床仅有某种通用特性而无普通型，则通用特性不予表示。当一个型号中需要同时使用两至三个普通特性代号时，一般按重要程度排序。通用特性代号有统一规定的含义（见表 4-2），它在各类机床型号中表示的意义相同。

表 4-2 机床通用特性代号的含义

类别	高精度	精密	自动	半自动	数控	加工中心（自动换刀）	仿形	轻型	加重型	柔性加工单元	数显	高速
代号	G	M	Z	B	K	H	F	Q	C	R	X	S
读音	高	密	自	半	控	换	仿	轻	重	柔	显	速

（2）结构特性代号。

结构特性代号用于区分主参数值相同而结构、性能不同的机床，它在型号中没有统一的含义。当型号中有通用特性代号时，结构特性代号应排在通用特性代号之后。结构特性代号用汉语拼音字母（通用特性代号已用的字母和"I""O"两个字母不能用）表示，当单个字母不够用时，可将两个字母组合起来使用，如 AD、AE 等。

3）组系代号

在类的基础上，机床可进一步划分为组和系，每类机床划分为十个组，每个组又划分为十个系。在同一类机床中，主要布局或使用范围基本相同的机床为同一组；在同一组机床中，主参数相同、主要结构及布局形式相同的机床为同一系。

机床的组用一位阿拉伯数字表示，位于类代号或通用特性代号、结构特性代号之后。机床的系用一位阿拉伯数字表示，位于组代号之后。

4）主参数、主轴数和第二主参数

（1）主参数。

机床主参数反映了机床规格的大小，用折算值（一般为主参数实际数值的 1/10 或 1/100）表示，位于系代号之后。若无法用一个主参数表示，则在型号中用设计顺序号表示。

> **点拨**
>
> 对于不同类型的机床，选择哪项尺寸值进行折算来作为其主参数可能有所不同。例如，卧式车床选择的是床身上工件的最大回转直径，立式车床选择的是最大车削直径，摇臂钻床选择的是最大钻孔直径，外（内）圆磨床选择的是最大磨削直（孔）径，升降台铣床、龙门铣床、矩台平面磨床选择的是工作台台面的宽度，等等。

（2）主轴数。

对于多轴车床、多轴钻床和排式钻床等机床，主轴数应以实际数值列入型号，置于主参数之后，用"×"分开，读作"乘"。单轴机床的主轴数可省略，不予表示。

（3）第二主参数。

第二主参数是指机床最大跨度、最大工件长度和工作台的工作面长度、最大模数等，是直接反映机床加工范围的重要参数。一般情况下，第二主参数（多轴机床的主轴数除外）不予表示，如需要表示，则折算成两位数为宜，最多不超过三位数。其中，以长度、深度值等表示的，折算系数为 1/100；以直径、宽度值表示的，折算值为 1/10；以厚度、最大模数值等表示的，折算系数为1。

5）重大改进顺序号

当对机床的结构、性能有更高的要求，需要按新产品重新设计、试制和鉴定时，按改进的先后顺序选用 A、B、C 等汉语拼音字母（"I""O"两个字母不得选用），加在型号基本部分的尾部以区别原机床型号。

6）其他特性代号

其他特性代号主要用于反映各类机床的特性。例如，对于数控机床，可用于反映不同的控制系统等；对于加工中心，可用于反映控制系统、联动轴数、自动交换主轴头、自动交换工作台等；对于柔性加工单元，可用于反映自动交换主轴箱；对于一机多能机床，可用于补充表示某些功能；对于一般机床，可用于反映同一型号机床的变型等。

其他特性代号置于辅助部分之首，其中同一型号机床的变型代号一般应放在其他特性代号的首位。其他特性代号可用汉语拼音字母（"I""O"两个字母除外）表示，其中 L 表示联动轴数，F 表示复合。当单个字母不够用时，可将两个字母组合起来使用，如 AB、AC 等。其他特性代号也可用阿拉伯数字，或用阿拉伯数字和汉语拼音字母组合表示。

以 CA6140 车床为例，该车床型号的含义如图 4-2 所示。

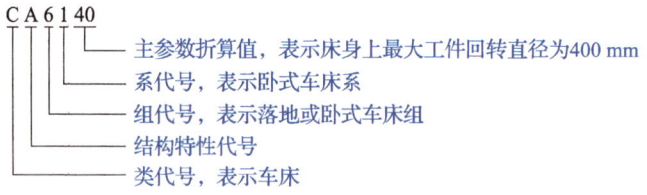

图 4-2　CA6140 车床型号的含义

头脑风暴

请查阅国家标准 GB/T 15375—2008 和相关手册，分析一下 X5036B 和 MG1432A 两个机床型号。这两个机床型号分别表示哪类机床？其中的字母和数字各有什么含义呢？

笔记

4.1.2　机床的结构

机床虽然类型很多，但一般都是由动力源、传动系统、支撑件、工作部件、控制系统、冷却系统、润滑系统、其他装置等组成的。

（1）动力源是指为机床提供动力（功率）的驱动部分，如各种交流电动机、直流电动机和液压传动系统的液压泵、液压马达等。

(2)传动系统包括主传动系统、进给传动系统和其他运动的传动系统,如变速箱、进给箱等部件。有些机床主轴组件与变速箱组合在一起,称为主轴箱。

(3)支撑件用于安装和支撑其他部件和工件,承受其重力和切削力,如床身、底座、立柱等。支撑件是机床的基础构件,又称机床大件或基础件。

(4)工作部件主要包括三部分:① 与主运动和进给运动有关的执行部件,如主轴及主轴箱、工作台及其溜板或滑座、刀架及其溜板、滑枕等;② 与工件和刀具有关的部件或装置,如自动上下料装置、自动换刀装置、砂轮修整器等;③ 与上述部件或装置有关的分度、转位、定位机构和操纵机构等。不同类型的机床,工作部件的构成和结构差异很大。

(5)控制系统用于控制各工作部件。对于普通机床,控制系统一般是指电气控制系统,但有些机床局部还会采用液压或气动控制系统。对于数控机床,控制系统是指数字控制系统。

(6)冷却系统用于对切削区域(主要包括刀具和工件)和机床发热部件进行冷却。

(7)润滑系统用于对机床各运动部件进行润滑。

(8)其他装置包括排屑装置、自动测量装置等。

4.1.3 机床的传动原理

1. 机床的运动

按运动作用的不同,机床的运动可分为成形运动和非成形运动两大类。

1)成形运动

成形运动是指零件加工表面的成形运动,即切削运动。成形运动是机床上最基本的运动,其轨迹、数目、行程和方向等,在很大程度上决定着机床的结构和传动形式。按组成情况的不同,成形运动可分为简单成形运动和复合成形运动两种。

(1)简单成形运动是指由单独的旋转运动或直线运动构成的成形运动。简单成形运动一般是指主轴的旋转运动及刀架、工作台的直线运动。如图4-3(a)所示,车外圆柱面时,工件的旋转运动 B 和刀具的直线运动 A 就是两个简单成形运动。

(2)复合成形运动是指由两个或两个以上的旋转运动或(和)直线运动,按照某种确定的运动关系组合而成的独立成形运动。如图4-3(b)所示,车螺纹时,形成螺旋形发生线(即形成螺旋面的导线)所需的刀具和工件之间的相对螺旋轨迹运动就是复合成形运动。这种复合成形运动可分解为工件的等速旋转运动 B 和刀具的等速直线运动 A。B 和 A 这两个运动之间必须保持严格的相对运动关系,彼此不能独立,即工件每转一圈,刀具直线运动的距离应等于螺纹的导程。

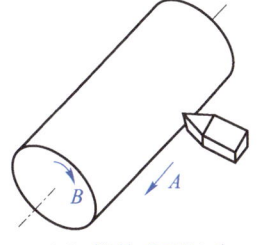
(a)简单成形运动

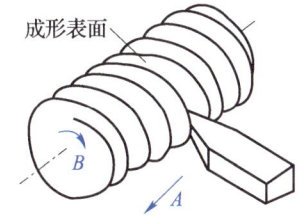
(b)复合成形运动

图4-3 成形运动

> 虽然复合成形运动与简单成形运动都是由旋转运动或（和）直线运动组成的，但不同之处在于：复合成形运动的各组成部分之间必须保持严格的相对运动关系，不能独立；而简单成形运动的各组成部分之间没有相对运动关系，是相互独立的。

2）非成形运动

非成形运动是指为机床切削创造条件的辅助运动，包括切入运动、分度运动、操纵和控制运动、调位运动和各种空行程运动等。

2. 机床传动链

机械加工过程中，零件加工表面成形的各种运动都是通过机床实现的。在机床上，为了得到所需运动，需要通过机床的传动系统把工作部件和动力源连接起来，这种连接称为传动联系。构成传动联系的一系列传动装置称为传动链。传动链中的传动机构可分为定比传动机构和换置机构两种。其中，定比传动机构的传动比不变，如带传动、定比齿轮副和丝杠螺母副等；换置机构可根据需要改变传动比或传动方向，如滑移齿轮变速机构、挂轮机构及各种换向机构等。

按传动联系性质的不同，传动链可分为外联系传动链和内联系传动链。

1）外联系传动链

外联系传动链是指机床工作部件和动力源之间的传动链，它可使工作部件达到预定速度。外联系传动链不要求动力源与执行件之间有严格的传动比关系，传动比的变化只影响生产率和工件表面质量，不影响加工表面的成形。

2）内联系传动链

内联系传动链是指机床上两个有严格运动关系的工作部件之间的传动链，它可使机床加工的工件能够获得较高的加工精度和表面质量。内联系传动链中不能有传动比不确定或瞬时传动比有变化的传动机构，如带传动、摩擦传动和链传动等。例如，车螺纹时，车床主轴与刀架之间的传动链不能使用带传动，必须使用具有精确传动比的定比齿轮副和丝杠螺母副传动机构，才能保证得到所要求的螺纹导程。

3．传动原理图

为了便于研究机床的传动原理，常用一些简单的符号表达各工作部件、动力源之间的传动联系，这就是传动原理图。传动原理图不表达传动机构实际的类型和数量。如图 4-4 所示，两个传动原理图中实线表示定比传动装置，菱形表示换置机构。

如图 4-4（a）所示为铣平面的传动原理图。铣平面的运动包括铣刀的旋转运动 B_1 和工件的直线运动 A_2 两个简单成形运动，它包括"1—2—u_v—3—4"和"5—6—u_f—7—8"两条外联系传动链。其中，电动机通过外联系传动链"1—2—u_v—3—4"带动铣刀进行旋转运动 B_1，通过外联系传动链"5—6—u_f—7—8"带动工件进行直线运动 A_2，换置机构 u_v 和 u_f 可分别改变铣刀和工件的运动速度和运动方向。这两个简单成形运动可共同通过一个电动机驱动，也可分别通过单独的电动机驱动。

如图 4-4（b）所示为车螺纹的传动原理图。车螺纹的运动是由工件的旋转运动 B_{11} 和车刀的直线运动 A_{12} 组成的复合成形运动，它包括外联系传动链"1—2—u_v—3—4"和内联系传动链"4—5—u_x—6—7"两条传动链。其中，电动机通过外联系传动链"1—2—u_v—3—4"带动工件进行旋转运动 B_{11}，工件通过内联系传动链"4—5—u_x—6—7"带动车刀进行直线运动 A_{12}，使工件与车刀保持相对运动，换置机构 u_v 可改变工件的运动速度和运动方向，换置机构 u_x 可实现车削不同导程的螺纹。

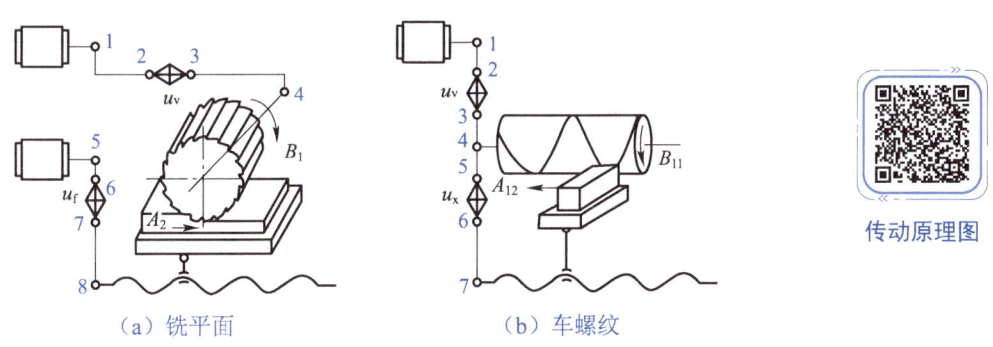

（a）铣平面　　　　（b）车螺纹

图 4-4　传动原理图

4．传动系统图

实现机床全部成形运动和非成形运动的各传动链组成一台机床的传动系统，表示机床传动系统的示意图称为传动系统图。与传动原理图相比，传动系统图在其基础上更具体地表示了每条传动链的构成。传动系统图按运动的传递顺序，画在能表示机床外形轮廓和主要部件相对位置的展开图中，并注明动力源的转速和功率、传动轴的编号、齿轮和蜗轮的齿数、带轮直径、丝杠的导程和线数等参数。《机械制图　机构运动简图用图形符号》（GB/T 4460—2013）规定了传动系统图中用于表示各种传动元件的图形符号。

分析传动系统图的一般方法是"抓两端，连中间"，即首先找出传动链前后两端的部件，然后按照传动（或联系）顺序，从一端向另一端依次分析各传动部件之间传动的结构形式和运动的传递关系，查明该传动链的传动路线及变速、换向、接通和断开的工作原理。

分析传动的结构形式时，要特别注意齿轮、离合器等与传动轴之间的连接关系（如固定、空套或滑移）。

传动系统图较为复杂，为了便于分析，常将传动路线分别列出，得出传动链的传动路线表达式。下面以 XA6132 型万能升降台铣床的传动系统图（图 4-5）为例进行分析。

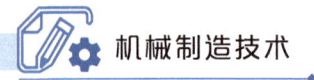

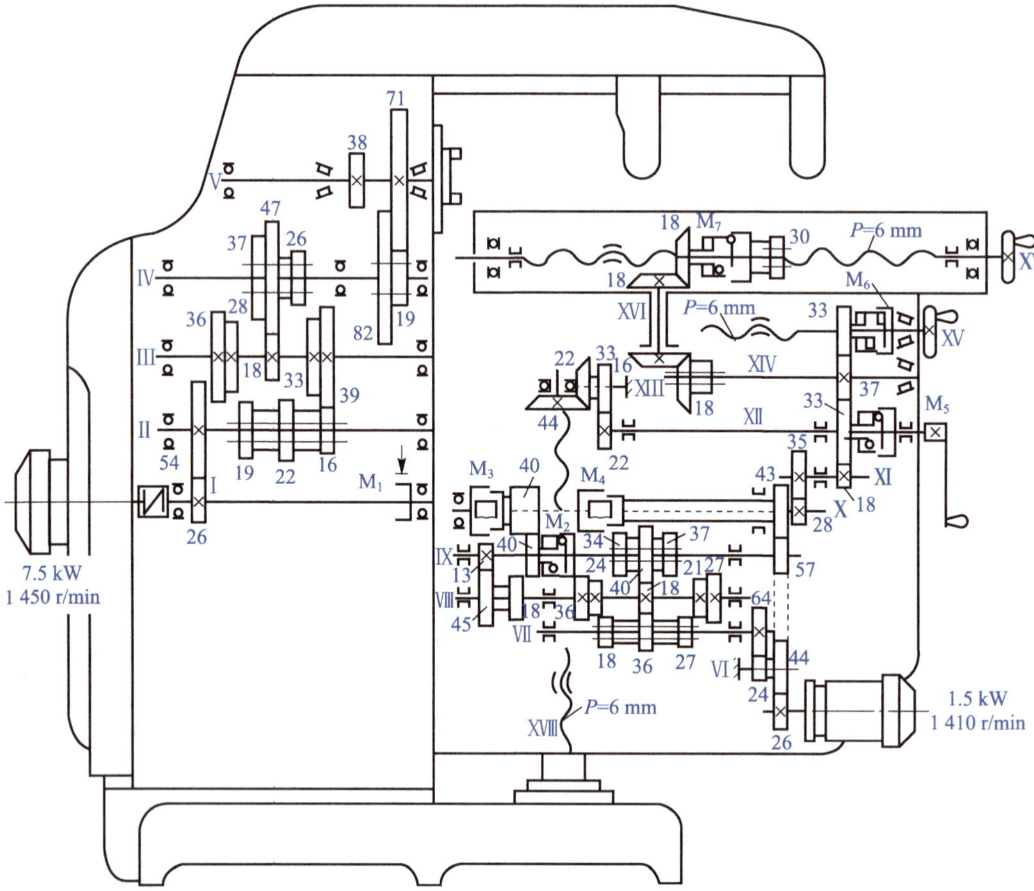

图 4-5　XA6132 型万能升降台铣床的传动系统图

（1）主运动的传动路线表达式为

$$\underset{\left(\begin{smallmatrix}7.5\ \text{kW}\\1\ 450\ \text{r/min}\end{smallmatrix}\right)}{\text{电动机}} - \text{I} - \frac{26}{54} - \text{II} - \begin{bmatrix}\frac{16}{39}\\\frac{19}{36}\\\frac{22}{33}\end{bmatrix} - \text{III} - \begin{bmatrix}\frac{18}{47}\\\frac{28}{37}\\\frac{39}{26}\end{bmatrix} - \text{IV} - \begin{bmatrix}\frac{19}{71}\\\frac{82}{38}\end{bmatrix} - \text{V（主轴）}$$

（2）进给运动的传动路线表达式为

$$\text{电动机} \genfrac{}{}{0pt}{}{(1.5\text{ kW})}{(1\,410\text{ r/min})} - \frac{26}{44} - \text{VI} - \frac{24}{64} - \text{VII} - \begin{bmatrix} \frac{18}{36} \\ \frac{27}{27} \\ \frac{36}{18} \end{bmatrix} - \text{VIII} - \begin{bmatrix} \frac{18}{40} \\ \frac{21}{37} \\ \frac{24}{34} \end{bmatrix} - \text{IX} - \begin{bmatrix} M_2 - \frac{40}{40} \\ \frac{13}{45} - \text{VIII} - \frac{18}{40} - \frac{40}{40} \end{bmatrix}$$

$$- M_3 - \text{X} - \frac{28}{35} - \text{XI} - \frac{18}{33} - \text{XII} - \begin{bmatrix} \frac{33}{37} - \text{XIV} - \begin{bmatrix} \frac{18}{16} - \text{XVI} - \frac{18}{18} - M_7 - \text{XVII（纵向）} \\ \frac{37}{33} - M_6 - \text{XV（横向）} \end{bmatrix} \\ M_5 - \text{XII} - \frac{22}{33} - \text{XIII} - \frac{22}{44} - \text{XVIII（垂直）} \end{bmatrix}$$

4.1.4 机床的技术性能及机床精度

1．机床的技术性能

机床的技术性能是根据使用要求提出和设计的，主要包括机床的工艺范围和机床的技术参数。

1）机床的工艺范围

机床的工艺范围是指机床上可完成的工序种类、加工工件的类型和尺寸、毛坯和材料的种类、使用刀具的种类等。

2）机床的技术参数

机床的技术参数是指反映机床尺寸大小和加工能力的各种技术数据，主要包括尺寸参数、运动参数和动力参数三种。

（1）尺寸参数是指具体反映机床加工范围和工作能力的参数。它包括机床主参数、第二主参数和与被加工零件有关的其他尺寸参数。

（2）运动参数是指机床工作部件的运动速度、变速级数等参数，如机床主轴的最高转速、最低转速和分级变速的转速数列。

（3）动力参数主要是指机床电动机的功率，有些机床还会给出主轴允许承受的最大转矩和工作台允许的最大拉力等。

2．机床精度

机床精度是指机床主要部件的形状、相对位置、相对运动等的精确程度，包括几何精度、运动精度、传动精度和位置精度等。

1）几何精度

几何精度是指机床在未受外载荷、静止或运动速度很低时的原始精度，如工作台面的平面度、主轴的纯径向跳动及轴向窜动、工作台移动的直线度等。几何精度直接影响加工工件的精度，是评价机床质量的主要指标。

2）运动精度

运动精度是指机床主要工作部件以工作速度运动时的各项精度，如机床主轴的回转精度等。对于高速、精密机床，运动精度是评价其质量的一个重要指标。

3）传动精度

传动精度是指机床内联系传动链两端工作部件之间运动的精确程度。凡是有内联系传动链的机床，如齿轮加工机床和螺纹加工机床等，都规定了各内联系传动链的传动精度。

4）位置精度

位置精度是指工作部件在运动终点所达到的实际位置的精度。实际位置与目标位置的偏差称为位置偏差。位置精度的评定项目包括定位精度、重复定位精度和反向差值。数控机床的位置精度直接影响工件的加工精度。

笔记

进德修业

中国制造：向智发力，向新图强

复兴号高铁列车、国产大型邮轮、重型燃气轮机……新中国成立75年来，中国制造不断填补空白、创造纪录，实现从"造不了"到"造得好"的跨越式发展。一项项突破成果的背后，是从企业到国家对科技创新的长期投入。2023年，我国全社会研发经费超过3.3万亿元，是2012年的3.2倍，研发投入强度达到2.64%，超过了欧盟国家平均水平。

近年来，以电动载人汽车、锂电池、太阳能电池为代表的"新三样"外贸出口增长强劲。今年上半年，"新三样"合计出口增长61.6%，拉动整体出口增长1.8个百分点。我国已成为全球汽车制造和太阳能装机容量第一大国。瞄准制造业高质量发展，我国围绕产业链部署创新链，持续引领产业科技创新，在多个制造业领域体现出显著竞争优势。

在推进新型工业化与制造业高质量发展的前进道路上，科技创新正不断为制造业注入澎湃动力，新质生产力加快形成，我国制造业规模、效率、体系优势将更加显著，迈向制造强国的步伐更加铿锵有力。

（资料来源：都芃，《中国制造：向智发力 向新图强》，《科技日报》2024年9月26日）

4.2 常见的机床

4.2.1 车床

1. 车床概述

车床是机械制造中使用较广泛的一类机床,主要用于加工各种回转表面(内外圆柱面、圆锥面、回转体成形面等)和回转体的端面,有些车床还能加工螺纹。按结构和用途的不同,车床可分为卧式车床、立式车床、转塔车床、仿形车床和专门化车床(如端面车床)等,如图 4-6 所示。

(a)卧式车床　　　　　　　(b)立式车床

(c)转塔车床　　　　　　　(d)仿形车床

(e)端面车床

图 4-6　车床

在所有类型的车床中,卧式车床应用较普遍,其加工经济精度一般为 IT8 左右,精车的表面粗糙度 Ra 一般为 1.25~2.5 μm。下面以 CA6140 型卧式车床为例进行介绍。

2. CA6140 型卧式车床

CA6140 型卧式车床具有典型的卧式车床布局,它通用性强,适合加工轴类零件和直径不大的盘形零件,能车内外圆表面、圆锥面、各种环槽、成形面和端面,车公制、英制、模数制及径节制四种标准螺纹,车大螺距、非标准和较精密的螺纹,还能进行钻孔、扩孔、铰孔、滚压等加工。

如图4-7所示,CA6140型卧式车床的主要部件为主轴箱、进给箱、溜板箱、刀架、尾座、床身等,可概括为"三箱刀架尾座床身"。

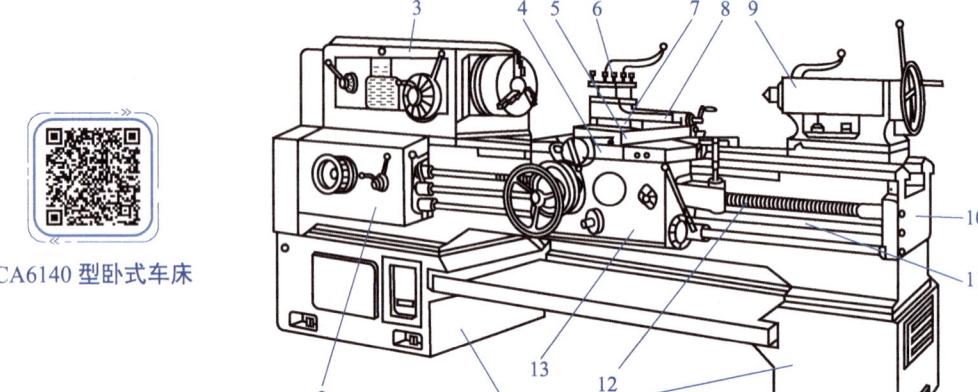

1—床腿;2—进给箱;3—主轴箱;4—床鞍;5—中滑板;6—刀架;7—回转盘;8—小滑板;9—尾座;10—床身;11—光杠;12—丝杠;13—溜板箱。

图4-7 CA6140型卧式车床

（1）主轴箱固定在床身左上端,内部装有主轴及换向、变速机构等。主轴箱的功用是支撑主轴和传递旋转运动,并实现车床的启动、停止、换向、变速等。主轴轴端为短锥法兰形结构,用于安装卡盘或夹具。

（2）进给箱内部装有进给运动传动及操作装置,其功用是获得所需要的各种进给量,以及变换加工螺纹的种类和导程。

（3）溜板箱安装在沿床身导轨移动的床鞍下面,其功用是将光杠和丝杠传来的旋转运动转换为刀架的直线移动,带动刀架纵向、横向或斜向进给,控制刀架运动的接通、断开、换向等。

（4）刀架安装在溜板箱的中滑板上,其功用是装夹刀具,使车刀作纵向、横向或斜向运动。

（5）尾座位于床身的尾座轨道上,可沿导轨纵向调整位置。尾座主要用于支撑工件,还能在尾座上安装钻头等刀具,以进行孔的加工。

（6）床身安装在床腿上,是机床的支撑件。床身上安装着车床的各部件,并保证它们处于准确的相对位置。

笔记

4.2.2 铣床

1. 铣床概述

铣床是指用铣刀在工件上加工各种表面的机床。铣床除了能铣平面、沟槽、齿轮、螺纹和花键轴，还能加工比较复杂的表面，效率较高，在机械制造和修理中应用广泛。

铣床的类型很多，一般根据结构布局特点划分，主要有升降台铣床、床身铣床和龙门铣床等，如图 4-8 所示。其中，XA6132 型万能升降台铣床是目前较常见的铣床，其结构合理，刚度高，变速范围大，操作比较方便。下面以该型铣床为例进行介绍。

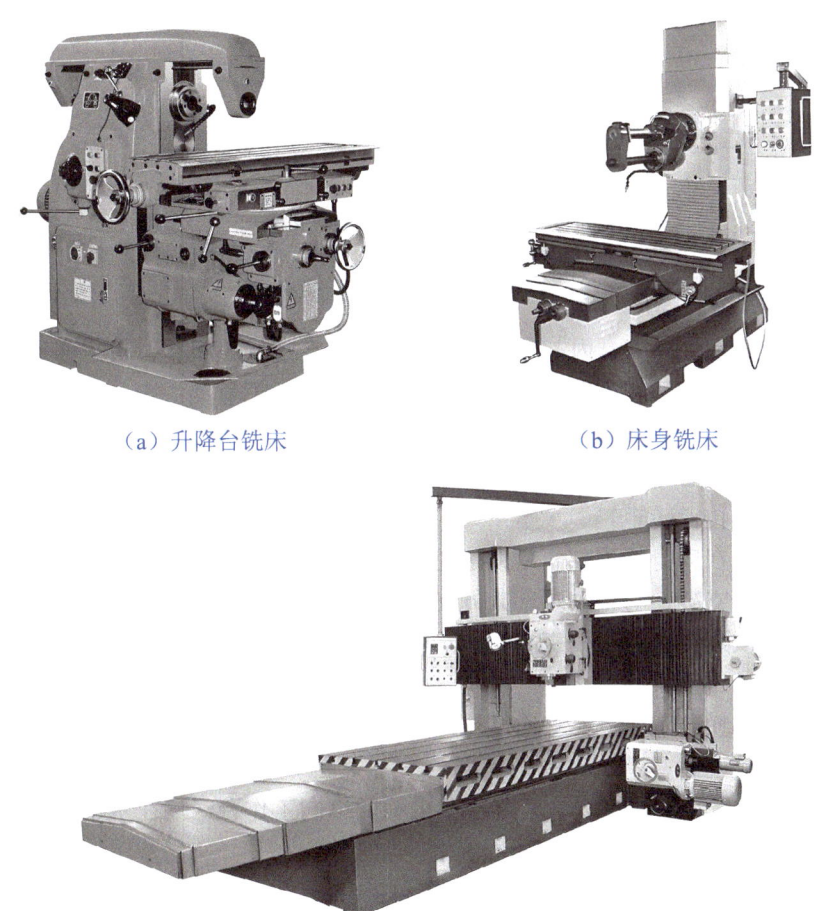

（a）升降台铣床　　　　　　（b）床身铣床

（c）龙门铣床

图 4-8　铣床

2. XA6132 型万能升降台铣床

按主轴在铣床上布置方式的不同，升降台铣床可分为卧式、立式、万能三种类型。万能升降台铣床与卧式升降台铣床相似，不同之处在于它在工作台与床鞍之间增装了一层转盘，转盘相对于床鞍可在水平面内旋转一定角度，从而扩大了该型铣床的工艺范围。

XA6132 型万能升降台铣床主要由床身、主轴、悬梁、升降台、床鞍、回转盘、纵向工作台等部件组成，如图 4-9 所示。

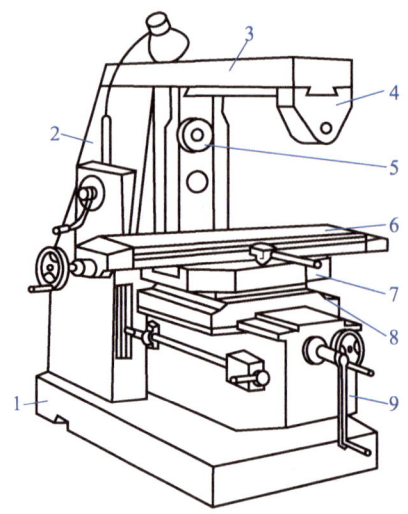

1—底座；2—床身；3—悬梁；4—刀杆支架；5—主轴；
6—纵向工作台；7—回转盘；8—床鞍；9—升降台。

图 4-9　XA6132 型万能升降台铣床

（1）床身固定在底座上，内部装有主传动系统和变速操纵机构，可方便地选用不同的转速。床身与升降台之间有一垂直导轨，用于升降台的上下移动；床身与悬梁之间有一水平导轨，用于悬梁的前后移动。

（2）主轴是一空心轴，其前端为 7∶24 的精密定心锥孔，用于安装刀柄，并通过两个矩形端面键向刀具传递转矩。

（3）悬梁安装在床身的顶部，借助齿轮齿条沿水平导轨移动，以此调整其伸出长度。悬梁下安装有刀杆支架，与主轴端部共同支撑刀柄。

（4）升降台安装在床身的垂直导轨上，用于支撑床鞍、回转盘和纵向工作台，并带动它们一同上下移动。

（5）床鞍又称横向工作台，它通过与升降台之间的水平导轨，带动回转盘和纵向工作台一同进行横向移动。

（6）回转盘位于床鞍之上，它可带动其上面的纵向工作台一同在水平面旋转一定的角度（-45°～+45°），以实现对斜槽和螺旋槽的加工。

（7）纵向工作台上部有三条 T 形槽，用于安装夹具和工件；下部与回转盘之间有水平导轨，用于纵向工作台的纵向移动。

笔记

4.2.3 钻床

1. 钻床概述

钻床是指用钻削刀具在工件上加工孔的机床，它既可用于加工简单零件上的孔，也可用于加工外形复杂、没有对称回转轴线工件上的单个或一系列圆柱孔，如盖板、箱体、机架等零件上各种用途的孔。钻床一般用于加工尺寸较小、精度要求不太高的孔。在钻床上可完成钻孔、扩孔、铰孔、锪孔、攻螺纹等加工。钻床的主参数是最大钻孔直径。

钻床可分为台式钻床、立式钻床、摇臂钻床、深孔钻床、铣钻床等，如图 4-10 所示。其中应用较广泛的是台式钻床、立式钻床和摇臂钻床。

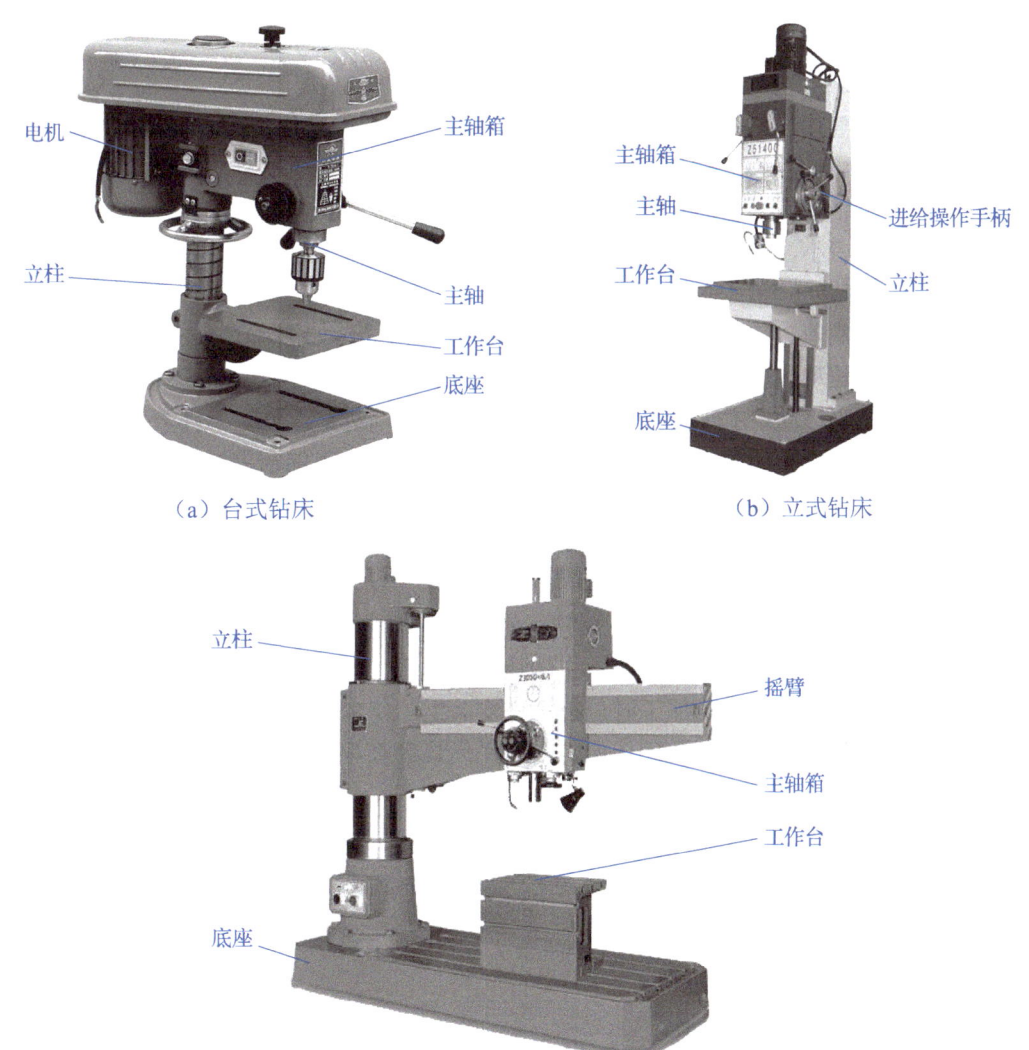

（a）台式钻床　　（b）立式钻床

（c）摇臂钻床

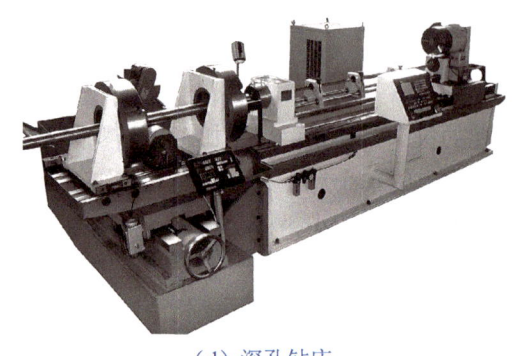
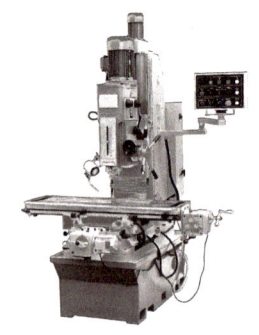

(d)深孔钻床　　　　　　　　（e)铣钻床

图 4-10　钻床

2. 台式钻床

台式钻床主要由电机、主轴箱、立柱、工作台、底座等部件组成，如图 4-10（a）所示。台式钻床的主轴由电机通过塔式带轮和 V 形带传动，可通过改变 V 形带在塔式带轮上的位置来调节主轴转速。主轴套筒通过手动做轴向进给运动。台式钻床只能加工较小工件上的孔，但它体积小、结构简单、操作方便，因此在机械加工和修理中应用广泛。

3. 立式钻床

立式钻床由底座、工作台、主轴箱、立柱等部件组成，如图 4-10（b）所示。立式钻床主轴箱内有主运动和进给运动的传动机构和换置机构等。加工时，将工件安装在工作台上，主轴旋转做主运动，主轴套筒通过手动或机动做轴向进给运动。工作台和主轴箱的位置都可沿立柱进行上下调整，以适应对不同高度工件进行加工的需要。立式钻床的主轴中心线是固定的，加工时必须移动工件使加工孔的中心线对准主轴中心线。立式钻床适合在单件、小批生产中加工中、小型零件。

4. 摇臂钻床

摇臂钻床主要由主轴箱、摇臂、立柱、底座、工作台等组成，如图 4-10（c）所示。摇臂钻床的摇臂可绕立柱旋转和升降，主轴箱可在摇臂上做水平移动，主轴与工件之间的相对位置以极坐标形式调整。加工时，将工件安装于工作台或底座上，通过调整摇臂和主轴箱的位置来使刀具对准加工孔的中心。摇臂钻床适合在单件小批和中批生产中加工大、中型零件。

📝 笔记

4.2.4 磨床

1. 磨床概述

磨床是指利用磨料或磨具（砂轮、砂带、油石等）对工件加工表面进行磨削加工的机床。磨床的应用范围非常广泛，种类也很多，主要有外圆磨床、内圆磨床、坐标磨床、平面磨床、曲轴磨床、砂带磨床等，如图 4-11 所示。其中，M1432A 型万能外圆磨床应用较广泛，下面以该磨床为例进行介绍。

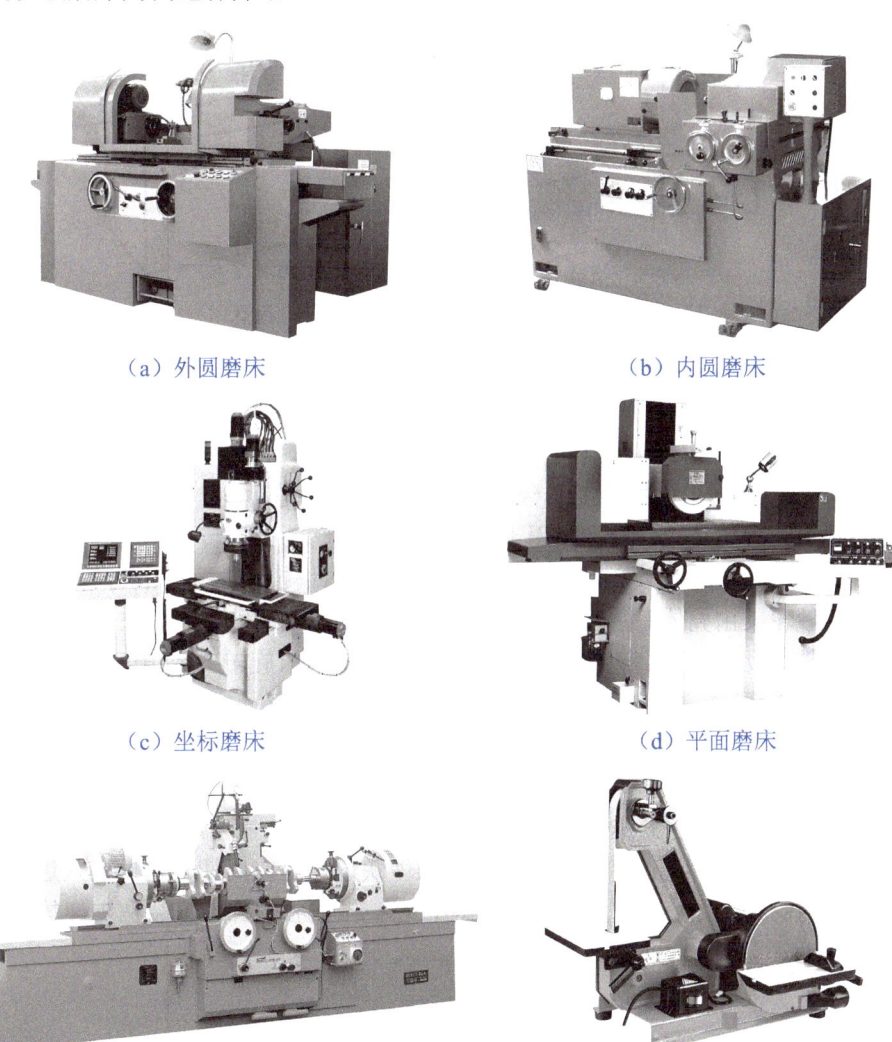

（a）外圆磨床　　　　　　　　　　　　（b）内圆磨床

（c）坐标磨床　　　　　　　　　　　　（d）平面磨床

（e）曲轴磨床　　　　　　　　　　　　（f）砂带磨床

图 4-11　磨床

2. M1432A 型万能外圆磨床

M1432A 型万能外圆磨床是普通精度级万能外圆磨床，它不仅能磨外圆表面、端面和外圆锥面，还能磨内圆表面、内台阶面和大锥度内圆锥面等。M1432A 型万能外圆磨床的基本磨削方法有纵向进给磨削法和横向进给磨削法两种，最大磨削直径是它的主参数。如

图 4-12 所示，M1432A 型万能外圆磨床由床身、工作台、头架、砂轮架、尾座、滑鞍及横向进给机构、内圆磨具等组成。

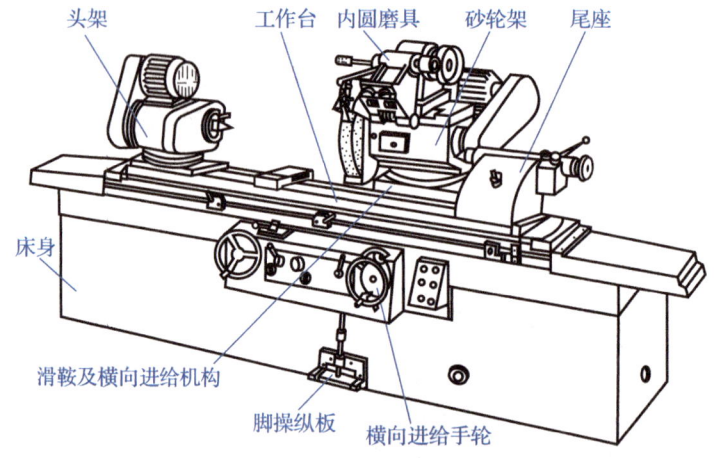

图 4-12　M1432A 型万能外圆磨床

（1）床身是磨床的基础支撑件，其上装有工作台、头架、砂轮架、尾座等部件，其内部有油池和液压系统。

（2）工作台由上下两层组成。其中，上工作台可绕下工作台在水平面内旋转一定角度（±10°），以便磨圆锥面；下工作台可由液压系统或手轮驱动，沿床身导轨做进给运动。

（3）头架固定在工作台上，用于安装工件并带动工件旋转。头架可在水平面转动，当头架旋转一个角度时可以磨短圆锥面，当头架逆时针转 90°时可以磨小平面。

（4）砂轮架由壳体、主轴、传动装置与滑鞍等组成。砂轮安装在砂轮架主轴上，由电机通过皮带驱动以实现高速旋转。砂轮架可在水平面内旋转一定角度（±30°），用于磨锥度较大的短锥面。

（5）尾座利用安装在尾座套筒上的后顶尖与头架主轴上的前顶尖一起支撑工件，以实现工件的准确定位。

（6）滑鞍及横向进给机构可通过转动横向进给手轮来操作，以带动砂轮架做横向移动；也可利用液压装置，通过脚操纵板使砂轮架做快速进退或周期性自动切入进给。

（7）内圆磨具是磨内孔用的砂轮主轴，它被做成独立部件安装在支架的孔中，由单独的电机驱动。

笔记

4.2.5 数控机床

数控机床的全称为数字控制机床,是指按加工要求预先编制程序,由控制系统发出数字信息指令进行加工的机床。

1. 数控机床的组成

数控机床主要由控制介质、数控系统、伺服系统、机床本体、测量反馈装置五部分组成,如图 4-13 所示。

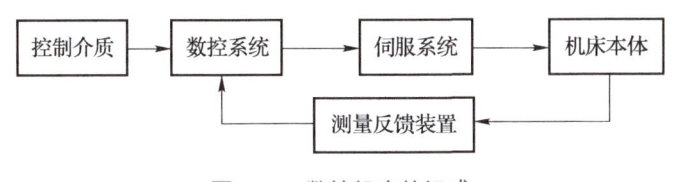

数控机床

图 4-13 数控机床的组成

(1) 控制介质是指将编好的加工程序进行存储,并传送到数控系统的载体,如 U 盘、移动硬盘等。

(2) 数控系统是数控机床的核心部分,主要由输入装置、控制器、运算器和输出装置四部分组成。数控系统的功能是接收输入的加工程序,并对其进行编译、运算和逻辑处理,形成控制指令,然后将控制指令输出给伺服系统。

(3) 伺服系统是数控机床的执行机构,由伺服驱动电路和伺服驱动元件组成。伺服系统的作用是接收来自数控系统的控制指令,并将其转换成机床工作部件的直线位移或角位移运动。

(4) 机床本体是数控机床的主体,是用于完成各种切削加工的机械部分。机床本体包括主运动部件、进给运动部件(如工作台、滑板及其传动部件)、床身、立柱及辅助运动部件等。

(5) 测量反馈装置用于检测数控机床各坐标轴的实际位移量、速度参数,并将其转换成电信号,反馈到数控系统中。

2. 数控机床的工作原理

用数控机床加工工件时,首先由编程人员按照零件的加工图样和加工工艺要求,将加工过程中机床各工作部件的动作和位置等信息编成加工程序。数控系统通过控制介质读入加工程序,将其编译成机器能识别的控制指令。控制指令与测量反馈装置反馈的位置和运动数据,经数控系统运算和逻辑处理后输出给伺服系统。控制指令经伺服驱动电路进行功率放大和整形处理后输出给伺服驱动元件,由伺服驱动元件带动机床主轴、工作台等机床本体工作部件,严格按照规定的顺序、轨迹和参数进行工作,从而加工出符合图样和工艺要求的零件。

3. 数控机床的特点

数控机床较好地解决了复杂、精密、小批、多品种零件的加工问题,是一种高效的柔性自动化机床。与普通机床相比,数控机床具有以下特点。

(1) 加工精度高。数控机床可按预定的加工程序自动加工,加工过程不依赖人工操作,加之数控机床本身的刚度和精度高,并可利用软件进行精度校正和补偿,因此能获得较高的加工精度和稳定的加工质量。

（2）加工适应性强。用数控机床加工不同的零件时，只需要改变加工程序即可，这为复杂结构的单件小批生产以及新产品的试制提供了极大的便利。

（3）自动化程度高。用数控机床进行加工零件时，操作人员仅需要在加工前进行调整准备工作，加工程序运行后，机床可自动连续加工直至结束，其间不需要人工操控，自动化程度高。

（4）生产率高。数控机床具有较高的结构刚度，可进行大切削用量的强力切削，有效节省切削时间。此外，数控机床还具有自动变速、自动换刀、自动交换工件和其他自动化辅助操作功能，且不需要在工序之间检测，缩短了辅助时间，提高了生产率。

（5）经济效益好。数控机床虽然价格昂贵，但在生产中可节省划线、调整、加工、检验等工作，节省直接生产费用和工艺装备费用。此外，数控机床的加工质量稳定，可有效降低废品率，使生产成本进一步降低。因此，数控机床具有较好的整体经济效益。

知识链接

柔性制造系统（flexible manufacturing system, FMS）是指由统一的信息控制系统、物料储运系统和一组数字控制加工设备组成，能适应加工对象变换的自动化机械制造系统。它包括多个柔性制造单元，每个柔性制造单元由一台或多台数控机床构成。柔性制造系统能根据制造任务或生产环境的变化迅速进行调整，适用于多品种、中小批生产。柔性制造系统是一种技术复杂、高度自动化的系统，它将微电子学、计算机和系统工程等技术有机地结合起来，解决了机械制造高度自动化与高度柔性化之间的矛盾。

4．常见的数控机床

1）数控车床

数控车床是指对工件进行车削加工的数控机床，它是数控机床中应用较广泛的一种。数控车床能加工各种复杂的回转体零件。在结构上，数控车床与普通卧式车床类似，主要由主轴箱、刀架、进给系统、床身、液压系统、冷却系统、润滑系统等组成。不同的是，数控车床的进给系统采用伺服电动机，经滚珠丝杠驱动滑板和刀架，从而实现纵向（Z 向）和横向（X 向）进给运动。

按主轴配置形式的不同，数控车床可分为卧式数控车床和立式数控车床两种，如图 4-14 所示。

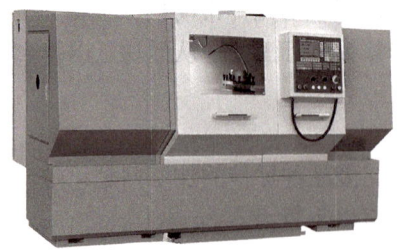

（a）卧式数控车床　　　　　　　（b）立式数控车床

图 4-14　数控车床

卧式数控车床又分为数控水平导轨卧式车床和数控倾斜导轨卧式车床。倾斜导轨结构可使数控车床具有更高的刚度，并易于排除切屑。

立式数控车床简称数控立车，其车床主轴垂直于水平面。立式数控车床采用了一个直径很大的圆形工作台来装夹工件，主要用于加工径向尺寸大、轴向尺寸相对较小的大型复杂零件。

2）数控铣床

数控铣床是指主要采用铣削方式加工工件的数控机床，它是机械加工过程中应用非常广泛的一类机床，主要用于加工零件的轮廓。

按主轴配置形式的不同，数控铣床可分为立式数控铣床、卧式数控铣床和立卧两用数控铣床三种，如图 4-15 所示。数控铣床的进给运动多为三坐标进给运动，即有左右、前后和上下三个沿导轨方向的直线进给运动，通常用 X 轴、Y 轴和 Z 轴对这三个进给运动的方向进行命名。

（a）立式数控铣床

（b）卧式数控铣床

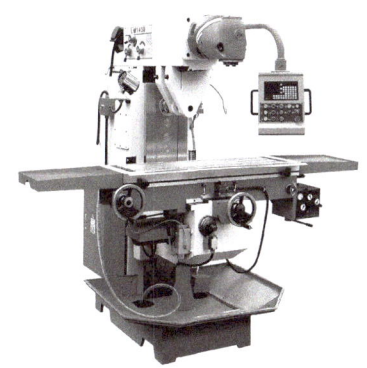

（c）立卧两用数控铣床

图 4-15　数控铣床

数控铣床的三个进给运动方向中，若只有两个坐标运动方向能联动进给，则称该机床为两轴半数控铣床，可用于加工平面曲线的轮廓；若能实现三个坐标轴的联动加工，则称该机床为三轴联动数控铣床，可用于加工空间曲面；对于有特殊加工需求的数控铣床，还可增加一个回转轴的运动，即增加一个数控回转工作台，这种机床称为四轴联动数控铣床，可用于加工螺旋槽、叶片等立体曲面零件。

3）加工中心

加工中心是将数控铣床、数控镗床、数控钻床的功能组合起来,并装有刀库和自动换刀装置的数控镗铣床。按结构形式的不同,加工中心可分为立式加工中心和卧式加工中心两种,如图 4-16 所示。

（a）立式加工中心　　　　　　　　（b）卧式加工中心

图 4-16　加工中心

立式加工中心至少是三轴二联动,一般可实现三轴三联动,有的可进行五轴、六轴控制,其主轴轴线是垂直的。立式加工中心能完成铣削、镗削、钻削、攻螺纹等工序,适用于加工板类、盘类、模具及小型复杂壳体类零件,其结构简单,占地面积较小。

卧式加工中心的主轴轴线是水平的。卧式加工中心在汽车、航空航天、船舶等行业被大量用于复杂零件的精密和高效加工。与立式加工中心相比,卧式加工中心结构复杂,占地面积大,费用也较高,而且加工过程不便观察,零件的装夹和测量不方便,但加工时切屑排出较为方便。

项目实施 ——认识机床并分析其结构及性能特点

1. 识别机床的类型

观察各种机床的铭牌，记录其名称、型号，查阅教材或其他资料，确定机床的类型及功用。

2. 分析机床的结构特点

观察机床的外观，对照教材或其他资料，分析机床主要结构的功用，总结机床的结构特点。

3. 分析机床的运动特点

启动机床，观察机床各部件的运动情况，分析机床主运动、进给运动及辅助运动的特点。

4. 分析机床的技术性能及机床精度

根据各种机床的铭牌及说明书，分析机床的技术性能及机床精度。

5. 总结讲述

对上述分析情况进行总结，制作PPT，并进行讲述。

笔记

项目考核

1. 填空题

（1）Z3040 型摇臂钻床型号的含义：Z 表示＿＿＿＿＿＿，30 表示＿＿＿＿＿＿，40 表示＿＿＿＿＿＿。

（2）按加工精度的不同，机床可分为普通精度机床、＿＿＿＿＿＿和高精度机床。

（3）机床的工作部件主要包括与＿＿＿＿＿＿和进给运动有关的执行部件，与工件和刀具有关的部件或装置，以及与上述部件或装置有关的分度、转位、定位机构和操纵机构等。

（4）按传动联系性质的不同，传动链可分为外联系传动链和＿＿＿＿＿＿。

（5）机床的技术参数是指反映机床＿＿＿＿＿＿和＿＿＿＿＿＿的各种技术数据，主要包括尺寸参数、运动参数和动力参数。

（6）机床精度是指机床主要部件的形状、相对位置、相对运动等的精确程度，包括几何精度、＿＿＿＿＿＿、＿＿＿＿＿＿、位置精度等。

（7）CA6140 车床可车公制、英制、＿＿＿＿＿＿、＿＿＿＿＿＿四种标准螺纹。

（8）卧式车床主要由＿＿＿＿＿＿、＿＿＿＿＿＿、＿＿＿＿＿＿、刀架、尾座和床身组成。

（9）使用摇臂钻床加工时，将工件安装于工作台或底座上，通过调整＿＿＿＿＿＿和＿＿＿＿＿＿的位置来使刀具对准加工孔的中心。

（10）数控机床主要由控制介质、数控系统、＿＿＿＿＿＿、机床本体、＿＿＿＿＿＿五部分组成。

2. 选择题

（1）下列机床属于专门化机床的是（　　）。
　　A．卧式车床　　　　　　　B．凸轮轴车床
　　C．万能外圆磨床　　　　　D．摇臂钻床

（2）下列对 CM6132 描述正确的是（　　）。
　　A．卧式精密车床，床身最大回转直径为 320 mm
　　B．落地精密车床，床身最大回转直径为 320 mm
　　C．仿形精密车床，床身最大回转直径为 320 mm
　　D．卡盘精密车床，床身最大回转直径为 320 mm

（3）下列属于机床成形运动的是（　　）。
　　A．进给运动　　　　　　　B．分度运动
　　C．调位运动　　　　　　　D．空行程运动

（4）下列不属于位置精度评定项目的是（　　）。
　　A．定位精度　　　　　　　B．重复定位精度
　　C．几何精度　　　　　　　D．反向差值

（5）下列不属于数控机床数控系统组成部分的是（　　）。

　　A．输入和输出装置　　　　　　B．移动硬盘

　　C．控制器　　　　　　　　　　D．运算器

3．判断题

（1）CA6140 中的 40 表示床身最大回转直径为 400 mm。　　　　　（　　）

（2）在普通车床上加工工件的尺寸精度可达到 IT3。　　　　　　（　　）

（3）M1432A 型万能外圆磨床只能加工外圆柱面，不能加工内圆表面。（　　）

（4）具有两类特性的机床的分类代号，主要特性应放在次要特性前面。（　　）

（5）在机床传动系统图中，传动齿轮的齿数不必标出。　　　　　（　　）

4．问答题

（1）简述机床内联系传动链与外联系传动链的区别。

（2）机床的技术参数分别包含哪些技术数据？

（3）简述数控机床的特点。

项目评价

指导教师根据学生对本项目的实际学习成果对其进行评价，学生配合指导教师共同完成如表 4-3 所示的学习成果评价表。

表 4-3 学习成果评价表

班级		组号		日期	
姓名		学号		指导教师	
项目名称		金属切削机床			
评价项目	评价内容		评价方式	分值/分	评分/分
知识（40%）	机床的分类、型号和结构		理论测试	9	
	机床的传动原理			10	
	机床的技术性能及机床精度			4	
	车床和铣床			5	
	钻床和磨床			5	
	数控机床			7	
技能（40%）	能识别机床的类型和型号		实践操作	20	
	能根据零件加工技术要求选择机床			20	
素养（20%）	认真参加教学活动，积极学习和思考		综合评判	5	
	高效完成学习和实践任务			5	
	服从指挥，遵守课堂纪律			5	
	团结合作，具有创新思维			5	
合计				100	
自我评价					
指导教师评价					

项目 5　机床夹具

项目导读

在成批和大量加工零件时，单个零件的加工时间往往是以秒为单位来计算的，这是因为零件的加工效率直接关系到企业的盈利能力，是企业关注的重点。在机械加工过程中，工件在机床上的装夹、找正往往需要花费大量的时间，对加工效率的影响非常大。要快速、准确地装夹工件，需要合理设计和选用机床夹具（以下简称夹具）。本项目主要介绍夹具的分类、组成、定位和夹紧等基本知识，并分析常见专用夹具的工作原理和设计方法。

知识目标

- 掌握夹具的功用、分类和组成。
- 掌握工件在夹具中定位的基本知识。
- 掌握工件在夹具中夹紧的基本知识。
- 掌握常见夹具的工作原理及特点。
- 掌握夹具的设计方法。

技能目标

- 能根据零件加工技术要求选择夹具。
- 能设计中等复杂零件一道工序的专用夹具。

素质目标

- 树立勤奋踏实、拼搏进取、勇于担当的奋斗精神。
- 培育崇尚技艺、求实创新的职业品质。

项目描述

在机械加工过程中，夹具就好比机床的双手，把工件牢牢抓住，有的夹具还要带动工件做各种运动。从标准的卡盘、液压中心架、顶尖、台钳等，到加工中心上的专用组合夹具，再到加工特殊零件的巨型夹具，每台机床都配备了不同的夹具，它们形状各异，功能也不尽相同。

如图 5-1 所示为缸套钻孔工序图。该零件的材料为 Q235A 钢，生产纲领为 500 件/年，所用机床为 Z525 型立式钻床，所用钻头外径为 ϕ5 mm。其他尺寸均已精加工完毕，现需要钻 ϕ5 mm 孔，其加工精度为 IT9 级，表面粗糙度 Ra 为 6.3 μm。请为该钻孔工序编制钻模设计方案。

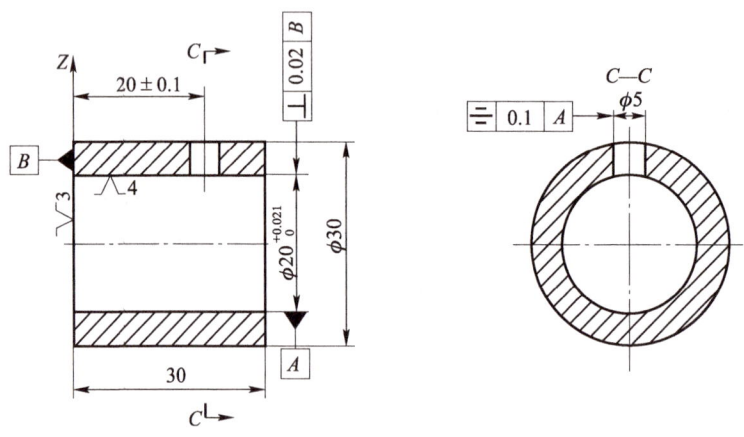

图 5-1 缸套钻孔工序图

相关知识

5.1 夹具概述

5.1.1 夹具的功用

加工工件时，为保证工件的加工表面达到技术要求，必须使工件在机床上相对于刀具处于正确的位置，这个过程称为定位。工件定位后，为防止其在加工过程中因受外力（如重力、切削力、惯性力、离心力等）而改变原定位置，将工件夹牢压紧的过程称为夹紧。定位和夹紧合称装夹。夹具是指机械加工过程中对工件进行装夹，并对刀具进行定位、引导的工艺装备，是机械加工工艺系统的重要组成部分。

夹具的功用主要有以下四点。

（1）保证加工精度。采用夹具装夹工件，可准确定位工件与刀具、机床之间的相对位置，不受工人技术水平的影响，因而能较容易、较稳定地保证加工精度。

（2）提高生产率。采用夹具后，在加工前不需要逐个对工件进行划线、找正、对刀，可显著减少辅助时间，提高生产率。

（3）扩大机床的工艺范围。采用专用夹具可改变机床的用途、扩大机床的加工范围，实现一机多能。例如，在普通车床上采用镗模，可镗削箱体类零件上的孔系。

（4）减轻劳动强度。采用夹具，特别是采用自动化程度较高的专用夹具，可使工件的装夹省时省力，显著减轻工人的劳动强度。

点 拨

> 产品制造过程中所用的各种工具，包括刀具、夹具、模具、量具、检具、辅具、钳工工具和工位器具等，统称为工艺装备，简称工装。
>
> 工件的装夹方法主要有两种：① 直接装夹在机床上；② 用夹具装夹在机床上。工件直接装夹在机床上，以工件的有关表面或专门划出的线痕作为找正依据，用划针或百分表进行找正，将工件准确定位后夹紧。这种装夹方法劳动强度大，生产率低，且对工人的技术水平要求较高，一般用于单件小批生产。成批和大量生产时通常采用夹具装夹工件。

5.1.2 夹具的分类

夹具的形状千差万别，可从不同角度进行分类。按使用特点的不同，夹具可分为通用夹具、专用夹具、成组夹具、组合夹具和拼装夹具等。

1．通用夹具

通用夹具是指结构、尺寸已经标准化，且具有一定的通用性，在一定范围内可加工不同工件的夹具，如车床上的三爪自定心卡盘、四爪单动卡盘和顶尖，铣床上的机用平口虎钳等。通用夹具的优点是适用性好，不需要调整或稍加调整即可装夹一定形状范围的工件；缺点是定位精度不高，生产率较低，不适合装夹形状复杂的工件。

2．专用夹具

专用夹具是指按照某一工件某个工序的加工要求而专门设计制造的夹具。这类夹具针对性强，结构紧凑，操作简便，可获得较高的生产率和加工精度，但其设计制造周期较长，而且产品更换后无法再次使用，因此适用于品种单一且批量较大的产品的生产。

3．成组夹具

成组夹具又称专用可调夹具，是指根据成组工艺的要求，针对一组形状、尺寸及工艺相似的工件所设计的夹具。这类夹具的特点是部分组成元件可更换，部分装置可调整，以适应不同零件的加工。成组夹具主要用于品种多样且批量较大的产品的生产。

4．组合夹具

组合夹具是由一套制造好的标准元件和部件组装而成的夹具。组合夹具在使用完之后可拆卸存放，或重新组装成新夹具使用，具有组装迅速、周期短、可反复使用的特点，适用于小批生产和新产品的试制。

5．拼装夹具

拼装夹具是指在成组工艺基础上，用标准化、系列化的夹具元件装配而成的夹具。它具有组合夹具的优点，而且比组合夹具精度更高、结构更紧凑、工作效率更高，适用于品种多样且批量较小的产品的生产。

此外，按适用机床的不同，夹具可分为车床夹具、铣床夹具、钻床夹具、镗床夹具、磨床夹具、齿轮机床夹具、数控机床夹具等；按夹紧动力源的不同，夹具可分为手动夹具、气动夹具、液压夹具、气液夹具、电动夹具、电磁夹具、真空夹具等。

5.1.3 夹具的组成

夹具的组成

夹具的种类虽然繁多，但通常都由定位元件、夹紧装置、对刀与引导元件、连接元件、夹具体、其他装置或元件组成。

（1）定位元件是指在夹具上起定位作用的零部件，如支撑钉、支撑板、V形块、圆柱销等。

（2）夹紧装置是指在夹具上起夹紧作用的装置，它包括夹紧元件、夹紧机构和动力装置等。

（3）对刀与引导元件是指用于确定或引导刀具相对工件加工表面处于正确位置的零部件。其中，用于确定刀具在加工前处于正确位置的元件称为对刀元件，如对刀块；用于确定刀具位置并引导刀具进行加工的元件，称为引导元件，如钻套、镗套等。

（4）连接元件是指用于连接夹具与机床，并确定夹具与机床主轴、工作台或导轨之间相对位置的零部件，如定向键、过渡盘等。

（5）夹具体是指将夹具所有元件和装置连接成一个整体的基础件，如底座、本体等。

（6）其他装置或元件是指根据工件的某些特殊加工要求而设置的装置，如分度装置、靠模装置、上下料装置等。

如图5-2（a）所示为端盖零件，加工该零件上的 $\phi 10$ mm 孔时可采用如图5-2（b）所示的钻床夹具。其中，圆柱销、菱形销和支撑板是它的定位元件，螺杆（与圆柱销合成为一个零件）、螺母和开口垫圈组成了夹紧装置。这些元件和装置安装在夹具体上，可实现对端盖零件的定位和夹紧。钻套和钻模板用于确定刀具的位置，并引导刀具，防止其在加工过程中偏移和倾斜，从而保证孔的加工精度。

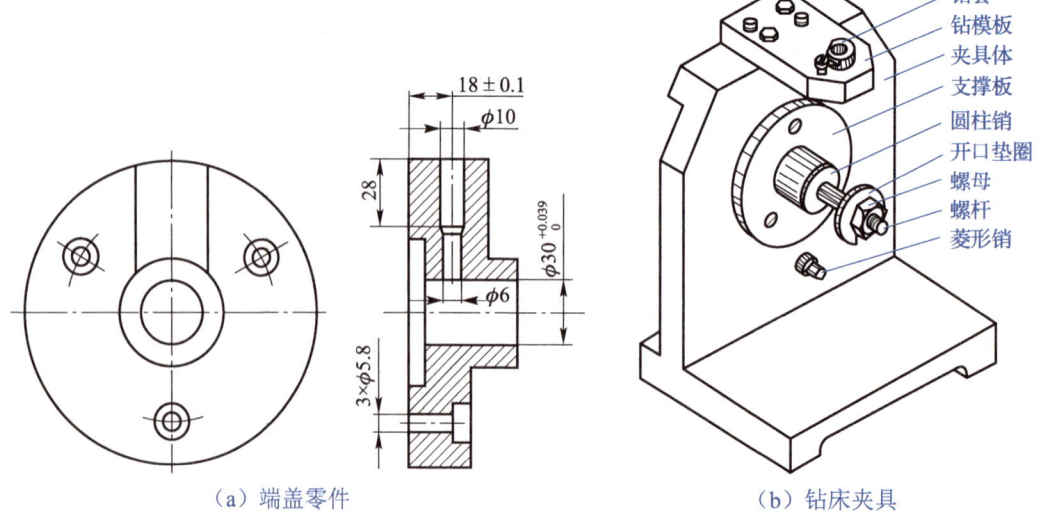

（a）端盖零件　　　　　　（b）钻床夹具

图5-2　端盖零件及其钻床夹具

5.2 工件在夹具中的定位

工件是由若干点、线、面组成的一个复杂的空间几何体。要使工件准确定位，只需要采用夹具把工件上某些作为基准的点、线、面确定在正确的位置即可。

工件在夹具中的定位

5.2.1 基准的概念及分类

基准是指用于确定工件几何要素的位置所依据的点、线、面。按功用的不同，基准可分为设计基准和工艺基准两种。

1. 设计基准

设计基准是指设计图样上所采用的基准，即标注尺寸所依据的点、线、面。它用于确定工件在机器或部件中的位置或工件之间的相对位置。

2. 工艺基准

工艺基准是指在工艺过程中所采用的基准，可分为定位基准、工序基准、测量基准、装配基准和调刀基准等。

1）定位基准

定位基准是指工件在加工中用于定位的基准，它是工件上与夹具定位元件直接接触的点、线、面，是获得工件尺寸的直接基准。

定位基准又可分为粗基准、精基准和辅助基准三种。其中，粗基准是指在工件加工的第一道工序或最初几道工序中，只能用毛坯上未经加工的表面作为定位基准；精基准是指经过加工的定位基准，如加工齿轮时已加工过的孔；辅助基准是指根据机械加工工艺要求专门设计的定位基准，如加工轴类零件常用的中心孔、某些箱体类零件的工艺孔等。

2）工序基准

工序基准是指在工序图上用于确定本工序加工表面的尺寸、形状和位置的基准。在设计工序基准时，应优先考虑选用设计基准作为工序基准，并尽可能选择其中用于定位和检验尺寸的基准。

3）测量基准

测量基准是指加工中或加工后测量工件所采用的基准。

4）装配基准

装配基准是指装配时用于确定零件或部件在产品中的相对位置所采用的基准。

5）调刀基准

调刀基准是指在工件加工前对机床进行调整时，确定刀具位置所采用的基准。与其他各类基准不同的是，调刀基准通常不选在工件上，而是选在夹具定位元件的某个工作面上。

点 拨

作为基准的点、线、面在工件上有时并不具体存在，如工件的孔、轴中心线、基准中心平面等，它们常通过某些具体的表面来体现，这些具体的表面称为基准面。例如，车床卡盘夹持的短轴，其定位基准面是外圆柱面，而它所体现的定位基准则是轴中心线。

5.2.2 六点定位原理

任何一个不受约束的工件在空间直角坐标系中有六种活动的可能性，它可在三个正交方向上移动，还可绕三个正交方向转动。通常把这六种活动的可能性称为自由度。如图 5-3 所示，在空间直角坐标系中，工件沿 x、y、z 三个坐标轴移动的自由度用 $\vec{x}$、$\vec{y}$、$\vec{z}$ 表示，绕 x、y、z 三个坐标轴转动的自由度用 $\hat{x}$、$\hat{y}$、$\hat{z}$ 表示。

要完全确定工件在夹具中的位置，必须限制工件的六个自由度。通过合理布置六个支撑点来限制工件的六个自由度，使工件在夹具中完全定位，这一原理称为六点定位原理。如图 5-4 所示，底面 xOy 内的三个支撑点限制了 $\hat{x}$、$\hat{y}$、$\vec{z}$ 三个自由度，侧面 yOz 内的两个支撑点限制了 $\vec{x}$ 和 $\hat{z}$ 两个自由度，端面 xOz 内的一个支撑点限制了 $\vec{y}$ 一个自由度。

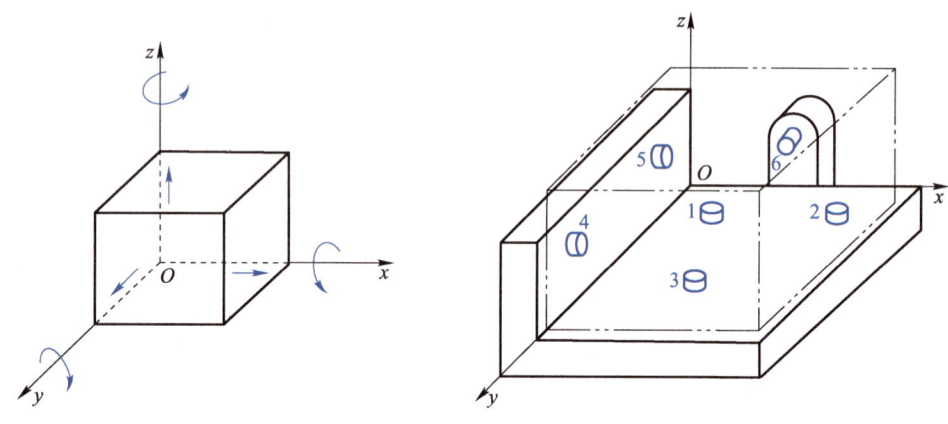

图 5-3　工件的六个自由度　　　　图 5-4　工件的六点定位

> **点　拨**
>
> 在应用六点定位原理对工件进行定位时，应注意以下几点。
> （1）一个定位元件可体现一个或多个支撑点，在判断定位元件体现的支撑点数目时，需要结合其结构进行分析。
> （2）定位支撑点限制工件自由度的作用，应理解为定位支撑点与工件的定位基准面始终保持紧密贴合，不得脱离，否则就失去了定位作用。
> （3）在分析定位支撑点的定位作用时，除工件自身的重力外，不考虑其他外力作用。工件某一自由度被限制，是指其在这一方向的位置被确定，并非指工件受到外力后不能脱离定位支撑点而运动。使工件在受到外力作用时还能保持正确的位置是夹紧的功用。因此，一定要把定位和夹紧区别开来，不可混为一谈。
> （4）一种定位元件体现的支撑点数目是一定的，但具体限制的自由度与支撑点的分布有关。因此支撑点的位置必须合理布置，否则将无法有效地限制六个自由度。

5.2.3 常见的定位方式和定位元件

工件在夹具中的定位是通过工件上的定位基准面与夹具定位元件工作表面的接触或配合实现的。工件上的定位基准面通常有平面、圆柱面、圆锥面、成形表面（如齿形面、导轨面）等以及它们的组合。工件定位基准面不同，定位方式不同，夹具定位元件的结构形式也就不同。因此，定位方式和定位元件要按照工件定位基准面的形式来选择。

常见的定位方式和定位元件如表 5-1 所示。

表 5-1　常见的定位方式和定位元件

工件定位基准面	定位元件	定位方式及所限制的自由度	工作特点及适用范围
平面	支撑钉		支撑钉有平头、球头和齿纹头三种。其中，平头支撑钉适用于定位已加工平面；球头支撑钉适用于定位未加工平面；齿纹头支撑钉适用于定位未加工且需要较大摩擦力的侧面
	支撑板		支撑板用于定位面积较大、平面度较高的精基准面。支撑板有不带斜槽和带斜槽两种，不带斜槽的支撑板适用于定位侧面和顶面，带斜槽的支撑板便于清除切屑，适用于定位底面
	固定支撑和自位支撑		自位支撑可增加夹具与工件的接触点，使工件支撑稳固，同时避免过定位，适用于以毛坯定位或刚度较低的工件
	固定支撑和辅助支撑		辅助支撑不起定位作用，但可提高工件在加工过程中的刚度
圆孔	圆柱销		圆柱销主要用于定位直径小于 50 mm 的孔，可分为固定式和可换式两类。固定式圆柱销以过盈配合的形式直接安装在夹具体中；可换式圆柱销以间隙配合的形式通过套筒安装在夹具体中，适用于凸肩端面易磨损的场合 将圆柱销削边可得到菱形销，它适用于一面两孔定位的场合，可避免两孔都采用圆柱销而产生过定位
	芯轴		芯轴主要用于盘类、套类零件的车削、磨削和齿形加工场合 过盈配合芯轴的定位精度高，但装卸不便；间隙配合芯轴装卸方便，但定位精度不高，常采用孔和端面联合定位

续表

工件定位基准面	定位元件		定位方式及所限制的自由度	工作特点及适用范围
圆孔	圆锥销			圆锥销适用于套筒、空心轴等工件的定位，工件用单个圆锥销定位易倾倒，因此常与其他定位元件组合定位，适用于同时以圆孔和端面定位的工件
	固定圆锥销与浮动圆锥销组合			
外圆柱面	V形块	短V形块		V形块两斜面夹角一般为60°、90°或120°，其中90°较常见。V形块对中性好，不受工件基准直径误差的影响，常用于定位与轴线有对称度要求的外圆表面
		长V形块		
		可调式V形块		
	定位套	短定位套		定位套结构简单，适用于定位精度较高的圆柱面，但定心精度不高。定位套常与端面联合定位，以限制工件轴向移动的自由度
		长定位套		
	半圆套	短半圆套		半圆套适用于大型轴和曲轴等圆柱面不便用定位套定位的工件，常用于定位精度较高的外圆柱面。半圆套通常配有另一半圆部分用于夹紧工件，可使夹紧力在定位基准面均匀分布

续表

工件定位基准面	定位元件		定位方式及所限制的自由度	工作特点及适用范围
外圆柱面	半圆套	长半圆套	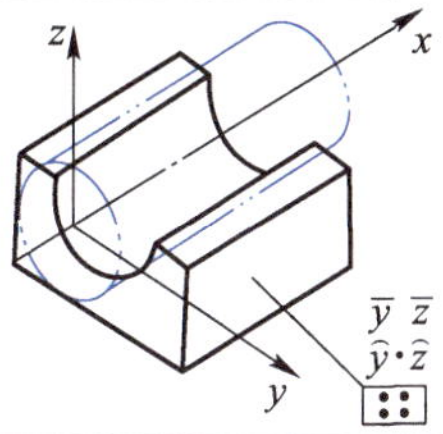 （图示，限制 $\vec{y}、\vec{z}、\hat{y}、\hat{z}$）	半圆套适用于大型轴和曲轴等圆柱面不便用定位套定位的工件，常用于定位精度较高的外圆柱面。半圆套通常配有另一半圆部分用于夹紧工件，可使夹紧力在定位基准面均匀分布
	锥套	固定锥套	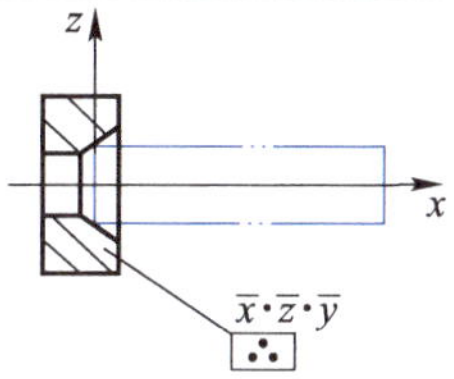 （图示，限制 $\vec{x}、\vec{z}、\vec{y}$）	对中性好，装卸方便，但定位时容易倾斜，所以常与其他元件组合使用
		固定锥套与浮动锥套组合	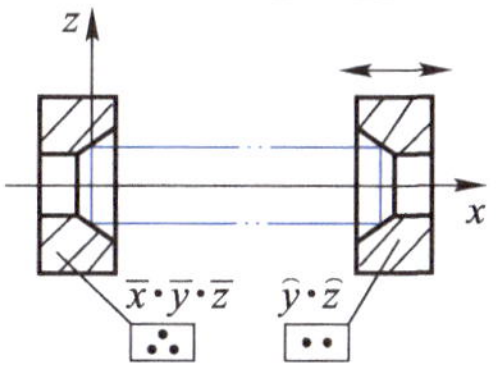 （图示，限制 $\vec{x}、\vec{y}、\vec{z}、\hat{y}、\hat{z}$）	

注：□内点数表示定位元件体现的支撑点数目，□上方的注释表示定位元件限制的工件自由度。

点拨

定位元件的材质、结构形式和技术要求多种多样，但大多已经标准化，可通过查阅行业标准、技术手册等进行选择。生产实际中，工件的定位可采用不同的定位方式和定位元件，这时应考虑生产类型和加工工艺，在保证加工精度的前提下，尽可能简化夹具结构，方便装夹工件。

笔记

5.2.4 定位的分类

机械加工过程中，工件在空间的六个自由度并不是都要进行限制，而是要根据工件的加工要求来选择。对于影响加工的自由度，必须对其进行限制；而对于不影响加工的自由度，则可视情况决定是否对其进行限制。工件在夹具中的定位可分为完全定位、不完全定位、欠定位和过定位四种。

1. 完全定位

完全定位是指工件的六个自由度都被限制的定位。如图 5-5（a）所示，在工件上铣键槽时，工件在三个坐标轴移动和转动的方向上均有尺寸和相对位置的要求，因此必须采用完全定位，限制工件的六个自由度。

2. 不完全定位

不完全定位是指工件被限制的自由度数量少于六个，但仍能保证加工要求的定位。如图 5-5（b）所示，在工件上铣台阶面时，工件沿 y 轴的移动自由度 $\vec{y}$ 对工件的加工要求无影响，可不限制，因此这种情况下可采用不完全定位，即只限制五个自由度。加工图 5-5（c）所示工件的上表面时，工件只有厚度和平行度的要求，所以只需要限制 $\hat{x}$、$\hat{y}$、$\vec{z}$ 三个自由度即可。

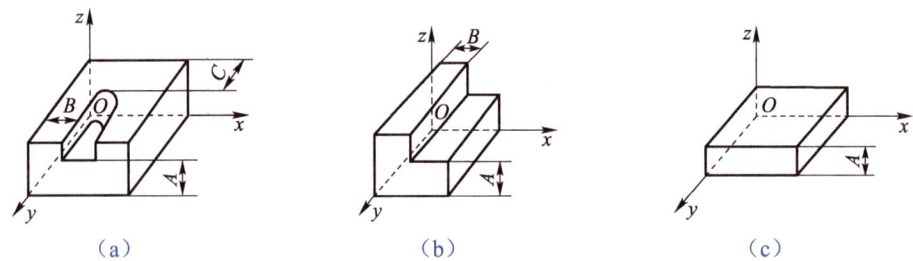

图 5-5 工件应被限制的自由度的确定

3. 欠定位

欠定位是指根据工件的加工要求，应该限制的自由度没有被完全限制的定位。欠定位不能保证加工要求，是不允许的。

4. 过定位

过定位又称重复定位，是指工件的一个或几个自由度被定位元件重复限制的定位。过定位是否允许，应根据具体情况分析确定。若工件定位面的形状、尺寸和位置精度均较高，则允许过定位，此时过定位还可提高工件装夹的刚度和稳定性；反之，若工件的定位面是毛坯面或加工精度不高，则不允许过定位，这是因为它可能会造成工件定位不准确或不稳定、定位元件变形或损坏、工件无法正确安装等情况。

如图 5-6 所示为加工连杆大孔时连杆的定位。其中，长圆柱销限制了 $\vec{x}$、$\vec{y}$、$\hat{x}$ 和 $\hat{y}$ 四个自由度，支撑板限制了 $\hat{x}$、$\hat{y}$ 和 $\vec{z}$ 三个自由度。显然，在这种定位方案中 $\hat{x}$ 和 $\hat{y}$ 被两个定位元件重复限制，工件出现了过定位。

若连杆的孔与端面垂直度很好，则允许过定位。若连杆的孔与端面的垂直度误差较大，且孔与销之间的间隙又很小，则会出现两种情况：① 若长圆柱销刚度高，则工件在夹紧后将产生歪斜，端面与基准面之间只有一点接触，如图 5-6（b）所示；② 若长圆柱销刚度低，则长圆柱销在夹紧后将产生歪斜，工件也可能变形，如图 5-6（c）所示。加工大孔时，这两种情况都会引起位置误差，使连杆两孔轴线不平行。最简单的解决办法是将长圆柱销改成短圆柱销，短圆柱销只限制 $\vec{x}$、$\vec{y}$ 两个自由度，可避免 $\hat{x}$、$\hat{y}$ 被重复限制。

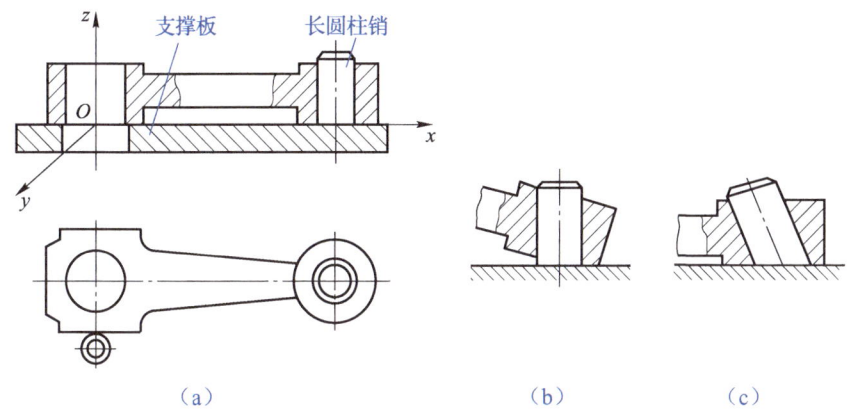

图 5-6 加工连杆大孔时连杆的定位

5.2.5 定位误差的分析与计算

使用夹具加工工件时，影响工件位置精度的因素很多，主要包括加工过程误差和来自夹具方面的定位误差及安装误差。只有这三方面误差的总和不超过工件允许的工序公差，才能使工件的位置精度符合要求。在做初步估算时，一般限定这三方面误差均不超过工件工序误差的 1/3。

定位误差的分析与计算

点 拨

定位误差一般是针对批量生产，并采用调整法加工（采用样件或对刀规对刀）的情况而言的。在单件生产时，采用调整法或在数控机床上加工也需要考虑定位误差，而采用试切法进行加工，则一般不考虑定位误差。

下面对来自夹具方面的定位误差进行分析计算。

1. 定位误差 Δ_D 的分析

定位误差 Δ_D 是指因工件在夹具上的定位不准确而产生的加工误差。造成定位误差的原因主要有基准不重合误差和基准位移误差两方面。

1) 基准不重合误差

基准不重合误差是指因工件的工序基准和定位基准不重合而产生的加工误差，用 Δ_B 表示。

如图 5-7 (a) 所示，在工件上铣缺口，加工尺寸为 A 和 B。如图 5-7 (b) 所示为加工图，加工尺寸 A 的工序基准是 F 面，定位基准是 E 面，两者不重合。刀具相对于夹具的对刀尺寸 C 在加工范围内是不变的。一批工件中尺寸 S 的公差 δ_S 会使 F 面（工序基准）的位置在一定范围内变动，从而使加工尺寸 A 产生误差，这个误差就是基准不重合误差。

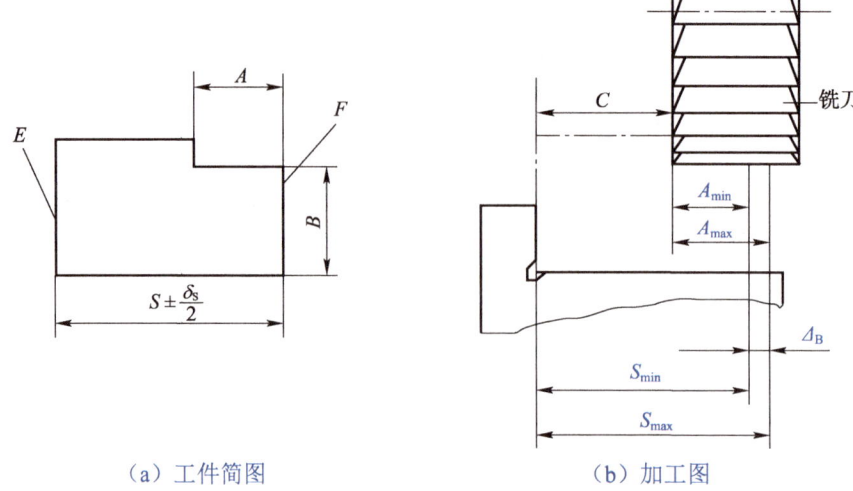

(a) 工件简图　　　　　　　　　　(b) 加工图

图 5-7　基准不重合误差示例

由图 5-7（b）可知，基准不重合误差为

$$\Delta_B = A_{max} - A_{min} = S_{max} - S_{min} = \delta_S \tag{5-1}$$

S 是定位基准与工序基准之间的距离尺寸，称为定位尺寸。当工序基准变动方向与加工尺寸的方向相同时，基准不重合误差等于定位尺寸误差，即

$$\Delta_B = \delta_S \tag{5-2}$$

当工序基准的变动方向与加工尺寸方向不同，其夹角为 α 时，基准不重合误差为

$$\Delta_B = \delta_S \cos\alpha \tag{5-3}$$

2）**基准位移误差**

当工序基准与定位基准相同时，由于定位副（工件定位工作面与夹具定位元件定位工作面的合称）的制造误差和最小间隙配合会使定位基准的位置变动，从而造成加工误差，因此这种误差称为基准位移误差，用 Δ_Y 表示。

如图 5-8 所示，工件以圆柱孔在芯轴上定位，在圆柱面上铣键槽，加工尺寸为 A 和 B。加工尺寸 A 的定位基准和工序基准都是内孔轴线，两者重合，基准不重合误差 $\Delta_B = 0$。但工件内孔和芯轴存在制造误差和最小配合间隙，使工件内孔轴线和芯轴轴线不重合，导致加工尺寸 A 产生误差，这个误差就是基准位移误差。

由图 5-8（b）所示，基准位移误差为

$$\Delta_Y = O_1O_2 = A_{max} - A_{min} = i_{max} - i_{min} = \frac{D_{max} - d_{min}}{2} - \frac{D_{min} - d_{max}}{2} = \frac{\delta_D + \delta_d}{2} = \delta_i \tag{5-4}$$

式中：

i ——定位基准的位移量；

δ_i ——定位基准的变动范围。

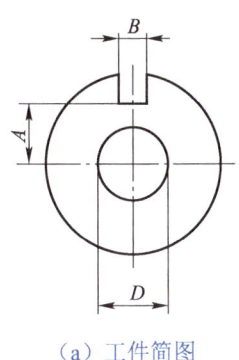
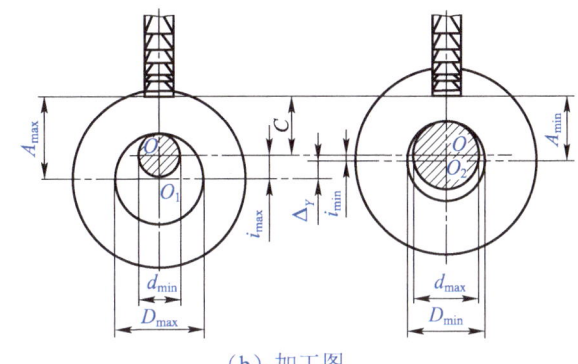

（a）工件简图　　　　　　　　　　（b）加工图

图 5-8　基准位移误差示例

当定位基准的变动方向与加工尺寸方向相同时，基准位移误差等于定位基准的变动范围，即

$$\Delta_Y = \delta_i \tag{5-5}$$

当定位基准的变动方向与加工尺寸方向不同且它们的夹角为 α 时，基准位移误差为

$$\Delta_Y = \delta_i \cos\alpha \tag{5-6}$$

点 拨

> 使用夹具加工工件，在调整刀具加工位置时，一般以定位元件上与工件定位基准重合的基准面为调刀基准。因此，定位误差的定义可进一步概括为：调刀基准相对设计基准在该加工参数方向上的最大位置变化量。它同样包括两个方面：① 由于定位基准与设计基准不重合，工件的设计基准相对于定位基准发生的位置变化；② 由于定位副的制造误差，工件的定位基准相对夹具的调刀基准发生的位置变化。

2．定位误差的计算方法

1）合成法

根据上述定位误差产生的原因，定位误差应由基准不重合误差和基准位移误差组合而成。因此，可先根据定位方式分别计算出基准不重合误差 Δ_B 和基准位移误差 Δ_Y，然后将两者组合成定位误差 Δ_D，即

$$\Delta_D = \Delta_B \pm \Delta_Y \tag{5-7}$$

式（5-7）中"±"的确定方法如下。

（1）当工序基准不在定位基准面上时，应将两项相加，取"+"号。

（2）当工序基准在定位基准面上、定位基准面尺寸变动方向一定时，若 Δ_B 与 Δ_Y 变动方向相同，即对加工尺寸影响相同，则取"+"号；若两者变动方向相反，即对加工尺寸影响相反，则取"−"号。

2）极限位置法

极限位置法的具体计算方法是：根据定位误差的定义，直接计算出工序基准在加工尺寸方向上相对位置的最大位移，即加工尺寸的最大变动范围。在进行具体计算时，通常要

先画出工件的定位简图，并在图中画出工序基准变动的两个极限位置，然后直接按照几何关系求出加工尺寸的最大变动范围，即可求出定位误差。

5.3 工件在夹具中的夹紧

在机床或夹具中对工件进行定位后，还应采用一定的机构将它压紧夹牢，以保证工件在加工过程中不会因受切削力、惯性力和重力等作用而产生位移或振动。这种把工件压紧夹牢的装置称为夹紧装置。

5.3.1 夹紧装置

1. 夹紧装置的组成

夹紧装置主要由力源装置、中间传力机构和夹紧元件组成。

（1）力源装置是指产生夹紧作用力的装置，通常是指机动夹紧时所用的气动、液压、电动装置。

（2）中间传力机构是指将力源装置产生的力传递给夹紧元件的机构。其作用是改变作用力的方向或大小，并实现自锁，以保证夹紧装置在力源装置提供的夹紧力消失后仍能可靠地夹紧工件。

（3）夹紧元件是指夹紧装置的最终执行元件，它与工件直接接触并将工件夹紧。

如图 5-9 所示为液压夹紧装置。其中，活塞杆、液压缸和活塞组成了液压源装置，铰链臂是中间传力机构，压板是夹紧元件。

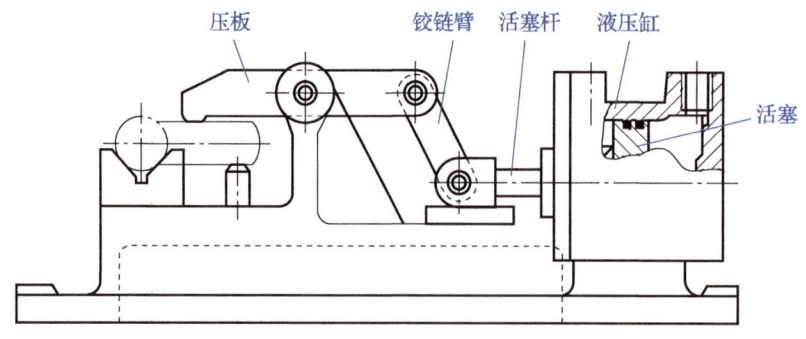

图 5-9 液压夹紧装置

2. 夹紧装置的要求

夹紧装置的结构是否合理、可靠，将直接影响工件的加工精度和生产率。因此，夹紧装置应满足以下要求。

（1）夹紧时不能破坏工件定位后所占据的正确位置。

（2）夹紧力大小要合适，既要保证工件在加工过程中不移动、不转动、不振动，又要避免工件变形和工件表面损伤。

（3）夹紧动作要迅速、可靠，操作要方便、省力、安全。

（4）结构紧凑，易于制造与维修。

5.3.2 夹紧力的确定

夹紧力的确定就是合理确定夹紧力的大小、方向和作用点。

1. 夹紧力大小的确定

夹紧力的大小应适当，夹紧力过大会引起工件变形，夹紧力过小则无法可靠夹紧工件，两种情况都会影响加工精度。

计算夹紧力时，可将夹具和工件看作一个刚性系统以简化计算。根据工件在切削力和夹紧力（重型工件要考虑重力，高速运动时要考虑惯性力）作用下所处的静力平衡状态，列出静力平衡方程式，即可计算出理论夹紧力。理论夹紧力再乘以安全系数 K，可得所需的实际夹紧力。一般情况下，粗加工时 K 取 2.5～3，精加工时 K 取 1.5～2。

夹紧力大小和方向的确定

在实际生产中，夹紧力的大小通常根据同类夹具的使用情况用类比法进行估算。对于一些关键性的重要夹具，还要通过试验来确定夹紧力的大小。

2. 夹紧力方向的确定

确定夹紧力的方向时，应将其工件定位基准的配置及所受外力的方向等结合起来综合考虑，具体确定原则如下。

（1）夹紧力的方向应垂直于主要定位基准面。如图 5-10（a）所示，在直角支座上镗孔，孔与 A 面有垂直度要求，所以 A 面为主要定位基准面，夹紧力 F_J 的方向与之垂直。若夹紧力朝向 B 面，如图 5-10（b）所示，则孔与 A 面的垂直度有可能因 A、B 两面之间的垂直度误差而受到影响。

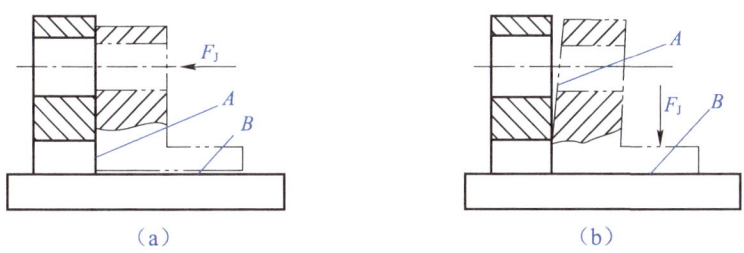

图 5-10　夹紧力方向对工件加工表面垂直度的影响

（2）夹紧力的方向应使所需夹紧力最小。如图 5-11（a）所示，夹紧力 F_1 和 F_2、钻削轴向切削力 F_x 和工件自身重力 G 都垂直于定位基准面且方向相同。这些力的合力作用在限位基准面上，产生的摩擦力矩较大，可平衡钻削产生的转矩，因此此时所需的夹紧力较小。采用这种方法夹紧工件，既可使夹紧机构轻便、紧凑，还可减小工件的变形。如图 5-11（b）所示，夹紧力 F_1、F_2 和钻削轴向切削力 F_x、工件自身重力 G 方向相反。由于这些力的合力作用在限位基准面上，产生的摩擦力矩较小，因此需要更大的夹紧力来产生足够的摩擦力矩，以平衡钻削产生的转矩。

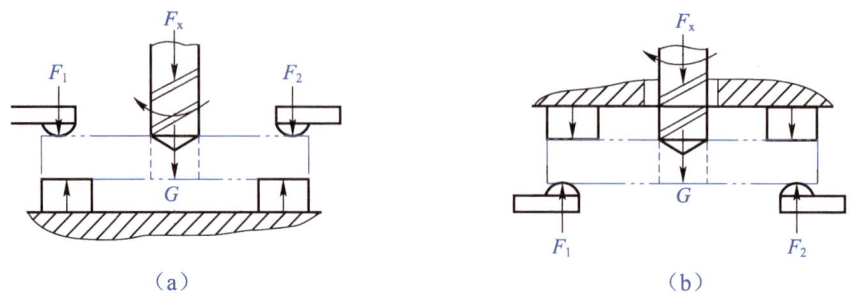

图 5-11　夹紧力方向对夹紧力大小的影响

（3）夹紧力的方向应使工件的变形尽可能小。工件在不同方向上的刚度是不一样的，不同的受力面也会因其面积不同而产生不同的变形。因此，夹紧力的方向应指向工件刚度较高的位置，尤其在夹紧薄壁工件时，更加需要注意。如图 5-12（a）所示，对于薄壁套筒，将其径向夹紧时易引起工件变形；如图 5-12（b）所示，若将其轴向夹紧，则会因轴向刚度较高而不易产生变形。

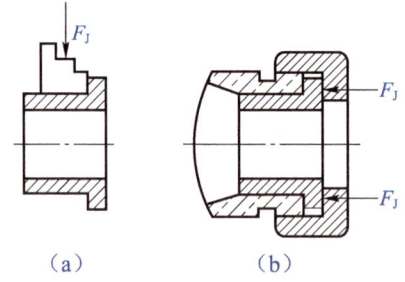

图 5-12　薄壁套筒的夹紧方法

3．夹紧力作用点的确定

（1）夹紧力的作用点应位于支撑元件上或几个支撑元件形成的稳定受力区域内。如图 5-13 所示，若夹紧力的作用点落在定位元件的支撑范围之外，则工件在夹紧时会出现倾斜或移动，从而破坏工件的定位。

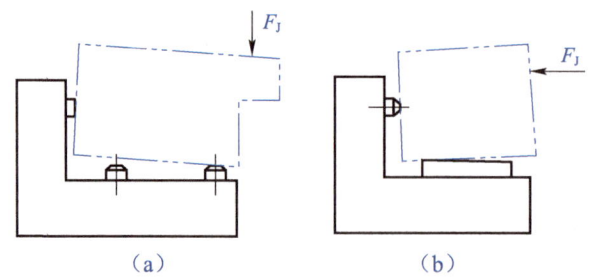

图 5-13　夹紧力作用点的位置不正确

（2）夹紧力的作用点应位于工件刚度高的部位。夹紧力的作用点位于工件刚度高的部位，可避免或减小工件的夹紧变形，夹紧也更为可靠。如图 5-14 所示，对于薄壁箱体，夹紧力不应作用在箱体顶面，而应作用在刚度较高的凸缘上。当箱体没有凸缘时，可在顶部采用多点夹紧，以分散夹紧力。

（3）夹紧力的作用点应尽量靠近加工表面。夹紧力的作用点尽量靠近加工表面，可防止工件产生振动和变形，提高定位的稳定性和可靠性。当加工表面与夹紧力作用点因受工件结构形状的影响而距离较远时，可增大辅助支撑并附加夹紧力，以提高夹紧刚度，如图 5-15 所示。

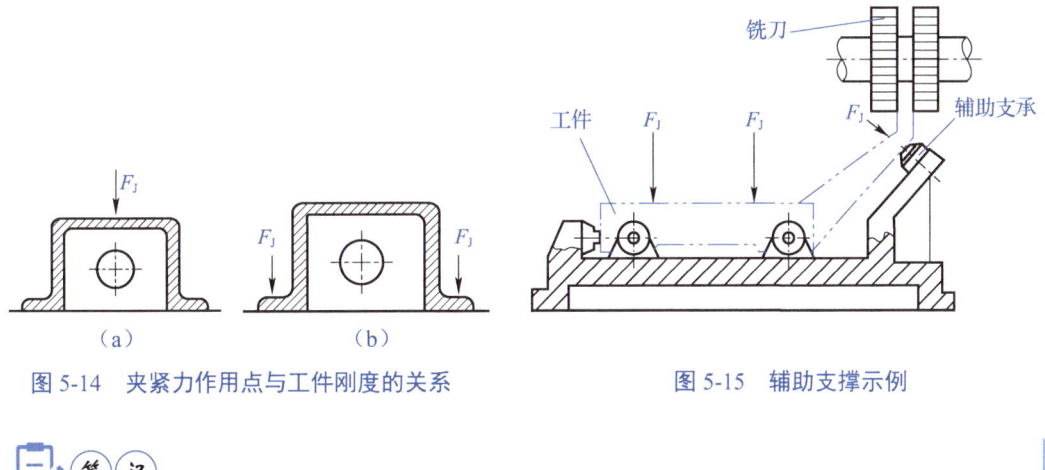

图 5-14　夹紧力作用点与工件刚度的关系　　　　图 5-15　辅助支撑示例

> 笔记
> _____
> _____
> _____
> _____

5.3.3　定位夹紧符号

在选定定位基准及确定夹紧力之后，应在图样上标注定位符号和夹紧符号，以便选择合适的夹具。常见的定位夹紧符号如表 5-2 所示。

表 5-2　常见的定位夹紧符号（摘自 GB/T 24740—2009）

定位夹紧类型		定位夹紧符号			
		独立		联合	
		标注在视图轮廓线上	标注在视图正面*	标注在视图轮廓线上	标注在视图正面*
定位支撑	固定式	∧	⊙	∧∧	⊙ ⊙
	活动式	∧	⌀	∧∧	⌀ ⌀
辅助定位支撑		∧	⌀	∧∧	⌀ ⌀

续表

定位夹紧类型	定位夹紧符号			
	独立		联合	
	标注在视图轮廓线上	标注在视图正面*	标注在视图轮廓线上	标注在视图正面*
手动夹紧	↓	↳	↓↓	↳↳
液压夹紧	Y↓	Y↳	Y↓↓	Y↳↳
气动夹紧	Q↓	Q↳	Q↓↓	Q↳↳
电磁夹紧	D↓	D↳	D↓↓	D↳↳

注：*视图正面是指观察者面对的投影面。

标注定位夹紧符号时，应注意：① 当在工件的一个定位面上布置一个定位点时，可直接用定位夹紧符号表示；② 当在工件的一个定位面上布置两个以上的定位点，且对每个定位点的位置无特殊要求时，允许用定位符号右边加数字的方法进行表示，不必将每个定位点的符号都画出。

头脑风暴

如图 5-16 所示为几种工件的定位夹紧符号标注示例，请大家开动脑筋，分析一下图中各工件定位夹紧符号表示什么，它们又分别采用了哪种定位方式呢？

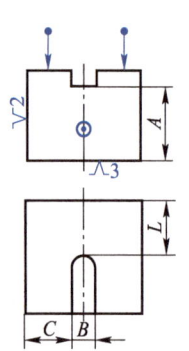
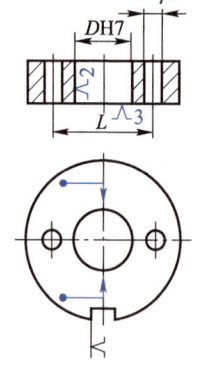
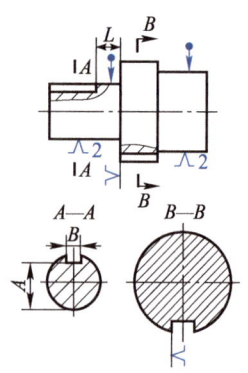

(a) 长方体工件上铣不通槽　(b) 盘类工件上加工两个直径为 d 的孔　(c) 轴类工件上铣小端键槽

图 5-16　几种工件的定位夹紧符号标注示例

5.3.4 基本夹紧机构

夹紧机构的种类有很多,但其结构大都以斜楔夹紧机构、螺旋夹紧机构和偏心夹紧机构为基础,这三种夹紧机构合称基本夹紧机构。

1. 斜楔夹紧机构

斜楔夹紧机构是指利用楔块上的斜面直接将工件夹紧的机构。如图5-17(a)所示,该斜楔夹紧机构通过转动螺栓推动斜楔,从而使杠杆夹爪夹紧工件。斜楔夹紧机构可增大夹紧力,虽然夹紧行程小且机构简单,但操作较为不便,因此主要与其他元件或装置组合使用。

2. 螺旋夹紧机构

螺旋夹紧机构是指通过螺旋元件直接夹紧或采用螺旋元件与其他元件组合实现夹紧的机构。如图5-17(b)所示为带有摆动压块的螺旋夹紧机构,它可在夹紧工件过程中带动工件旋转并避免损伤工件表面。

螺旋夹紧机构中的螺旋元件相当于把平面斜楔绕在圆柱体表面,其作用原理与斜楔一样。但是螺旋夹紧机构的增力效果远比斜楔夹紧机构大,同时螺旋夹紧机构的行程不受限制,所以在手动夹紧中应用极广。由于手动螺旋夹紧动作慢、辅助时间长、效率低,因此人们在生产中改进出了许多快速螺旋夹紧机构。

3. 偏心夹紧机构

偏心夹紧机构是指利用偏心元件直接夹紧工件,或与其他元件组合间接夹紧工件的机构。常见的偏心元件是偏心轮和偏心轴。如图5-17(c)所示为偏心轮夹紧机构。虽然偏心夹紧机构是一种快速夹紧机构,但由于其夹紧力小、自锁性能较差且夹紧行程短,因此多用于切削力小、无振动、工件尺寸公差不大的场合。

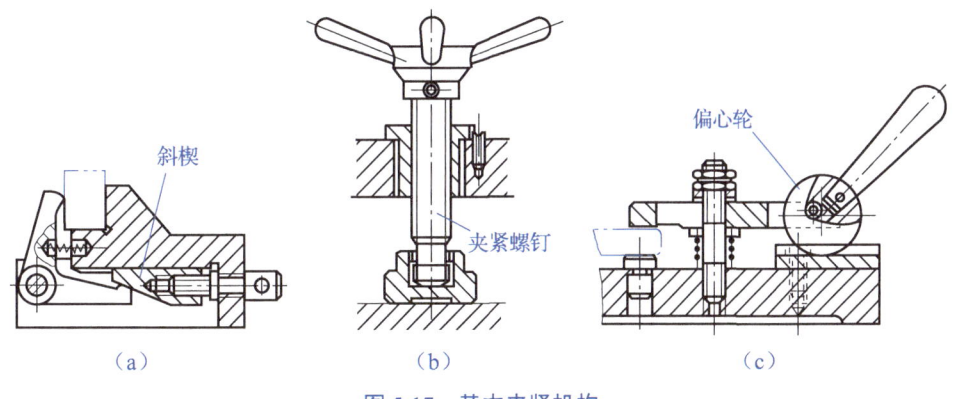

图 5-17 基本夹紧机构

进德修业

中国装备制造业彰显"脊梁"担当

装备制造业是一个国家制造业的"脊梁"。盾构机,涉及地质、机械、力学、电气、控制、测量等多学科技术,部件多达 2 万多个;大型收割机,全身上下有 5 000 多个零部件,整机电控系统有 30 多个控制器、上百个传感器……大国重器的诞生,离不开一国装备研发、生产、制造的综合能力。

中国有全球最完备的产业体系,创新能力也在与日俱增。例如,中国盾构机凭借创新技术、过硬质量及高品质服务开拓国际市场,如今在全球市场占比达 70%;中国造船业技术实力领先世界,一季度新接订单量占全球总量近七成。总体来看,通过加大投入、加强研发、加快发展,上中下游齐发力、产学研用同向前,中国装备制造业掌握了更多技术话语权、占领了更多市场制高点。

"我们要做一个强国,就一定要把装备制造业搞上去"。不断加大投入和研发力度,再接再厉、创新驱动、勇攀高峰,中国将稳步迈向现代装备制造强国。

(资料来源:胡永秋、杨光宇,《增势良好后劲足,装备制造业彰显"脊梁"担当》,人民网,2024 年 6 月 24 日)

5.4 常见的夹具

不同类型的机床有着不同的加工工艺特点,因此夹具的总体结构、技术要求,及其与机床的连接方式等也不同。下面主要介绍车床夹具、铣床夹具、钻床夹具和镗床夹具等几种典型的夹具。

5.4.1 车床夹具

车床主要用于加工零件的回转表面以及端平面,所以车床夹具的主要功能是保证工件加工表面的中心线与机床主轴回转轴线的同轴度。

按工件加工特点及其在车床上安装位置的不同,车床夹具可分为以下两种基本类型。

- **安装在车床主轴上的夹具**:加工时夹具随机床主轴一起旋转,刀具做进给运动。这类夹具除了各种卡盘、花盘、顶尖等通用夹具,还有根据加工需要而设计的芯轴以及其他专用夹具。
- **安装在床鞍上的夹具**:对某些尺寸较大或形状特殊的工件,通常将夹具安装在床鞍上,加工时夹具带动工件一起做进给运动,刀具则安装在车床的主轴上做旋转主运动。

安装在床鞍上的夹具在生产中应用很少,下面主要介绍安装在车床主轴上的夹具。常见的安装在车床主轴上的夹具有卡盘式车床夹具和角铁式车床夹具。

1. 卡盘式车床夹具

卡盘式车床夹具通常用一个以上的卡爪来装夹工件,多采用定心夹紧装置。使用卡盘式车床夹具的零件大都是回转体或对称零件,因此卡盘类车床夹具的结构基本上是对称的，转动时的平衡性较好。

卡盘式车床夹具按爪数的不同可分为两爪卡盘、三爪卡盘、四爪卡盘、六爪卡盘和特殊卡盘等，按动力的不同可分为手动卡盘、气动卡盘、液压卡盘、电动卡盘和机械卡盘等，按结构的不同可分为中空卡盘和中实卡盘等。

如图 5-18 所示为三爪自定心卡盘，它利用三个螺栓，通过盘体止口端面上的螺孔，将卡盘紧固在机床法兰上。将扳手插入任一方孔中转动，可使小锥齿轮带动大锥齿轮转动。大锥齿轮背面的平面螺纹与三个卡爪背面的螺纹相啮合，大锥齿轮转动时可通过螺纹带动三块卡爪同时做向心或离心运动，从而实现夹具的夹紧或松开。

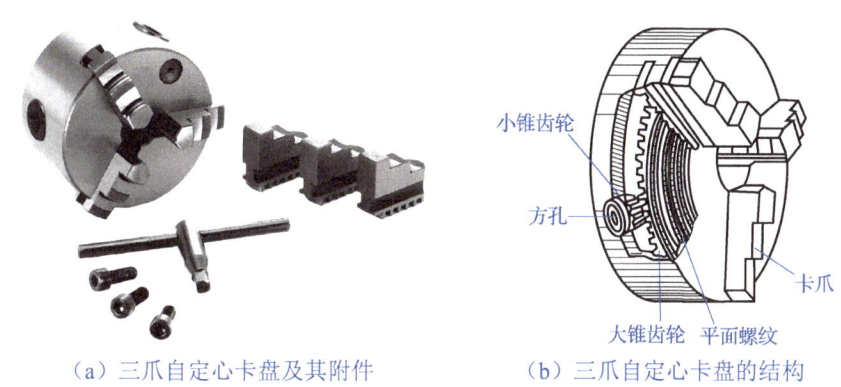

（a）三爪自定心卡盘及其附件　　（b）三爪自定心卡盘的结构

图 5-18　三爪自定心卡盘

三爪自定心卡盘的三个卡爪是同步运动的，能自动定心，工件在装夹后一般不需要找正，较为方便。但三爪自定心卡盘的夹紧力不大，因此仅适用于装夹外形规则的中小型工件。三爪自定心卡盘的卡爪有正、反两副，安装卡爪时，要按卡爪上的号码依顺序装配。

三爪自定心卡盘的正卡爪用于装夹外圆直径较小或内孔直径较大的工件，如图 5-19（a）和图 5-19（b）所示；反卡爪用于装夹外圆直径较大的工件，如图 5-19（c）所示。采用三爪自定心卡盘装夹较长的工件时，应在工件右端用尾座顶尖支撑，即采用"一顶一尖"的方法装夹，如图 5-19（d）所示。

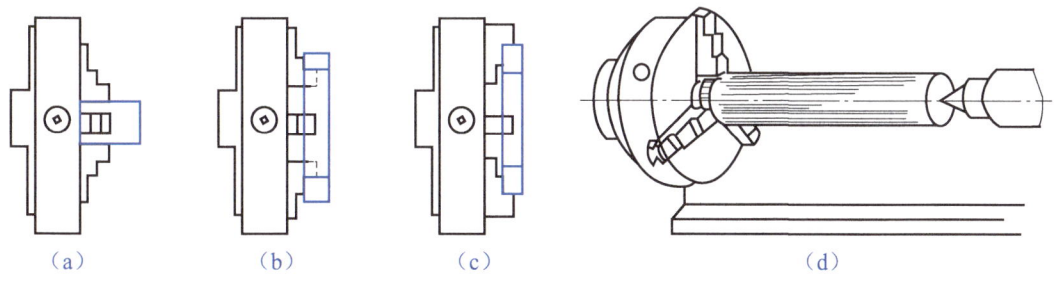

（a）　　　　（b）　　　　（c）　　　　　　　（d）

图 5-19　采用三爪自定心卡盘装夹工件的方法

2. 角铁式车床夹具

角铁式车床夹具的夹具体呈角铁状，其结构不对称，主要用于加工壳体、支座、杠杆和接头等零件的回转表面和端面。

如图 5-20 所示为用于加工轴承座内孔的角铁式专用车床夹具。工件以一面（底面）两孔为定位基准，通过夹具的定位支撑板、圆柱销和削边销定位，用两块压板将工件压紧。在制造、安装夹具时，可通过夹具体上的找正孔确定或找正相关位置。平衡块用于消除夹具转动时因结构不对称而出现的不平衡现象。

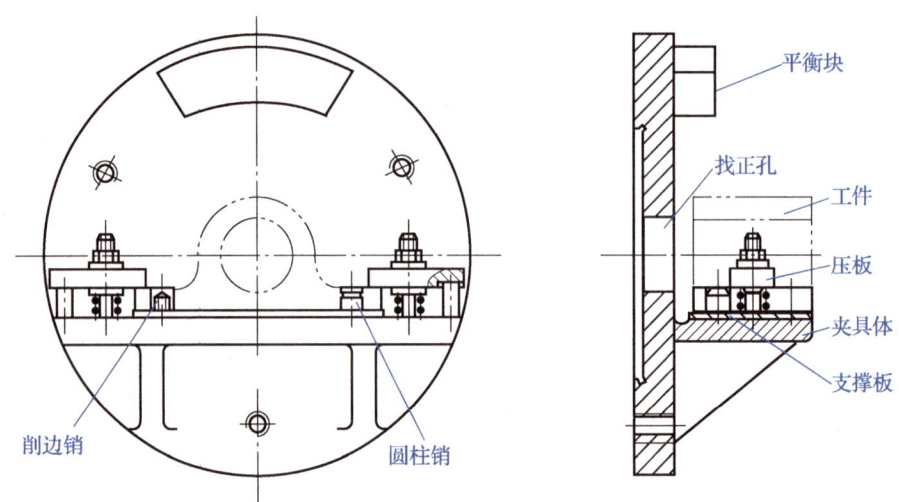

图 5-20　用于加工轴承座内孔的角铁式专用车床夹具

5.4.2　铣床夹具

铣削加工时，铣床夹具安装在工作台上并与其一起做进给运动。按铣削加工进给方式的不同，铣床夹具可分为直线进给铣床夹具、圆周进给铣床夹具和仿形进给铣床夹具等。

1. 直线进给铣床夹具

直线进给铣床夹具安装在铣床工作台上，加工中随工作台按直线进给方式运动。在铣床夹具中，这类夹具较常用。

按夹具上装夹工件数目的不同，直线进给铣床夹具可分为单件加工铣床夹具和多件加工铣床夹具。单件加工铣床夹具多在单件小批生产中使用，或用于加工尺寸较大的工件；多件加工铣床夹具广泛用于中小型零件的成批和大量生产。在批量较大的情况下，直线进给铣床夹具还可采用联动夹紧机构和气动、液压传动装置等，以进一步提高生产率。

如图 5-21 所示为直线进给铣床夹具，工件通过 V 形块和支撑套定位。转动手柄可带动偏心轮转动，使 V 形块移动，从而实现夹具的夹紧和松开。定向键与机床工作台上的 T 形槽相配合，在确定了夹具相对于机床的位置后，再用螺栓紧固。对刀块用于确定刀具的位置及方向。

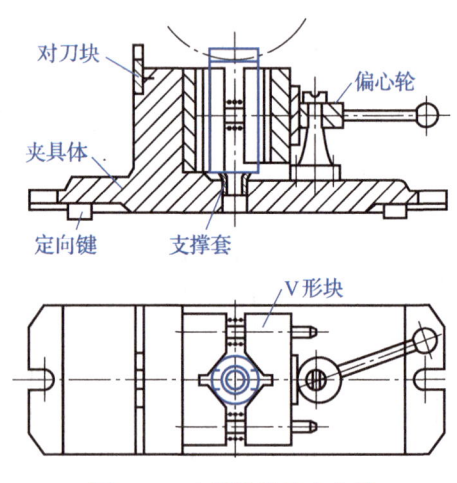

图 5-21　直线进给铣床夹具

2. 圆周进给铣床夹具

圆周进给铣床夹具主要用于有回转工作台的铣床或组合机床上。如图 5-22 所示，这类机床的工作台上一般设有多个工位，每个工位均装有一套夹具。加工时，夹具可随回转工作台旋转做连续的圆周进给运动，以将工件按顺序送入铣床的切削区域，并可在不停车的情况下装卸工件以进行连续切削。圆周进给铣床夹具可大大提高生产率，适用于大批大量生产。

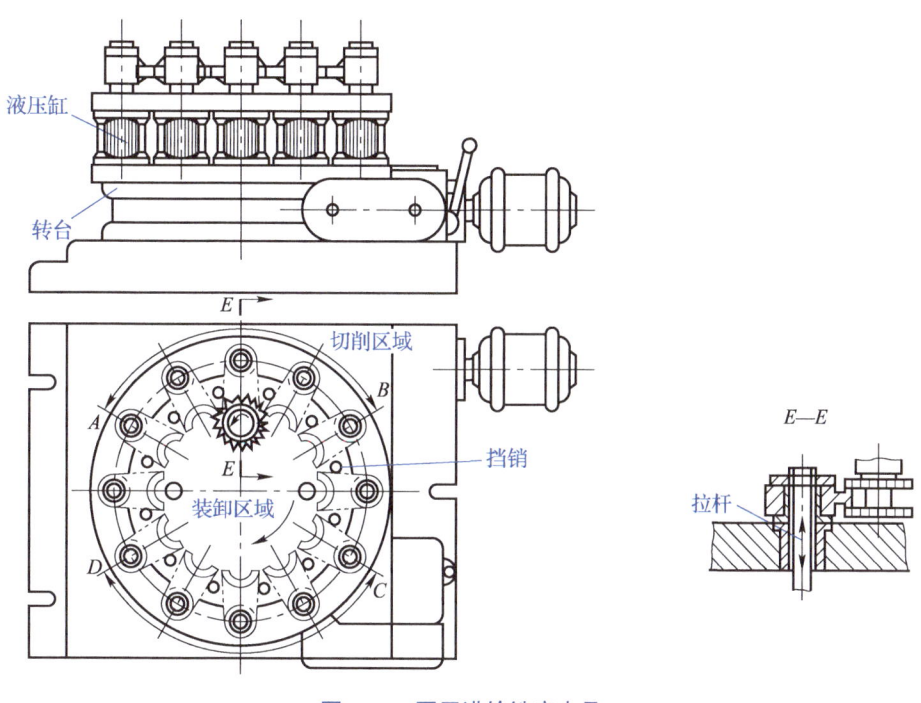

图 5-22 圆周进给铣床夹具

3. 仿形进给铣床夹具

仿形进给铣床夹具是指带有靠模的铣床夹具，用于在专用或通用铣床上加工各种非圆曲面。靠模的作用是使工件形成所需的辅助运动，并与主进给运动一同形成所需要的仿形铣削运动。按进给运动方式的不同，仿形进给铣床夹具可分为直线进给仿形铣床夹具和圆周进给仿形铣床夹具两种。仿形进给铣床夹具主要用于中小批生产。

📝 笔记

5.4.3 钻床夹具

钻床夹具除包含工件的定位、夹紧装置外，还装有钻套和钻模板，用于确定刀具的位置，并防止刀具在加工过程中偏移和倾斜，从而保证加工孔的位置精度。因此，钻床夹具通常称为钻模。

钻床夹具的种类繁多，根据钻模板的使用方式可分为固定式钻模、回转式钻模、翻转式钻模、盖板式钻模和滑柱式钻模五种类型。

1. 固定式钻模

固定式钻模常用于在立式钻床上加工单孔或在摇臂钻床上加工平行孔系，也可在多轴组合机床上加工孔系。采用固定式钻模加工工件时，钻模的位置固定不动，可获得较高的加工精度。

如图 5-23（a）所示为固定式钻模，用于加工图 5-23（b）所示杠杆工件上的 $\phi 10$ mm 孔。加工前，工件以 $\phi 30H7$ 孔及大端面为定位基准在定位销上定位，活动 V 形块将 $\phi 20$ mm 外圆对中，螺旋夹紧装置及开口垫圈将工件夹紧，$\phi 20$ mm 外圆下端使用辅助支撑。加工时，钻套引导钻头进行加工。

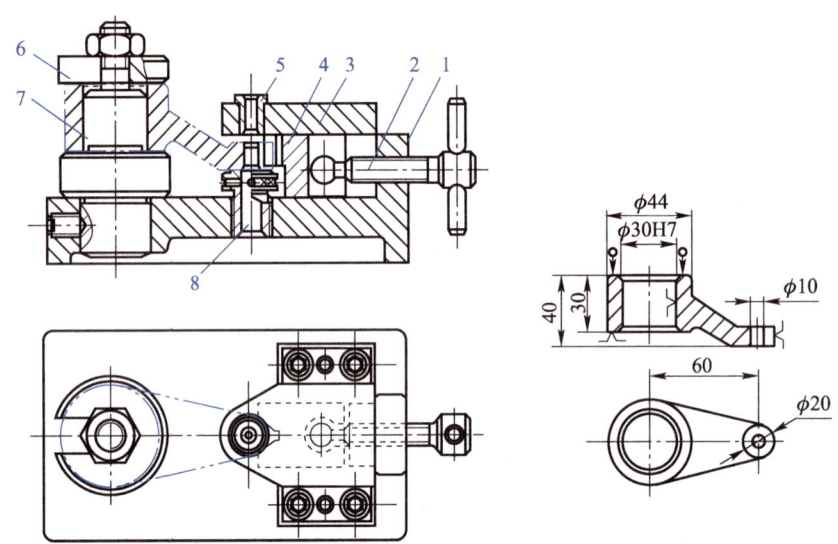

（a）固定式钻模　　　　　　（b）杠杆工件工序图

1—夹具体；2—固定手柄压紧螺钉；3—钻模板；4—活动 V 形块；5—钻套；
6—开口垫圈；7—定位销；8—辅助支撑。

图 5-23　固定式钻模及杠杆工件工序图

2. 回转式钻模

回转式钻模主要用于加工工件上同一圆周上的平行孔系，或加工分布在同一圆周上的径向孔系，它包括立轴回转、卧轴回转和斜轴回转三种形式。回转式钻模上有一套回转分度装置，只需要一次装夹便可依次加工工件上所有的孔。回转式钻模的回转分度装置多采用标准回转工作台，也可单独设计。回转式钻模使用方便，结构紧凑，在成批和大量生产中应用广泛。

如图 5-24（a）所示为立轴回转式钻模，用于加工图 5-24（b）所示法兰工件 φ70 mm 圆周上均匀分布的 6 个 φ10 mm 孔。工件以底面、φ30H7 孔及键槽侧面为定位基准，在定位盘、定位销及键上定位，通过螺母和开口垫圈夹紧。立轴回转式钻模通过定位盘上的衬套孔装在通用转台转盘中心的定位销上，用螺钉紧固。通过转台的回转分度，由钻套引导钻头，完成 6 个 φ10 mm 孔的加工。

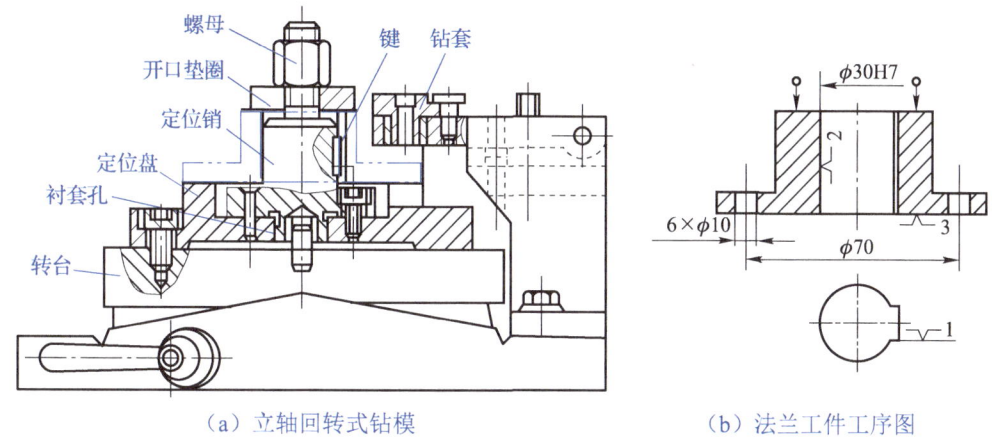

（a）立轴回转式钻模　　　　　　（b）法兰工件工序图

图 5-24　立轴回转式钻模及法兰工件工序图

3．翻转式钻模

翻转式钻模用于加工分布在小型工件不同表面上的孔。这类钻模没有固定的回转轴，一般与工件一起在机床工作台上通过人工翻转。为减轻工人劳动强度，一般将夹具连同工件的总质量限制在 10 kg 以内。翻转式钻模可减少工件的装夹次数，提高工件上各孔之间的相对位置精度。

如图 5-25 所示为翻转式钻模，用于加工套筒工件圆柱面上的 4 个径向小孔。套筒工件以端面和孔在定位销上定位，通过螺母和开口垫圈夹紧，由钻套引导钻头进行加工。钻完一组孔后将钻模翻转，可继续钻另一组孔。

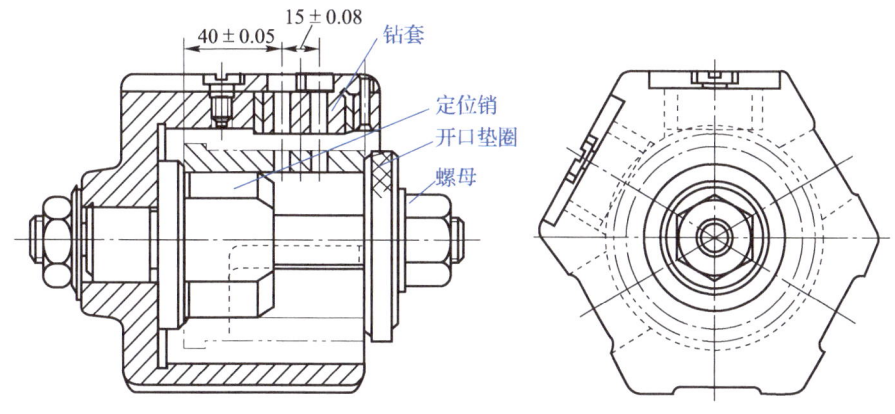

图 5-25　翻转式钻模

4. 盖板式钻模

盖板式钻模主要用于加工大型工件上的多个平行小孔。这类钻模实质上是一块钻模板，它没有夹具体，除钻套外一般还配有定位元件和夹紧机构。工作时，将盖板式钻模覆盖在工件上，定位夹紧后即可进行加工。盖板式钻模结构简单轻巧，制造方便，成本低，切屑易于清除，加工的孔的位置精度较高。

如图 5-26 所示为盖板式钻模，用于加工车床溜板箱工件上的多个小孔。它以圆柱销和削边销在车床溜板箱工件两孔中定位，靠支撑钉支撑在工件的上表面。当钻模板较重，加工的孔又较小时，可不进行夹紧。

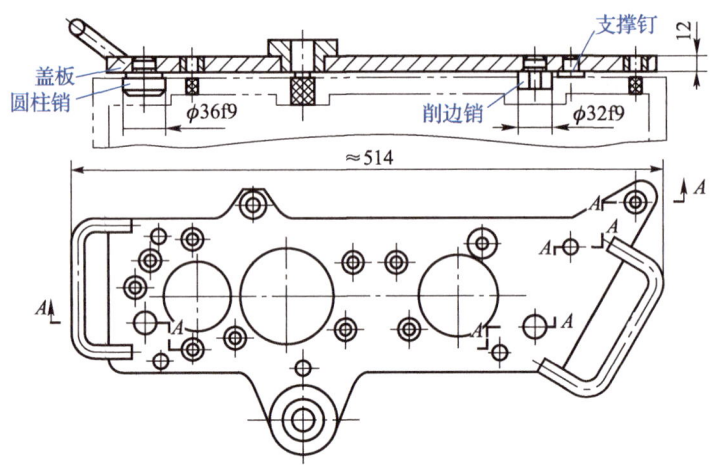

图 5-26　盖板式钻模

5. 滑柱式钻模

滑柱式钻模是带有可升降钻模板的通用可调夹具。它的结构已标准化和规格化，具有不同的系列，只需要根据工件加工要求设计制造定位、夹紧装置和钻套等即可使用。滑柱式钻模装卸工件迅速，操作方便，在生产中应用广泛，但其钻孔的垂直度和孔距精度不太高，通常用于中等精度的孔和孔系的加工。

如图 5-27 所示为手动滑柱式钻模，其钻模板通过导杆与夹具体的导孔相连。转动操作手柄，斜齿轮将带动斜齿条轴移动，即可使钻模板实现升降。

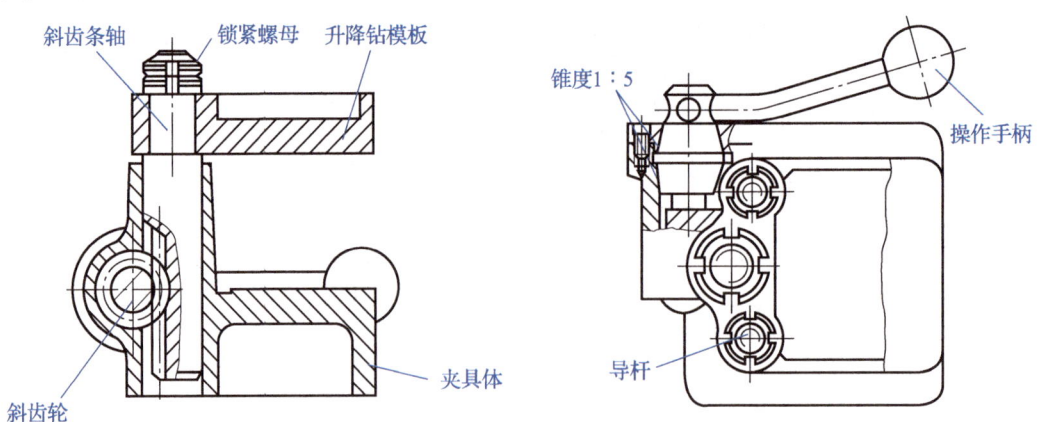

图 5-27　手动滑柱式钻模

5.4.4 镗床夹具

与钻模相似,镗床夹具采用镗套作为引导元件,故镗床夹具又称镗模。镗模主要用于加工箱体、支座等零件上的孔或孔系,它可不受镗床精度的影响而加工出有较高精度的孔。镗模不仅广泛用于镗床和组合机床上,也可在通用机床(如车床、铣床和摇臂钻床等)上加工有较高精度要求的孔及孔系。

按镗套布置形式的不同,镗模可分为单支撑引导镗模和双支撑引导镗模两类。

1. 单支撑引导镗模

单支撑引导镗模中只有一个镗套作引导元件,镗杆与机床主轴刚性连接。使用这类镗模加工时,主轴的回转精度会影响镗孔精度。单支撑引导镗套的引导方式主要有单支撑前引导和单支撑后引导两种。

1)单支撑前引导镗模

如图 5-28(a)所示为单支撑前引导镗模,其镗套位于镗杆前端,主要用于加工孔径 $D > 60$ mm、加工长度 $l < D$ 的通孔。一般镗杆的引导部分直径 $d < D$。由于引导部分直径不受加工孔径大小的影响,故在多工步加工时可不更换镗套。

2)单支撑后引导镗模

如图 5-28(b)所示为单支撑后引导镗模,其镗套位于刀具后端,主要用于加工孔径 $D < 60$ mm 的通孔或盲孔。

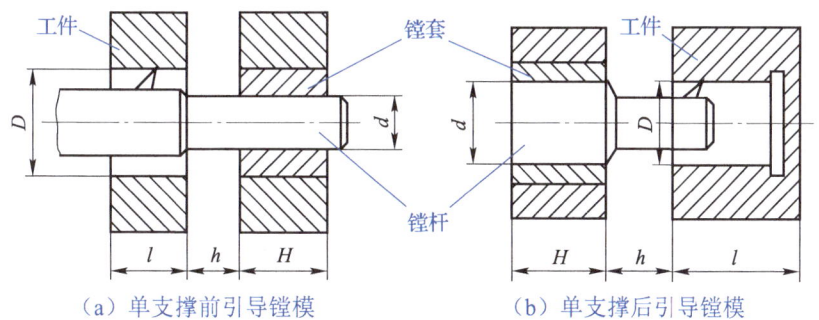

(a)单支撑前引导镗模 (b)单支撑后引导镗模

图 5-28 单支撑引导镗模

为了便于排屑、更换刀具以及装卸和测量工件等,单支撑引导镗模的镗套和工件之间的距离 h 一般为 20~80 mm,常取 $h = (0.5 \sim 1)D$。

2. 双支撑引导镗模

双支撑引导镗模中有两个镗套作引导元件,镗杆与机床主轴采用浮动连接,镗孔的位置精度取决于镗套的精度,与机床主轴的回转精度无关。双支撑引导镗模的引导方式主要有前后双支撑引导和双支撑后引导两种。

1)前后双支撑引导镗模

如图 5-29(a)所示为前后双支撑引导镗模,其两个支撑分别在刀具的前方和后方。这种支撑形式适用于加工孔径较大、孔的长径比 $l/D > 1.5$ 的通孔或孔系。其加工精度较高,但更换刀具不方便。当工件同一轴线上孔数较多,且两支撑之间的距离 $L > 10d$ 时,在镗模处应增加中间支撑,以提高镗杆的刚度。

2）双支撑后引导镗模

如图 5-29（b）所示为双支撑后引导镗模，其两个支撑设在刀具的后方。这种支撑形式便于装卸工件和刀具，也便于观察和测量。双支撑后引导镗模的适用性与单支撑后引导镗模的相似。为保证引导精度，一般应使 $L_1 < 5d$，$L_2 > 1.25L_1$。

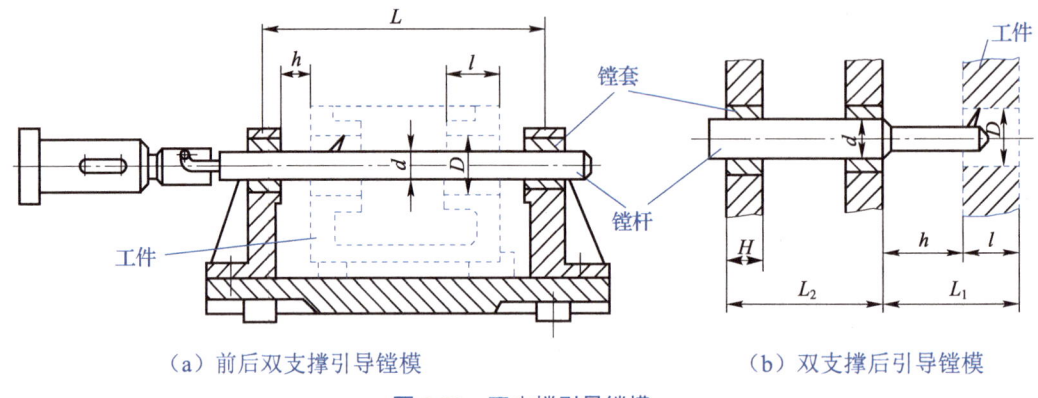

（a）前后双支撑引导镗模　　　　　　（b）双支撑后引导镗模

图 5-29　双支撑引导镗模

> 📝 笔记

5.5　夹具的设计

夹具设计得是否合理，直接影响工件的质量、生产率和加工成本。只有正确运用夹具设计的基本原理和知识，掌握夹具设计的方法，才能设计出符合生产要求的夹具。

5.5.1　夹具设计的基本要求

设计夹具时必须满足下列基本要求。

1. 保证工件加工的各项技术要求

保证工件加工的各项技术要求是设计夹具最基本的要求，其关键在于正确确定定位方案、夹紧方案和刀具引导方式，合理选用和设计定位元件、夹紧装置和对刀与引导元件等，确定合理的尺寸、精度等技术要求，必要时还需要进行定位误差的分析计算。

2. 提高生产率和降低生产成本

夹具的复杂程度应与生产类型相适应，尽量选择快速高效的夹紧装置，以缩短辅助时间，提高生产率，降低生产成本。

3. 结构工艺性能好

夹具的结构应力求简单、合理，便于制造、装配、调整、检验、维修等。

4．使用性能好

夹具的操作应简便、省力、安全可靠。在条件允许的情况下，应尽可能采用气动、液压等自动化夹紧装置，以减轻操作者的劳动强度。

5．经济性好

在设计夹具时，应尽可能采用标准元件和标准结构，尽量使结构简单、制造容易，以缩短设计制造周期，降低成本。

5.5.2　夹具的设计方法和步骤

工艺人员在设计零件的工艺规程时，便会提出相应的夹具设计任务，经有关部门批准后将夹具设计任务书下达给设计人员，设计人员根据任务书对夹具进行设计，具体方法和步骤如下。

1．研究原始资料，明确设计任务

在接到夹具设计任务书后，首先应分析研究工件的结构特点、材料、生产类型、本工序的加工要求以及前后工序的联系，然后了解加工所用设备和辅助工具中与设计夹具有关的技术性能和规格，了解生产部门制造夹具的技术能力。必要时还要了解同类工件的加工方法和使用夹具的情况，作为设计的参考。

2．确定夹具的结构方案，绘制结构草图

确定夹具的结构方案时，主要解决以下问题。

（1）确定工件定位方案，选取或设计定位元件。

（2）确定刀具的对刀和引导方式，选取或设计对刀与引导元件。

（3）确定夹紧方案，设计夹紧机构或装置。

（4）确定夹具体及其他部分的结构形式，如分度装置、定向键等。

（5）绘制结构草图，调整各元件、装置的布局，确定夹具体的总体结构和尺寸。

绘制结构草图时，要先绘出一些准备性的草图。例如，绘制主要部分或重要部分的结构详图，以确定各元件的形状和尺寸以及各元件之间的连接方式，标注必要的尺寸、公差配合和技术要求等，同时确定视图的数量、剖面位置以及布图方式。必要时还要做加工精度的分析和估算、夹紧力的估算、经济分析等。对于夹具的总体结构，最好设计几个方案，以便进行分析、比较和优选。

3．绘制夹具装配图

在夹具结构草图经过讨论审定之后，即可开始绘制夹具装配图。绘制夹具装配图应遵循国家制图标准，为使夹具装配图具有良好的直观性，绘图比例一般取1∶1。当工件过大或过小时，可按制图比例缩小或放大。此外，总图上的主视图应尽量选取正对操作者的工作位置，在完整地表示出夹具工作原理和构造的基础上，总图上的视图数量要尽量少。

绘制夹具装配图可按以下顺序进行。

（1）用双点画线（或红色细实线）画出工件的外形轮廓、定位基准面、夹紧表面和加工表面。加工表面上的加工余量可用网纹线（或粗线）表示。

（2）将总图上的工件视作一个透明体，围绕工件的几个视图依次绘出定位元件、对刀与引导元件、夹紧装置等，然后绘制夹具体及连接元件。

（3）标注有关尺寸、公差、技术要求等。
（4）对零件进行编号，编写标题栏和零件明细表。

4. 绘制夹具零件图

夹具中的非标准零件都需要绘制零件图。在确定这些零件的尺寸公差和技术条件时，应注意使其满足夹具装配图的要求。

夹具设计图全部绘制完毕后，设计工作并不就此结束，因为所设计的夹具还有待于实践的验证。由于夹具在试用后可能还要对原设计做必要的修改，因此设计人员应关注夹具的制造和装配环节，参与鉴定工作并了解使用情况，以便发现问题及时改进。夹具制造出来并使用合格才算完成了设计任务。

5.5.3 夹具装配图技术要求的制订

1. 夹具装配图应标注的尺寸和公差

一般情况下，在夹具装配图上应标注以下五种基本尺寸。

（1）夹具外形轮廓尺寸。夹具外形轮廓尺寸是指夹具的长、宽、高等尺寸。若夹具上有可动部分，则应用双点画线画出其最大活动范围，或标出可动部分的尺寸范围。

（2）工件与定位元件之间的联系尺寸。工件与定位元件之间的联系尺寸包括工件与定位元件的配合尺寸和公差，以及定位元件之间的尺寸和公差。

（3）夹具与刀具的联系尺寸。夹具与刀具的联系尺寸主要是指刀具与对刀元件或引导元件之间的尺寸和公差。

（4）夹具与机床连接部分的尺寸。夹具与机床连接部分的尺寸主要是指夹具安装基准面与机床配合表面之间的尺寸和公差，用于确定夹具在机床上的位置。对于车床夹具和磨床夹具，主要是指夹具与机床主轴端的配合尺寸；对于铣床夹具和刨床夹具，则是指夹具上的定位键与机床工作台T形槽的配合尺寸。标注这类尺寸时，常以定位元件为基准。

（5）其他装配尺寸。其他装配尺寸主要是指夹具各组成部分的配合尺寸，如定位元件、对刀与引导元件、分度装置及安装基准面相互之间的尺寸、公差和相对位置精度要求等。

2. 夹具精度的确定

确定夹具尺寸精度的总原则是：在满足工件加工要求的前提下，尽量降低对夹具制造精度的要求。与工件尺寸有关的夹具公差，通常取工件上相应加工尺寸公差的 $1/3 \sim 1/2$。

当工件的加工尺寸未标注公差时，夹具上相应的尺寸公差取 ± 0.1 mm，角度公差取 $\pm 10'$（要求严格的取 $\pm 1' \sim \pm 5'$）。在具体选取时，要结合生产类型和工件的加工精度等因素综合考虑：当工件生产批量较大、加工精度要求较高时，相应的夹具公差取小值；反之，取大值。

为保证工件的加工精度，应使与工件尺寸有关的夹具公差处在工件相应尺寸公差带的中间。因此，夹具中与工件尺寸有关的夹具公差应双向对称分布，其基本尺寸应为工件相应尺寸的平均值。例如，若工件的尺寸和公差为 $30^{+0.3}_{0}$ mm，则应化为 30.15 mm ± 0.15 mm，根据此数值，夹具上相应的基本尺寸取 30.15 mm，夹具的尺寸公差可取 ± 0.07 mm。

与工件的加工精度要求无直接联系的夹具公差，可参照有关手册标注。

3. 夹具技术条件的确定

在设计夹具时,夹具中与各元件表面之间的相对位置精度有关的要求,通常称为技术条件,它一般包括以下几个方面。

(1) 定位元件之间的相对位置精度要求。

(2) 定位元件与连接元件或找正基准面之间的相对位置精度要求。

(3) 对刀(或引导)元件与连接元件或找正基准面之间的相对位置精度要求。

(4) 定位元件与对刀(或引导)元件之间的相对位置精度要求。

(5) 各引导元件之间的相对位置精度要求。

若夹具的技术条件与工件的加工要求直接相关,则位置误差的值可按工件加工技术条件规定数值的 1/5~1/2 选取;若夹具的技术条件与工件的加工要求无直接关系,则位置误差的值可通过查阅有关手册确定。

笔记

项目实施——编制钻模的设计方案

1. 分析零件的工艺过程和工序的加工要求,明确设计任务

该钻孔工序是在 Z525 型立式钻床上用钻头进行加工的。由于 $\phi 5$ mm 孔为通孔,其直径尺寸由钻头外径保证,孔的轴线与基准面 B 的距离尺寸 20 ± 0.1 mm 通过夹具保证。

由图 5-1 可知,该工序的定位基准面为端面 B 和 $\phi 20_{\ 0}^{+0.021}$ mm 孔。

2. 确定夹具的结构方案

1) 定位方案及定位元件尺寸的确定

(1) 定位方案的确定。

定位方案如图 5-30(a) 所示,采用一台阶面加一芯轴定位。芯轴限制工件 $\overline{y}$、$\overline{z}$、$\hat{y}$ 和 $\hat{z}$ 四个自由度,台阶面限制 $\overline{x}$、$\hat{y}$ 和 $\hat{z}$ 三个自由度,所以上述两个定位元件重复限制了 $\hat{y}$ 和 $\hat{z}$ 两个自由度,属于过定位。但由于工件定位端面 B 与定位孔 $\phi 20_{\ 0}^{+0.021}$ mm 均已经过精加工,其垂直度要求较高,且定位芯轴和台阶端面的垂直度也能满足要求,因此,这种过定位是允许的。

注意,应铣平定位芯轴与工件上 $\phi 5$ mm 孔接触的部位,以避免钻孔时钻头触碰到定位芯轴。

(2) 定位元件尺寸的确定。

取定位孔 $\phi 20^{+0.021}_{0}$ mm 的直径最小值为定位芯轴的基本尺寸。由于需要加工的 $\phi 5$ mm 孔表面粗糙度 Ra 为 6.3 μm，精度一般，查阅夹具手册，芯轴与孔可采用配合 H7/g6，则芯轴的直径和公差为 $\phi 20^{-0.007}_{-0.02}$ mm。

查阅夹具手册，定位元件与夹具体的连接可采用过盈配合 H7/r6。

2）钻套类型及尺寸的确定

为了确定刀具相对于工件的位置，夹具上应设置钻套作为引导元件。由于只需要加工 $\phi 5$ mm 孔，且生产批量不大，所以可采用固定钻套，如图 5-30（b）所示。将钻套安装在钻模板上，钻模板采用固定式钻模板。

由于所加工孔的精度为 IT9 级，低于 IT8 级，经查阅有关手册，钻套其他尺寸如下。

(1) 钻套与钻模板的配合尺寸。

钻套内孔可按 F8 或 G7 加工，取钻套的内孔直径尺寸 d 为 $\phi 5$F8，钻套外径取 $\phi 10$ mm，钻套与钻模板的配合取 H7/r6。

(2) 钻套的引导高度。

钻套的引导高度 $H = (1 \sim 2.5)d = (1 \sim 2.5) \times 5 = 5 \sim 12.5$ (mm)，由于所加工孔的加工精度要求一般，故钻套的引导高度可取中间值，即 $H = 10$ mm。

(3) 钻套与工件之间的排屑间隙。

钻套与工件之间的排屑间隙 $h = (1/3 \sim 1)D = (1/3 \sim 1) \times 5 = 5/3 \sim 5$ (mm)，由于所加工零件材料（Q235A 钢）的塑性及韧性较大，为便于排屑，钻套与工件之间的排屑间隙取最大值 $h = 5$ mm。

3）夹紧装置的确定

由于工件较小，且生产批量不大，为使夹具结构简单，工件装卸迅速、方便，可采用如图 5-30（c）所示带开口垫圈的手动螺旋夹紧装置。

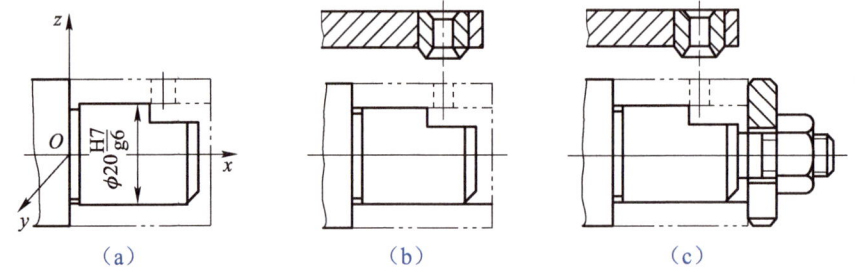

图 5-30 缸套的定位、引导及夹紧方案

4）夹具体的确定

夹具体的设计应通盘考虑，使各组成部分通过夹具体有机地联系起来，形成一个完整的夹具。

3. 夹具装配图设计

绘制夹具装配图并标注有关尺寸、公差配合和技术条件。如图 5-31 所示为缸套钻孔夹具装配图。该缸套钻孔夹具由盘 1 和套 2 组成；定位芯轴 3 安装在盘 1 上，用防转销钉 10 保证定位芯轴的缺口朝上,套 2 兼作钻模板;盘 1 和套 2 采用三个螺钉紧固。此方案制造周期短,成本低,钻模刚度高,质量小。

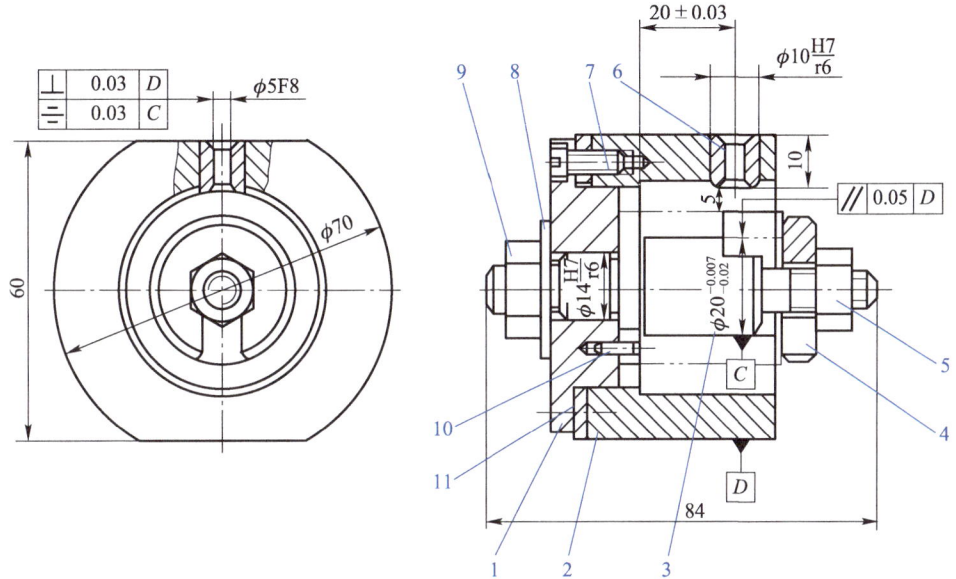

1—盘；2—套；3—定位芯轴；4—开口垫圈；5—夹紧螺母；6—固定钻套；
7—螺钉；8—垫圈；9—锁紧螺母；10—防转销钉；11—调整垫圈。

图 5-31 缸套钻孔夹具装配图

1) 夹具装配图上应标注的尺寸及公差配合

(1) 夹具的外形轮廓尺寸 $\phi 70\,\text{mm} \times 84\,\text{mm} \times 60\,\text{mm}$。

(2) 定位芯轴的尺寸 $\phi 20_{-0.02}^{-0.007}\,\text{mm}$。

(3) 固定钻套的内孔直径 $\phi 5F8$,引导高度 10 mm,与工件之间的排屑间隙 5 mm。

(4) 其他配合尺寸,如定位元件与夹具体的配合尺寸 $\phi 14H7/r6$。

2) 夹具装配图上应标注的技术要求

(1) 加工孔的中心线对基准 C 的对称度公差为 0.03 mm。

(2) 加工孔的中心线对基准 D 的垂直度公差为 0.03 mm。

(3) 定位芯轴中心线对基准 D 的平行度公差为 0.05 mm。

笔记

项目考核

1. 填空题

（1）夹具是指机械加工过程中对工件进行_____，并对刀具进行_____、引导的工艺装备。

（2）夹具的功用主要有：保证加工精度、提高生产率、_____和减轻劳动强度。

（3）夹具通常由_____、夹紧装置、_____、连接元件、夹具体、其他装置或元件组成。

（4）造成定位误差的原因主要有_____和_____两方面。

（5）夹紧装置主要由力源装置、_____和_____组成。

2. 选择题

（1）下列不属于工艺基准的是（   ）。
  A．定位基准　　　　　B．工序基准　　　C．测量基准　　　D．设计基准

（2）下列不可用于平面定位的是（   ）。
  A．球头支撑钉　　　　B．定位销　　　　C．平头支撑钉　　D．支撑板

（3）工件在夹具中的定位情况不包括（   ）。
  A．完全定位　　　　　B．不完全定位　　C．自动定位　　　D．欠定位

（4）下列不属于夹紧力需要确定要素的是（   ）。
  A．大小　　　　　　　B．平衡点　　　　C．方向　　　　　D．作用点

（5）下列不属于夹具技术条件的是（   ）。
  A．各定位元件之间的相对位置精度要求
  B．定位元件与连接元件或找正基准面之间的相对位置精度要求
  C．定位元件与对刀（或引导）元件之间的相对位置精度要求
  D．夹紧元件与连接元件或找正基准面之间的相对位置精度要求

3. 判断题

（1）不完全定位中所限制的自由度数量少于六个是不允许的。　　　　（   ）

（2）是否允许过定位，应根据具体情况分析确定。　　　　　　　　　（   ）

（3）当工序基准变动方向与加工尺寸方向相反时，基准不重合误差等于定位尺寸误差。
　　　　　　　　　　　　　　　　　　　　　　　　　　　　　　　（   ）

（4）三爪自定心卡盘能自动定心，工件装夹后一般不需要找正。　　　（   ）

（5）盖板式钻模没有夹具体，除钻套外一般还配有定位元件和夹紧机构。（   ）

4. 问答题

（1）简述六点定位原理的含义。

（2）简述夹具设计的基本要求。

项目评价

指导教师根据学生对本项目的实际学习成果对其进行评价,学生配合指导教师共同完成如表 5-3 所示的学习成果评价表。

表 5-3 学习成果评价表

班级		组号		日期	
姓名		学号		指导教师	
项目名称		机床夹具			
评价项目	评价内容		评价方式	分值/分	评分/分
知识 (40%)	夹具的功用、分类和组成		理论测试	4	
	工件在夹具中的定位			8	
	工件在夹具中的夹紧			8	
	常见的夹具			12	
	夹具的设计方法			8	
技能 (40%)	能根据零件加工技术要求选择夹具		实践操作	20	
	能设计中等复杂零件一道工序的专用夹具			20	
素养 (20%)	认真参加教学活动,积极学习和思考		综合评判	5	
	高效完成学习和实践任务			5	
	服从指挥,遵守课堂纪律			5	
	团结合作,具有创新思维			5	
合计				100	
自我评价					
指导教师评价					

项目 6　机械加工工艺规程设计

项目导读

具有同样技术要求的产品，通常可通过不同的工艺过程来制造。人们将较合理的工艺过程及有关内容用文件的形式固定下来，形成工艺规程，以指导产品生产和工人操作。工艺规程是机械制造技术文件的主要组成部分，它是企业计划、组织和指导生产的基本依据，对保证产品质量、提高生产率和降低生产成本起着重要作用。本项目主要介绍机械加工工艺规程的基础知识及设计方法。

知识目标

- 掌握机械加工工艺规程的形式及作用。
- 掌握机械加工工艺规程设计的原则和步骤。
- 掌握零件工艺性的分析方法和毛坯的选择方法。
- 掌握工艺路线的拟定方法。
- 掌握加工余量和工序尺寸的确定方法。
- 掌握工艺尺寸链的基本知识。
- 掌握建立、计算和应用工艺尺寸链的方法。
- 掌握机床设备和工艺装备的选择方法。
- 了解时间定额及提高生产率的工艺措施。

技能目标

- 能设计中等复杂零件的机械加工工艺规程。
- 能初步分析解决生产中的一般工艺问题。

素质目标

- 弘扬爱岗敬业、忠于职守的事业精神。
- 提高逻辑严谨性、思维缜密性和问题分析能力。

项目 6 机械加工工艺规程设计

项目描述

工艺规程是连接产品设计和制造的桥梁,掌握机械加工工艺规程的设计方法,统筹分析机械加工过程各方面的影响因素,安排最优工艺路线,是实现产品低耗、高效、快速制造的重要方法。

如图 6-1 所示为减速器传动轴,它在工作时要传递转矩。该轴采用的材料为 45 钢,热处理方法为调质 28~32 HRC,生产类型为中批生产。请对该传动轴的工艺过程进行分析,设计机械加工工艺规程并编制机械加工工艺卡片。

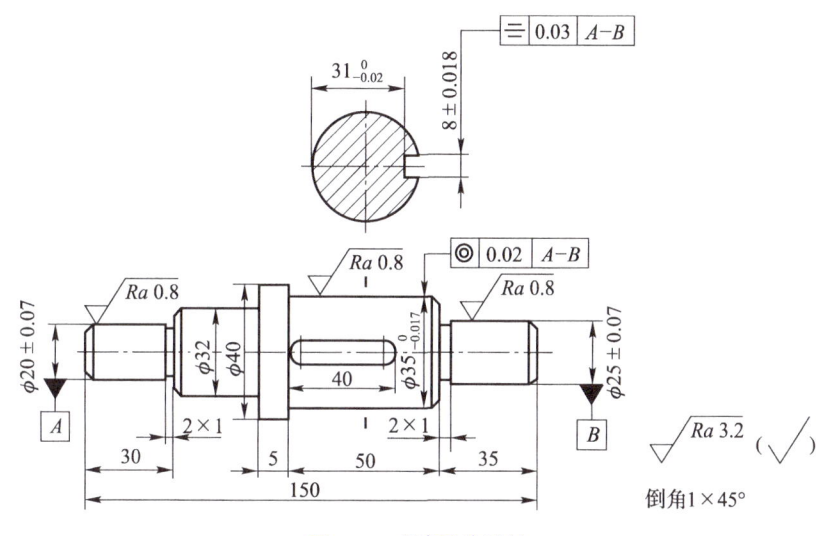

图 6-1 减速器传动轴

相关知识

6.1 机械加工工艺规程概述

工艺规程是指用文字、图表和其他载体形式,规定产品或零部件制造工艺过程和操作方法等的工艺文件,是一切与产品生产有关的人员都应严格执行、认真贯彻的纪律性文件。

按产品或零部件制造工艺过程的不同,工艺规程有毛坯制造、机械加工、热处理、表面处理及装配等多种类型,不同类型的工艺规程所包括的内容不同。其中,机械加工工艺规程包括零件加工的工艺路线、各工序的具体内容以及所用的设备和工艺装备、工件的检验项目及检验方法、切削用量、时间定额等。

6.1.1 机械加工工艺规程的形式

零部件的加工难度和生产类型不同,其工艺过程的复杂程度不同,机械加工工艺规程的形式也就不同。通常，机械加工工艺规程的形式有机械加工工艺过程卡片（见表 6-1）、机械加工工艺卡片（见表 6-2）、机械加工工序卡片（见表 6-3）。此外，对于自动、半自动机床上完成的工序，还需要有机床调整卡片；对于检验工序，还需要有检验工序卡片等。

表 6-1 机械加工工艺过程卡片

（工厂名）	机械加工工艺过程卡片		产品型号		零件图号			
			产品名称		零件名称		共 页	第 页
材料牌号		毛坯种类		毛坯外形尺寸		每毛坯可制件数	每台件数	备注
工序号	工序名称	工序内容		车间	工段	设备	工艺装备	工时 准终 / 单件
						设计（日期）	校对（日期）	审核（日期）	标准化（日期）	会签（日期）
标记	处数	更改文件号	签字	日期	标记	处数	更改文件号	签字	日期

表 6-2 机械加工工艺卡片

（工厂名）	机械加工工艺卡片			产品型号		零件图号				
				产品名称		零件名称			共 页	第 页
材料牌号		毛坯种类		毛坯外形尺寸		每毛坯可制件数		每台件数		备注
工序	安装	工步	工序内容	同时加工数	工艺参数				设备	工艺装备	工时 准终 / 单件
					主轴转速/ (r·min^{-1})	切削速度/ (m·min^{-1})	进给量/ (mm·r^{-1})	切削深度/ mm			
									设计（日期）	校对（日期）	审核（日期）	标准化（日期）	会签（日期）
标记	处数	更改文件号	签字	日期	标记	处数	更改文件号	签字	日期

项目6 机械加工工艺规程设计

表 6-3 机械加工工序卡片

(工厂名)	机械加工工序卡片	产品型号		零件图号			共 页	第 页
		产品名称		零件名称				
工艺简图:		车间	工序号	工序名称		材料编号		
		毛坯种类	毛坯外形尺寸		每件毛坯可制件数		每台件数	
		设备名称	设备型号		设备编号		同时加工数	
		夹具编号		夹具名称		切削液		
		工位器具编号		工位器具名称		工序工时		
						准终		单件

工步号	工步名称	工步内容	工艺装备	主轴转速/(r·min⁻¹)	切削速度/(m·min⁻¹)	进给量/(mm·r⁻¹)	切削深度/mm	进给次数	工步工时 机动	辅助

设计(日期)	校对(日期)	审核(日期)	标准化(日期)	会签(日期)

标记	处数	更改文件号	签字	日期	标记	处数	更改文件号	签字	日期

1. 机械加工工艺过程卡片

机械加工工艺过程卡片是指以工序为单位,用于简要说明产品或零部件加工过程的一种工艺文件。在简单零件的单件小批生产中,通常不编制其他较为详细的工艺文件,而以这种卡片指导生产。

2. 机械加工工艺卡片

机械加工工艺卡片是指以工序为单位,详细说明产品或零部件机械加工工艺过程的一种工艺文件。机械加工工艺卡片可用于指导工人生产,帮助管理人员和技术人员掌握整个零件加工的过程,适用于成批生产及复杂零件的单件小批生产。

3．机械加工工序卡片

在大批大量生产中，除了较详细的机械加工工艺卡片，零件的加工还要编制机械加工工序卡片。机械加工工序卡片是指在机械加工工艺过程卡片的基础上，按某道工序内容编制的一种工艺文件。它一般含有工艺简图，并详细说明该工序每个工步的加工内容、工艺参数、操作要求，以及所用设备和工艺装备等。

6.1.2 机械加工工艺规程的作用

机械加工工艺规程的作用可概括为以下三点。

（1）机械加工工艺规程是指导生产的主要技术文件。工厂或车间的生产计划和调度、工人的操作、加工质量的检验、生产成本的核算等，都是以机械加工工艺规程为依据的。处理生产中的问题也常以机械加工工艺规程作为共同依据。例如，处理质量事故时，应按机械加工工艺规程来确定各有关单位、人员的责任。

（2）机械加工工艺规程是生产准备工作的基本依据。产品投产前，应根据机械加工工艺规程进行相关生产准备工作。例如，原材料的调配、通用工艺装备的准备、专用工艺装备的设计和制造、作业计划的编排和工人的组织等。

（3）机械加工工艺规程是新建或扩建工厂或车间的基本资料。新建或扩建工厂或车间时，应根据机械加工工艺规程来确定所需设备的品种、规格、数量及在车间的布置，并由此确定车间的面积，辅助部门的编制，以及工人的工种、等级及数量等。

6.1.3 机械加工工艺规程设计的原则

机械加工工艺规程设计应遵循以下原则。

（1）应保证产品加工质量达到设计图样上规定的各项技术要求，这是设计机械加工工艺规程首先考虑的问题。

（2）在保证产品加工质量的前提下，应尽可能提高生产率，减少能源和材料消耗，降低生产成本。

（3）在充分利用现有生产条件的基础上，应尽可能采用国内外先进工艺技术和经验。

（4）尽可能减轻工人的劳动强度，保证生产安全，创造良好、文明的工作条件，并避免污染环境。

（5）机械加工工艺规程应做到正确、完整、统一和清晰，其编号以及所用术语、符号、计量单位和代号等都要符合相应标准。

6.1.4 机械加工工艺规程设计的步骤

机械加工工艺规程设计的步骤通常包括以下几个方面。

（1）分析零件的工艺性，选择毛坯。分析零件的工艺性主要包括分析和审查产品的零件图和装配图，分析零件的结构工艺性等。选择毛坯是指依据零件在产品中的作用、零件的生产纲领和结构特点，确定毛坯的种类、制造方法、尺寸和精度等。

（2）拟定工艺路线。拟定工艺路线是机械加工工艺规程设计的核心内容，它包括选择定位基准、确定加工方法、划分加工阶段、安排加工顺序、组合工序内容等。必要时还应对不同的加工方案进行技术经济分析。

（3）设计加工工序。设计加工工序包括确定加工余量，确定工序尺寸及其公差，选择机床设备、工艺装备和切削用量，确定时间定额等。

（4）填写工艺文件。

6.2 零件工艺性分析和毛坯的选择

6.2.1 零件工艺性分析

1. 分析和审查产品的零件图和装配图

在设计机械加工工艺规程时，首先应对产品的零件图和装配图进行分析，熟悉产品的用途、性能及工作条件，明确零件在产品中的位置和功用，找出主要的技术要求和关键的加工内容，以便采取适当的措施，对零件的各项设计要求加以保证。同时，还要审查图样的完整性和正确性，对错误和遗漏提出修改意见。

2. 分析零件的结构工艺性

零件的结构工艺性是指零件在满足设计功能和精度要求的前提下，制造的可行性和经济性。它体现在毛坯制造、热处理、切削加工和装配等生产阶段，而且不同的生产类型和生产条件对零件的结构工艺性要求不同。因此，零件的结构工艺性必须根据具体的条件进行全面综合分析。

在设计机械加工工艺规程时，零件的结构工艺性主要从切削加工的角度进行分析，其基本要求如下。

（1）尺寸公差、几何公差和表面粗糙度的要求应经济、合理。

（2）各加工表面的几何形状应尽量简单。

（3）有相对位置精度要求的加工表面应尽量在一次装夹中完成加工。

（4）零件应有合理的工艺基准，且工艺基准应尽量与设计基准相一致。

（5）零件的结构应便于装夹、加工与检查。

（6）零件的结构要素应尽可能统一，并尽量使其能通过普通机床和标准刀具加工。

（7）零件的结构应尽量便于多件同时加工。

表 6-4 为零件的结构工艺性对比实例。

表 6-4 零件的结构工艺性对比实例

序号	工艺性内容	不合理的结构	合理的结构	说明
1	加工表面面积尽量小			① 减少加工量 ② 减少刀具及材料的消耗
2	钻孔的入端和出端应避免斜面			① 避免钻头折断 ② 提高生产率 ③ 保证加工精度
3	槽宽应一致			① 减少换刀次数 ② 提高生产率
4	键槽布置在同一方向			① 减少调整次数 ② 保证位置精度
5	孔的位置不能距离壁太近			① 可采用标准刀具 ② 保证加工精度
6	槽的底面不应与其他加工表面重合			① 便于加工 ② 避免损伤其他加工表面
7	螺纹根部应有退刀槽			① 避免损伤刀具 ② 提高生产率
8	凸台表面应位于同一平面上			① 提高生产率 ② 保证加工精度
9	轴上两相接精加工表面之间应设刀具越程槽			① 提高生产率 ② 保证加工精度

6.2.2 毛坯的选择

毛坯是指根据零件的形状、工艺尺寸等要求制造而成的，供进一步加工用的生产对象。机械制造中，大部分零件都是由材料通过铸造、锻造、冲压等材料成形方法制成毛坯，再经过切削加工得到的。毛坯的选择不但影响其本身的制造工艺和成本，还影响零件的切削加工性、使用寿命及加工成本。

常用毛坯的特点和毛坯的选择原则

1．毛坯的种类

机械加工中常用的毛坯主要有如下几类。

- 铸件：适用于形状复杂零件的生产。其中，手工造型铸件适用于单件小批生产或大型零件的生产，机器造型铸件适用于大批大量生产及尺寸精度要求较高的零件的生产。
- 锻件：适用于强度要求高、形状比较简单的零件的生产。其中，自由锻锻件适用于单件小批生产及大型零件的生产，模锻锻件适用于中小型零件的大批大量生产。
- 轧件：分为热轧件和冷拉件。其中，热轧件适用于一般零件的生产；冷拉件尺寸较小，精度较高，适用于中小型零件的生产。
- 焊接件：适用于大型零件的单件小批生产。焊接件必须经时效处理后方可加工。
- 其他：如冷冲压件、工程塑料压制件和粉末冶金件等。

2．毛坯的选择原则

在对毛坯进行选择时，应遵循以下原则。

（1）满足零件的力学性能要求。相同材料的毛坯采用不同的制造方法，其力学性能会有所不同。例如，对于力学性能要求较高，特别是工作时要承受冲击和交变载荷的零件（如机床、汽车的传动轴和齿轮等），为了保证其抗冲击和抗疲劳破坏的能力，一般应选择锻件毛坯。

（2）毛坯的制造方法应与零件的结构形状和外形尺寸相适应。零件的使用功能不同，其结构形状和外形尺寸往往差异很大。因此，选择毛坯时，应认真分析零件结构形状和外形尺寸的特点，选择与之相适应的毛坯制造方法。例如，对于结构形状复杂的中小型零件，为使毛坯形状与零件较为接近，应选择铸件毛坯，并根据其结构形状、复杂程度等选择砂型铸造、金属型铸造、熔模铸造或其他铸造方法。又如，对于轴类零件的毛坯，若各台阶直径相差不大，则应选择轧制棒料毛坯；若各台阶尺寸相差较大，则应选择锻件毛坯。

（3）毛坯的制造应与零件的生产类型和现有的生产条件相适应。零件的生产批量较小时，应主要考虑减少设备、工装等方面的投资，尽量利用现有生产条件完成毛坯制造任务；若现有生产条件难以满足要求，则应考虑改变毛坯的制造方法，或通过外协加工和外购的方式解决。零件的生产批量较大时，应主要考虑采用较为先进的毛坯制造工艺，以提高毛坯的生产率和材料利用率。

3．毛坯形状和尺寸的确定

毛坯的形状和尺寸基本上取决于零件的形状、尺寸及技术要求。机械加工中，毛坯尺寸与零件设计尺寸之差，称为毛坯余量。毛坯的形状和尺寸应按照零件加工精度和表面质量的要求，在加工表面留有一定的毛坯余量，并尽量与零件相接近，以达到减少机械加工工作量、降低生产成本的目的。随着科技的进步，少无切屑加工已成为现代机械制造的发展趋势之一。

知识链接

少无切屑加工

无屑加工是指金属坯料经铸造、锻压或其他金属加工方法直接得到制件，不再需要切削加工的加工方法。少切屑加工是指无屑加工后尚需要进行少量切削加工的加工方法。这两种通过精确成形制造零件的方法合称少无切屑加工。

少无切屑加工包括精密锻造、冲压、精密铸造、粉末冶金、工程塑料的压塑和注塑等。型材改制，如型材、板材的焊接成形有时也被归入少无切屑加工。少无切屑加工能实现多种冷、热加工综合交叉、多种材料复合应用，把材料与工艺有机地结合起来，节约了材料、设备和人力，具有显著的经济效益。

改进毛坯的制造工艺和提高毛坯质量，往往能大大减少机械加工工作量，有时比采取某些高生产率的机械加工工艺更为经济有效。因此，在选择毛坯时要考虑利用新工艺、新技术、新材料的可能性。

此外，毛坯在制造时同样会产生误差，毛坯制造的尺寸公差称为毛坯公差。毛坯余量和毛坯公差的大小，与毛坯的制造方法有关，可参考有关标准或手册来确定。

毛坯形状和尺寸的确定，除了要将一定加工余量附在零件相应的加工表面上，有时还要考虑毛坯的制造、机械加工及热处理等的影响。在这种情况下，毛坯的形状可能与零件的形状有所不同。例如，为了保证零件在加工时安装方便，有的铸件毛坯需要铸出必要的技术凸台，待零件加工完成后再进行切除；有些相关的零件为保证加工质量和加工便捷性，会合为一个铸件毛坯，待加工到一定阶段后再切开；等等。

4. 毛坯图的绘制

在确定毛坯的种类、形状和尺寸后，还应绘制毛坯图，作为毛坯制造的图样。毛坯图要考虑毛坯制造、机械加工和热处理等多方面工艺因素的影响，如铸件和锻件上的孔和法兰等的最低铸出或锻出要求，铸件和锻件表面的起模斜度（拔模斜度）和圆角，分型面和分模面的位置等，并用双点画线表示出零件的表面，以区别加工表面和非加工表面。

如图 6-2 所示为阶梯轴锻件毛坯图，毛坯的外形用粗实线表示，零件的轮廓线用双点画线表示。毛坯的基本尺寸和公差标注在尺寸线上方，零件的尺寸标注在尺寸线下方的括号内。

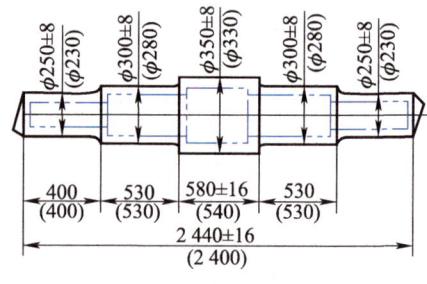

图 6-2 阶梯轴锻件毛坯图

6.3 工艺路线的拟定

拟定工艺路线是设计机械加工工艺规程的关键步骤，工艺路线拟定得是否合理会直接影响机械加工工艺规程的合理性、科学性和经济性。

6.3.1 定位基准的选择

合理选择定位基准对保证零件的加工精度（特别是相对位置精度）有着决定性影响。在设计机械加工工艺规程时，应首先考虑选择哪些表面作为精基准定位，能把各主要加工表面加工出来；然后再考虑选择哪些表面作为粗基准，能把作为精基准的表面加工出来。

1. 精基准的选择

精基准的选择应保证零件的加工精度，特别是保证加工表面的相对位置精度，并兼顾工件装夹方便、夹具结构简单。因此，精基准的选择应遵循以下原则。

- **基准重合原则**：尽可能选用设计基准作为精基准，以避免基准不重合误差。
- **基准统一原则**：加工工件时，采用同一组定位基准作为精基准，加工出尽可能多的加工表面，这样不但能避免基准位移误差，还能简化夹具的设计和制造。
- **互为基准原则**：当对工件上两个相对位置精度要求很高的加工表面进行加工时，需要这两个表面互为基准，反复进行加工，以保证它们之间的相对位置精度。
- **自为基准原则**：有些精加工或光整加工工序的加工余量小且均匀，在加工时应尽量选择加工表面本身作为精基准，而该表面与其他表面之间的相对位置精度则由已完成工序保证。
- **便于装夹原则**：有多种定位方案可供选择时，应选择定位准确、夹紧可靠，并可使夹具结构简单的表面作为精基准。

2. 粗基准的选择

选择粗基准时，应保证加工表面与非加工表面之间的相对位置精度，合理分配加工余量，同时为后续工序提供精基准。因此，粗基准的选择应遵循以下原则。

- **保证相对位置精度要求原则**：若必须首先保证工件上加工表面与非加工表面之间的相对位置精度，则应以非加工表面作为粗基准。若工件上有很多非加工表面，则应以其中与加工表面有较高相对位置精度要求的表面作为粗基准。
- **重要表面原则**：若必须首先保证工件某重要表面的加工余量均匀，则应选择该表面作为粗基准。
- **最小加工余量原则**：当工件上有多个加工表面时，应以加工余量最小的加工表面作为粗基准，以保证各加工表面有足够的加工余量。
- **便于装夹原则**：选作粗基准的表面应平整，无浇口、冒口或飞边等缺陷，以保证工件定位和夹紧的准确性和可靠性。
- **不重复使用原则**：若粗基准表面精度较低且比较粗糙，则工件在二次安装时可能会因粗基准在机床上（或夹具中）的实际位置与第一次安装时的不一样而产生定位误差，导致相应的加工表面出现较大的位置误差。因此，粗基准一般不重复使用。

6.3.2 加工方法的选择

机械加工过程中,零件加工表面通常需要通过几次加工才能达到规定的技术要求。拟定零件机械加工工艺路线时,首先需要根据零件各加工表面的加工精度和表面粗糙度要求,确定最终的精加工方法,然后确定各工序、各工步的加工方法,由粗到精逐步达到要求。

加工方法的选择应遵循以下原则。

(1)所选加工方法的加工经济精度范围要与零件的加工精度和表面粗糙度相适应。加工经济精度是指在正常加工条件下所能保证的加工精度。所谓正常加工条件,是指采用符合质量标准的设备及工装,选择标准技术等级工人,不延长加工时间等。如表6-5至表6-7所示,其中分别列出了外圆、孔、平面加工中各种加工方法的加工经济精度和表面粗糙度,供选择时参考。

表6-5 外圆加工中各种加工方法的加工经济精度和表面粗糙度

加工方法	加工情况	加工经济精度IT	表面粗糙度 $Ra/\mu m$	加工方法	加工情况	加工经济精度IT	表面粗糙度 $Ra/\mu m$
车	粗车	12~13	10~80	外磨	精密磨	5~6	0.08~0.32
车	半精车	10~11	2.5~10	外磨	镜面磨	5	0.008~0.08
车	精车	7~8	1.25~5	抛光	—	—	0.008~1.25
车	金刚石车	5~6	0.005~1.25	研磨	粗研	5~6	0.16~0.63
铣	粗铣	12~13	10~80	研磨	精研	5	0.04~0.32
铣	半精铣	11~12	2.5~10	研磨	精密研	5	0.008~0.08
铣	精铣	8~9	1.25~5	超细加工	精	5	0.08~0.32
车槽	一次行程	11~12	10~20	超细加工	精密	5	0.01~0.16
车槽	二次行程	10~11	2.5~10	砂带磨	精磨	5~6	0.02~0.16
外磨	粗磨	8~9	1.25~10	砂带磨	精密磨	5	0.008~0.04
外磨	半精磨	7~8	0.63~2.5	滚压	—	6~7	0.16~1.25
外磨	精磨	6~7	0.16~0.25				

表6-6 孔加工中各种加工方法的加工经济精度和表面粗糙度

加工方法	加工情况	加工经济精度IT	表面粗糙度 $Ra/\mu m$	加工方法	加工情况	加工经济精度IT	表面粗糙度 $Ra/\mu m$
钻	ϕ15 mm以下	11~13	5~80	镗	粗镗	12~13	5~20
钻	ϕ15 mm以上	10~12	20~80	镗	精镗(浮动镗)	7~9	0.63~5
扩	粗扩	12~13	5~20	镗	金刚镗	5~7	0.16~1.25
扩	一次扩孔(铸孔或冲孔)	11~13	10~40	内磨	粗磨	9~11	1.25~10

项目6 机械加工工艺规程设计

续表

加工方法	加工情况	加工经济精度 IT	表面粗糙度 $Ra/\mu m$	加工方法	加工情况	加工经济精度 IT	表面粗糙度 $Ra/\mu m$
扩	精扩	9～11	1.25～10	内磨	半精磨	9～10	0.32～1.25
铰	半精铰	8～9	1.25～10		精磨	7～8	0.08～0.63
	精铰	6～7	0.32～2.5		精密磨（精修整砂轮）	6～7	0.04～0.16
	手铰	5	0.08～1.25				
拉	粗拉	9～10	1.25～5	珩	粗珩	5～6	0.16～1.25
	一次拉孔（铸孔或冲孔）	10～11	0.32～2.5		精珩	5	0.04～0.32
	精拉	7～9	0.16～0.63	研磨	粗研	5～6	0.16～0.63
					精研	5	0.04～0.32
推	半精推	6～8	0.32～1.25		精密研	5	0.008～0.08
	精推	6	0.08～0.32	滚压	—	6～8	0.01～1.25

表6-7 平面加工中各种加工方法的加工经济精度和表面粗糙度

加工方法	加工情况	加工经济精度 IT	表面粗糙度 $Ra/\mu m$	加工方法	加工情况	加工经济精度 IT	表面粗糙度 $Ra/\mu m$
周铣	粗铣	11～13	5～20	平磨	粗磨	8～10	1.25～10
	半精铣	8～11	2.5～10		半精磨	8～9	0.63～2.5
	精铣	6～8	0.63～5		精磨	6～8	0.16～1.25
端铣	粗铣	11～13	5～20		精密磨	6	0.04～0.32
	半精铣	8～11	2.5～10	刮 (25×25)mm² 内点数		8～10	0.63～1.25
	精铣	6～8	0.63～5			10～13	0.32～0.63
车	半精车	8～11	2.5～10			13～16	0.16～0.32
	精车	6～8	1.25～5			16～20	0.08～0.16
	细车（金刚石车）	6～7	0.008～1.25			20～25	0.04～0.08
刨	粗刨	11～13	5～20	研磨	粗研	6	0.16～0.63
	半精刨	8～11	2.5～10		精研	5	0.04～0.32
	精刨	6～8	0.008～5		精密研	5	0.008～0.08
	宽刀精刨	6	0.16～1.25	砂带磨	精磨	5～6	0.04～0.32
插	—	—	2.5～20		精密磨	5	0.008～0.04
拉	粗拉（铸造或冲压表面）	10～11	5～20	滚压	—	7～10	0.16～2.5
	精拉	6～9	0.32～2.5	抛光			0.008～1.25

（2）加工方法要与零件材料的切削加工性相适应。例如，淬火钢的硬度高，应采用磨削加工；有色金属材料的硬度较低，采用磨削进行精加工容易堵塞砂轮，应采用精车或精镗加工；等等。

（3）加工方法要与零件的生产类型相适应。例如，大批大量生产时，应采用高效的机床设备和先进的加工方法；单件小批生产时，应采用通用机床和常规加工方法；等等。

（4）加工方法要与企业现有生产条件相适应。选择加工方法要尽量符合本企业现有的设备状况和工人技术水平，以保证所选加工方法切实可行。

进德修业

岗位可平凡，人生必精彩

在最平凡的岗位，要怎样实现非凡梦想？劳模精神、劳动精神、工匠精神，为每一位普通劳动者指明了方向——磨砺技艺、不懈努力，走技能成才、技能报国之路，就能找到自己的一方天地，书写不凡的人生精彩。

三百六十行，行行出状元。近年来，我国技能人才队伍不断发展壮大，越来越多的青年因技能成长、成才。国家一系列重大决策部署让技能人才职业发展之路越走越宽。剪发"剪"成副教授，操作机床也能享受政府特殊津贴，一批青年技能人才甚至身披国旗、走上国际大赛的领奖台，赢得世界赞誉。

当然，追求成功的道路并非坦途，"台上一分钟，台下十年功"，技能成才的成功者都是在经历长期艰苦磨炼、克服重重困难后，才迎来了属于自己的"高光时刻"。新时代的技能工作者不应只是"熟能生巧"，还应成为新兴技术、新兴产业的推动者。挑战在前，必须不懈奋斗，不断打磨精湛技艺，提升技能本领，在创新创造中攀登技能高峰。

岗位可以平凡，人生不能平庸。无论哪一行，做到极致总会出彩。

（资料来源：姜琳、黄浩苑，《新华时评：岗位可平凡，人生必精彩》，新华网，2020年12月10日）

笔记

6.3.3 加工阶段的划分

为保证零件的加工质量，合理地使用设备、人力等资源，通常将零件加工的工艺过程划分为几个阶段。对于一般精度零件，其机械加工工艺过程可划分为粗加工、半精加工和精加工三个阶段；对于精度要求较高的零件，除上述三个阶段外，还需要安排光整加工和超精密加工阶段。各加工阶段的主要任务如下。

- **粗加工阶段**：尽快切除各加工表面的大部分余量，使各加工表面尽可能接近图样尺寸，并加工出精基准。
- **半精加工阶段**：消除粗加工阶段留下的误差，使加工表面达到一定精度，为主要加工表面的精加工做好准备，并完成一些次要加工表面的加工，如钻孔、攻螺纹和铣键槽等。
- **精加工阶段**：完成各主要加工表面的最终加工，使零件达到图样的要求。
- **光整加工和超精密加工阶段**：进一步减小表面粗糙度，提高加工表面的尺寸精度和形状精度，但一般不用于纠正位置误差。

点 拨

> 零件加工阶段的划分并不是绝对的，而是需要根据零件的技术要求、结构特点和生产纲领灵活掌握。例如，对于精度要求不高、加工余量不大、刚度较高的零件，若生产规模小，则可不划分加工阶段；对于重型零件，由于运输和装夹都很困难，因此一般也不划分加工阶段，而是在一个工序中完成全部粗加工和精加工；采用加工中心加工零件时，一般也不要求划分加工阶段。

划分加工阶段的作用主要有以下四个方面。

（1）易于保证加工质量。加工过程中产生的切削热和残余应力，粗加工装夹时采用的较大夹紧力和切削力，都会使毛坯或工件产生变形，从而影响加工精度。划分加工阶段后，可逐步修正变形，提高加工精度。

（2）便于及时发现毛坯的缺陷。划分加工阶段后，粗加工切除了工件加工表面的大部分余量，可及时发现毛坯的缺陷，及早采取补救措施或决定报废，避免盲目加工而造成工作时间的浪费。

（3）便于合理安排热处理工序。划分加工阶段后，可在各加工阶段合理安排时效处理、淬火等热处理工序，有利于消除零件加工中产生的各种缺陷。

（4）可合理地配置资源。划分加工阶段后，可根据粗、精加工阶段不同的特点和要求，对设备、工装和工人等进行合理配置，从而充分发挥各自特长并保持机床的精度。

6.3.4 加工顺序的安排

零件的加工顺序包括机械加工工序、热处理工序和辅助工序。在拟定工艺路线时必须将三者统筹考虑，合理安排。

1. 机械加工工序的安排

安排机械加工工序时，一般遵循基准先行、先主后次、先粗后精和先面后孔的原则。

（1）基准先行原则是指加工零件时，应先安排精基准的加工，再用精基准定位加工其他加工表面的原则。为保证一定的加工精度，当加工表面精度要求较高时，精加工前应先对精基准进行修整。例如，加工精度要求较高的轴类零件时，第一道机械加工工序就是铣端面、打中心孔，然后以中心孔定位加工其他加工表面。

（2）先主后次原则是指先安排主要加工表面的加工，后安排次要加工表面的加工的原则。这里的主要加工表面是指设计基准面和主要工作表面，次要加工表面是指螺纹孔、键槽等其他加工表面。次要加工表面和主要加工表面之间通常有相对位置精度的要求，因此一般要在主要加工表面达到一定精度后，再以主要加工表面定位来加工次要加工表面。

（3）先粗后精原则是指先安排各加工表面的粗加工，再安排半精加工、精加工和光整加工，逐步提高工件的加工精度和表面质量的原则。

（4）先面后孔原则主要应用于箱体类零件的加工。箱体类零件的加工表面一般既有平面，又有孔或孔系，且平面在轮廓内占比较大。先加工平面，以平面定位来加工孔，可保证平面和孔之间的相对位置精度。此外，在毛坯面钻孔，钻头容易引偏；先加工平面，后加工孔可避免出现这种情况。

2．热处理工序的安排

热处理可改善工件材料的力学性能、切削加工性，并消除工件的残余应力。在拟定工艺路线时，热处理工序应根据零件的技术要求和材料的性质进行合理安排。热处理工序一般可分为预备热处理、最终热处理、时效处理和表面处理四种。

1）预备热处理

常见的预备热处理方法有退火、正火和调质。其中，退火和正火的目的是改善材料的切削加工性、消除工件的残余应力，为最终热处理做准备，一般安排在粗加工之前；调质的目的是改善材料的综合力学性能，一般安排在粗加工之后。

2）最终热处理

常见的最终热处理方法有淬火、渗碳淬火和渗氮等，其目的是提高金属材料的强度、硬度等力学性能，并改善金属材料的耐磨性。对于仅要求改善力学性能的工件，有时可将正火或调质作为最终热处理。最终热处理一般安排在粗加工和半精加工之后。其中，变形较大的热处理，如淬火、渗碳淬火等，应安排在精加工之前进行，以便在精加工时纠正热处理变形；变形较小的热处理，如渗氮等，可安排在精加工之后进行。

3）时效处理

时效处理分为自然时效、人工时效和冰冷处理三种，其目的是消除工件的残余应力，减小工件变形。其中，自然时效和人工时效一般安排在粗加工前后，对于精度要求较高的零件，可在精加工之前再安排一次时效处理；冰冷处理一般安排在回火处理之后、精加工之后或工艺过程的最后。

4）表面处理

常见的表面处理方法有镀层和发蓝等，其目的是改善零件的抗腐蚀性和耐磨性，并使其美观。表面处理通常安排在工艺过程的最后。

3．辅助工序的安排

辅助工序包括检验、去毛刺、清洗、防锈、去磁和平衡等。其中，检验工序对保证产品质量有着重要的作用。除在操作过程中和操作结束后必须自检外，重要和关键工序前后、送往外车间加工前后、零件加工完毕后，一般也要安排检验工序。

6.3.5　工序内容的组合

在选定了零件上各加工表面的加工方法和加工顺序后，就要安排每道工序的加工内容并确定工序数目,即对工序内容进行组合。同一个工件,同样的加工内容,可采取两种不同的工序组合原则,一种是工序集中原则,另一种是工序分散原则。

1. 工序集中原则

工序集中原则是指每道工序的加工内容尽可能多,整个工艺过程的工序数较少的原则。工序集中原则具有以下特点。

(1)有利于采用高效的生产设备和工艺装备,提高生产率。

(2)工序数目少,工艺流程短,设备数量少,可相应减少工人数量和生产所需面积。

(3)一次装夹可加工出多个加工表面,从而减少装夹次数,且易于保证各加工表面之间的相对位置精度。

(4)所用生产设备和工艺装备结构复杂,调整和维护困难,生产准备工作量大。

2. 工序分散原则

工序分散原则是指每道工序的加工内容尽可能少,整个工艺过程的工序数较多的原则。工序分散原则具有以下特点。

(1)所用生产设备和工艺装备结构简单,易于调整和维护,且对操作工人的技术水平要求不高。

(2)有利于选择合理的切削用量。

(3)工序数多,所需设备及操作工人多,生产周期长,生产所需面积大。

点 拨

设计机械加工工艺规程时,应采用工序集中原则还是采用工序分散原则,需要对生产类型、现有的生产条件、零件的结构特点和技术要求、各工序的生产节拍等进行综合分析后确定。一般情况下,在单件小批生产中,通常将同工种的加工集中在一台普通机床上进行,以提高机床的利用率。在批量生产中,既可采用多工位数控车床、多轴数控铣床、加工中心等高效自动化机床使工序高度集中,也可采用效率高且结构简单的专用机床和专用夹具,将工序分散后组织流水生产。

笔记

6.4 加工工序的设计

6.4.1 加工余量和工序尺寸的确定

工艺路线拟定完成之后,就需要安排各工序的具体加工内容,即设计加工工序。其中,很重要的一项内容就是确定加工余量和工序尺寸。

1. 加工余量的概念

1) 加工总余量和工序余量

机械加工中,为保证零件的尺寸和精度,从某一加工表面上所切除的金属层厚度称为加工余量。加工余量分为加工总余量和工序余量。其中,加工总余量是指某一加工表面从毛坯加工为成品所切除的金属层总厚度,它是毛坯尺寸与零件设计尺寸之差,又称毛坯余量;工序余量是指某一加工表面在某道工序中被切除的金属层厚度。

加工总余量 Z_0 和工序余量 Z_i 的关系为

$$Z_0 = \sum_{i=1}^{n} Z_i \tag{6-1}$$

2) 单边余量和双边余量

工序余量还可定义为相邻两工序基本尺寸之差。按照这一定义,工序余量可分为单边余量和双边余量。其中,平面等非对称表面的工序余量一般为单边余量,它等于实际切除的金属层厚度;外圆和孔等对称表面的工序余量为双边余量,即以直径方向计算,实际切除的金属层厚度为工序余量的一半。

如图 6-3(a)所示,外平面的单边余量为

$$Z_b = a - b \tag{6-2}$$

式中:

Z_b ——本道工序的工序余量;

a ——上道工序的基本尺寸;

b ——本道工序的基本尺寸。

如图 6-3(b)所示,内平面的单边余量为

$$Z_b = b - a \tag{6-3}$$

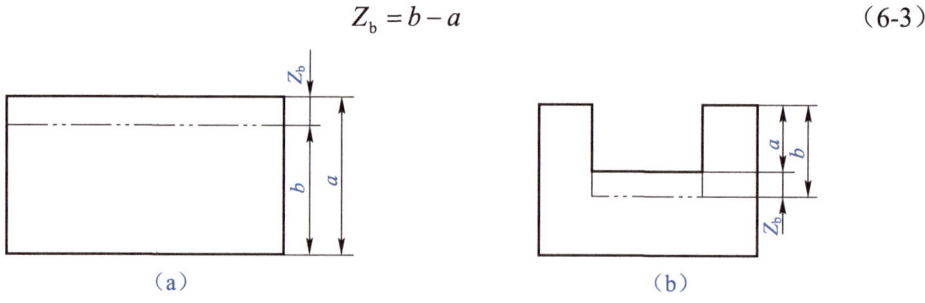

图 6-3 单边余量

如图 6-4(a)所示,外圆面的双边余量为

$$2Z_b = d_a - d_b \tag{6-4}$$

式中：
$2Z_b$ ——本道工序的工序余量；
d_a ——上道工序的基本尺寸；
d_b ——本道工序的基本尺寸。

如图 6-4（b）所示，内圆面的双边余量为

$$2Z_b = d_b - d_a \tag{6-5}$$

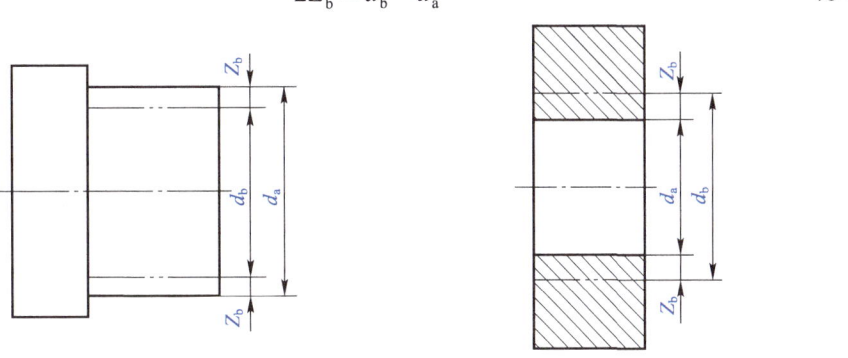

图 6-4 双边余量

3）最大余量、最小余量和余量公差

由于工序尺寸存在公差，因此工序余量是在某一公差范围内变化的，如图 6-5 所示。因此，工序余量也可分为基本余量（又称公称余量）Z、最大余量 Z_{max} 和最小余量 Z_{min}，工序余量的变动范围称为余量公差 T_Z。

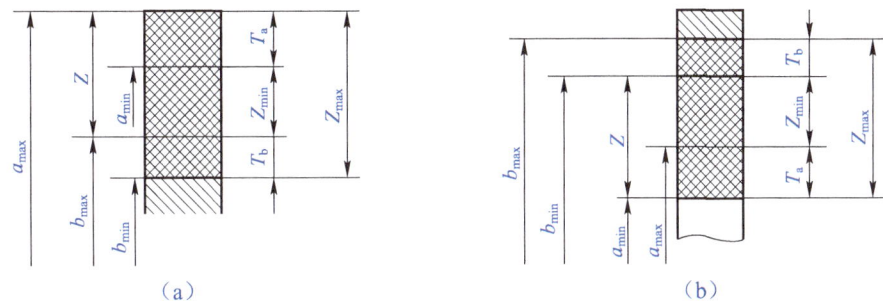

图 6-5 工序余量与工序尺寸的关系

基本余量是指上道工序基本尺寸与本工序基本尺寸之差，其计算公式如式（6-2）至式（6-5）所示。

最大余量 Z_{max} 的计算公式为

$$\begin{cases} Z_{max} = a_{max} - b_{min} \text{（被包容面）} \\ Z_{max} = b_{max} - a_{min} \text{（包容面）} \end{cases} \tag{6-6}$$

最小余量 Z_{min} 的计算公式为

$$\begin{cases} Z_{\min} = a_{\min} - b_{\max} \text{（被包容面）} \\ Z_{\min} = b_{\min} - a_{\max} \text{（包容面）} \end{cases} \tag{6-7}$$

式中：

$a_{\max}$、$a_{\min}$——上道工序的最大、最小极限尺寸；

$b_{\max}$、$b_{\min}$——本道工序的最大、最小极限尺寸。

余量公差 T_Z 是最大余量 $Z_{\max}$ 与最小余量 $Z_{\min}$ 之差，也等于上道工序尺寸公差与本工序尺寸公差之和，其计算公式为

$$T_Z = Z_{\max} - Z_{\min} = T_a + T_b \tag{6-8}$$

式中：

T_a——上道工序尺寸公差；

T_b——本道工序尺寸公差。

点 拨

> 为了便于加工，工序尺寸公差带的布置一般采用"入体原则"：对于被包容面（如轴类），其最大加工尺寸就是基本尺寸，上偏差为零，下偏差为负值；对于包容面（如孔类），其最小加工尺寸就是基本尺寸，下偏差为零，上偏差为正值。毛坯尺寸偏差一般采用双向对称标注。

2．影响加工余量的因素

影响加工余量的因素主要如下。

（1）上道工序的表面粗糙度 Ra 和表面缺陷层深度 H_a。本工序必须把上道工序的表面粗糙度 Ra 和表面缺陷层深度 H_a 全部切除，即在本工序加工余量中必须包含 Ra 和 H_a。

（2）上道工序的尺寸公差 T_a。本工序的基本余量中必须包含上道工序的尺寸公差 T_a。

（3）上道工序的几何误差 ρ_a。当上道工序留下了不由尺寸公差 T_a 控制的几何误差 ρ_a，且这些误差又必须在本工序加工中纠正时，本工序的加工余量中必须包含这些误差。这类误差主要包括直线度误差、同轴度误差和平行度误差等。

（4）本工序的装夹误差 ε_b。由于装夹时的定位误差和夹紧误差会直接影响加工表面与刀具的相对位置精度，因此本工序的加工余量中必须包含这些误差。其中，上道工序的几何误差 ρ_a 和本工序的装夹误差 ε_b 都是空间误差，是有方向的，因此计算加工余量时，应取矢量合成的绝对值。

综上所述，对于单边余量，本工序的加工余量必须满足以下条件

$$Z \geqslant Ra + H_a + T_a + \left| \vec{\rho}_a + \vec{\varepsilon}_b \right| \tag{6-9}$$

对于双边余量，本工序的加工余量必须满足以下条件

$$Z \geqslant 2(Ra + H_a) + T_a + 2\left| \vec{\rho}_a + \vec{\varepsilon}_b \right| \tag{6-10}$$

3．确定加工余量的方法

生产中，确定加工余量的方法有分析计算法、查表修正法和经验估计法三种。

1）分析计算法

分析计算法是指根据一定的试验资料和计算公式，对影响加工余量的各项因素进行综合分析和计算来确定加工余量的方法。这种方法经济合理，但需要全面、可靠的试验资料，计算也较为复杂。这种方法应用较少，仅应用于某些大批量生产的重要工序。

2）查表修正法

查表修正法是指根据有关手册和资料查表，并结合具体情况加以修正来确定加工余量的方法。这种方法应用较多，适用于各类零件的批量生产。

3）经验估计法

经验估计法是指根据工艺人员自身积累的经验来确定加工余量的方法。为了防止加工余量过小而产生废品，采用这种方法确定的加工余量一般偏大。经验估计法一般应用于单件小批生产。

4．工序尺寸的确定

工序尺寸是指加工过程中各工序应保证的加工尺寸，通常为加工表面至定位基准面之间的尺寸。工序尺寸允许的变动量即工序尺寸公差。工序尺寸及其公差往往不能直接采用零件的设计尺寸及其公差，而需要另行计算。正确确定工序尺寸及其公差，是设计机械加工工艺规程的重要工作之一。

生产中，绝大部分加工表面都是在工艺基准和设计基准重合的情况下进行加工的。这种情况下工序尺寸及其公差取决于各道工序的加工余量和所用加工方法的加工精度，计算顺序为从最后一道工序向前推算，计算步骤如下。

（1）确定加工总余量和各工序的工序余量。

（2）从最后一道工序开始，即从设计尺寸开始，逐一向前给每道工序增加上道工序余量，直到毛坯尺寸。在此过程中，可分别得到各工序的基本尺寸。

（3）除最后一道工序外，其余各工序尺寸的公差还要根据各工序的加工精度确定，并按"入体原则"确定上、下极限偏差。

【例6-1】某光轴直径为 $\phi 50$ mm，长度为 200 mm，尺寸精度为 IT5，表面粗糙度 Ra 为 0.04 μm，毛坯为锻件，热处理方法为高频淬火。该光轴机械加工工艺路线为：粗车—半精车—粗磨—精磨—精研。试确定各工序尺寸。

加工余量和工序尺寸的确定：典例精讲

【解】（1）确定加工总余量和工序余量。

用查表修正法确定加工总余量和工序余量。由工艺手册查得：光轴的加工总余量为 8 mm，精研余量为 0.01 mm，精磨余量为 0.1 mm，粗磨余量为 0.4 mm，半精车余量为 1.0 mm。粗车余量为 $8-1.0-0.4-0.1-0.01=6.49$ (mm)。

（2）确定各工序的加工经济精度和表面粗糙度。

精研为最终加工方法，其加工经济精度和表面粗糙度与光轴的设计要求一致。因此，精研的加工精度为 IT5 级，表面粗糙度 Ra 为 0.04 μm。由表 6-5 可确定，精磨的加工经济精度为 IT6 级，表面粗糙度 Ra 为 0.16 μm；粗磨的加工经济精度为 IT8 级，表面粗糙度 Ra 为 1.25 μm；半精车的加工经济精度为 IT11 级，表面粗糙度 Ra 为 2.5 μm；粗车的加工经济精度为 IT13 级，表面粗糙度 Ra 为 16 μm。

（3）确定各工序尺寸。

根据各工序的加工余量确定各工序的基本尺寸，然后根据基本尺寸及 IT 值，查公差表，确定各工序尺寸的公差，并按"入体原则"标注。结果如表 6-8 所示。

表 6-8 例 6-1 各工序尺寸表

工序名称	工序余量/mm	各工序的加工经济精度	各工序的表面粗糙度/μm	工序基本尺寸/mm	工序尺寸/mm
精研	0.01	IT5（$^{\ 0}_{-0.011}$）	0.04	50	$\phi 50^{\ 0}_{-0.011}$
精磨	0.1	IT6（$^{\ 0}_{-0.016}$）	0.16	50 + 0.01 = 50.01	$\phi 50.01^{\ 0}_{-0.016}$
粗磨	0.4	IT8（$^{\ 0}_{-0.039}$）	1.25	50.01 + 0.1 = 50.11	$\phi 50.11^{\ 0}_{-0.039}$
半精车	1.0	IT11（$^{\ 0}_{-0.16}$）	2.5	50.11 + 0.4 = 50.51	$\phi 50.51^{\ 0}_{-0.16}$
粗车	6.49	IT13（$^{\ 0}_{-0.39}$）	16	50.51 + 1.0 = 51.51	$\phi 51.51^{\ 0}_{-0.39}$
毛坯	—	±3	—	51.51 + 6.49 = 58	$\phi 58 \pm 3$

在工艺基准与设计基准不重合的情况下，工序尺寸及其公差的计算，需要在工序余量确定之后通过工艺尺寸链进行。

笔记

6.4.2 工艺尺寸链

1. 尺寸链概述

1）尺寸链的定义

尺寸链是指在机器装配或零件加工过程中，由相互连接的尺寸形成的封闭尺寸组。如图 6-6（a）所示，A_0 和 A_1 为零件上已标注的尺寸。当用调整法加工表面 3 时（表面 1、2 已加工完成），为使夹具结构简单和工件定位稳定可靠，常选表面 1 为定位基准面，并根据对刀尺寸 A_2 进行加工，以间接保证尺寸 A_0 的精度要求。A_0、A_1 和 A_2 这些相互联系的尺寸就形成了一个封闭尺寸组，即尺寸链，如图 6-6（b）所示。

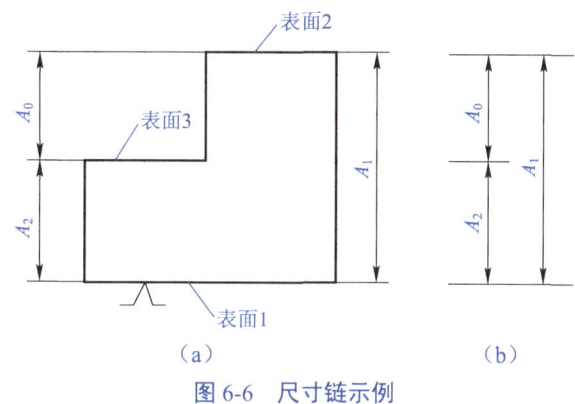

图 6-6　尺寸链示例

由尺寸链的定义可知，尺寸链具有封闭性和关联性。

- **封闭性**：组成尺寸链的各尺寸必须按一定顺序首尾相接排列，形成封闭的尺寸组。不封闭就不能称为尺寸链。
- **关联性**：在尺寸链中，间接保证的尺寸及其精度，受直接保证的尺寸及其精度所支配，两者之间具有特定的函数关系，并且间接保证尺寸的精度低于直接保证尺寸的精度。

2）尺寸链的组成

组成尺寸链的尺寸称为尺寸链的环。尺寸链的环可分为封闭环和组成环两种。

（1）封闭环。

封闭环是指在装配或加工过程中，形成尺寸链的最后一环，它是在装配或加工过程中间接获得、最终保证的尺寸。封闭环用环字母加下标 "0" 表示，图 6-6 中的尺寸 A_0 就是封闭环。每个尺寸链只能有一个封闭环。

（2）组成环。

组成环是指尺寸链中所有对封闭环有影响的其他环。组成环用环字母加阿拉伯数字下标表示，数字表示各组成环的序号，图 6-6 中的尺寸 A_1 和 A_2 就是组成环。组成环的尺寸是直接保证的，任一组成环变动必然引起封闭环变动。按对封闭环影响的不同，组成环可分为增环和减环。

- **增环**：当其余组成环不变时，若该环增大（或减小）会引起封闭环增大（或减小），则该环为增环，如图 6-6 中的尺寸 A_1。

- **减环**：当其余组成环不变时，若该环减小（或增大）会引起封闭环增大（或减小），则该环为减环，如图6-6中的尺寸A_2。

3）尺寸链的分类

按应用场合的不同，尺寸链可分为设计尺寸链、工艺尺寸链和装配尺寸链三种。其中，设计尺寸链是指全部组成环为同一零件设计尺寸所形成的尺寸链，工艺尺寸链是指全部组成环为同一零件工艺尺寸所形成的尺寸链，装配尺寸链是指由相关零件的设计尺寸和相对位置关系所形成的尺寸链。

> **点 拨**
>
> 工艺尺寸链是由零件的机械加工工艺过程、具体的加工方法决定的。零件加工中的装夹方式、表面的形成方法、刀具的形状等，都可能影响工艺尺寸链的组合关系。

按环所处空间位置的不同，尺寸链可分为直线尺寸链、平面尺寸链和空间尺寸链三种。其中，直线尺寸链是指全部组成环平行于封闭环的尺寸链；平面尺寸链是指全部组成环位于一个或几个平行平面内，但某些组成环不平行于封闭环的尺寸链；空间尺寸链是指组成环位于几个不平行平面内的尺寸链。

按环几何特征的不同，尺寸链可分为长度尺寸链和角度尺寸链两种。其中，长度尺寸链是指全部环为长度尺寸的尺寸链，角度尺寸链是指全部环为角度尺寸的尺寸链。

2. 工艺尺寸链的建立

在工艺尺寸链中，直线尺寸链用得最多。利用工艺尺寸链进行工序尺寸及其公差的计算，关键在于建立工艺尺寸链，其方法和步骤如下。

1）建立尺寸链线图

根据零件的工艺过程，从第一个工艺尺寸的工艺基准出发，逐个绘出全部组成环，将各环按照首尾相接的顺序依次连成一个封闭的链状图形（即尺寸链线图）。尺寸链线图不必按固定比例绘制，只要与实际尺寸相协调即可。

2）确定封闭环

这是建立工艺尺寸链最关键的一步。确定封闭环时，要基于零件的加工过程和加工方法，通过封闭环的特征来判别：① 封闭环一定是工艺过程中间接保证的尺寸，是加工过程中最后自然形成的一环；② 封闭环承担各组成环的累积误差，其公差值等于各组成环公差之和，故封闭环的公差值最大。

3）判别增减环

对于环数较少的尺寸链，可在尺寸链线图中直接用增环和减环的定义判别各组成环的增减性质。但对于环数较多的尺寸链，可在尺寸链线图的基础上采用回路法进行判别，具体如下。

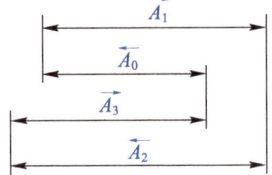

图6-7 尺寸链增减环的判别

首先为封闭环任选一个方向，在封闭环字母上方画出单向箭头，如图6-7中的$\overleftarrow{A_0}$；然后按此方向沿工艺尺寸链各组成环绕一圈，形成回路，并按回路绕行方向在各环字母上方画出单向箭头。其中，与封闭环箭头方向相反的为增环，如

图 6-7 中的 $\vec{A_1}$ 和 $\vec{A_3}$，与封闭环箭头方向相同的为减环，如图 6-7 中的 $\overleftarrow{A_2}$。

点 拨

组成环是对封闭环有直接影响的尺寸，与封闭环无关的尺寸都要排除在外，以使尺寸链的环数尽量少，这样有利于保证封闭环的精度或使各组成环的加工更容易、更经济。

笔 记

3. 工艺尺寸链的计算

计算工艺尺寸链时，主要计算封闭环与组成环的基本尺寸、公差和极限偏差之间的关系。工艺尺寸链的计算方法主要有极值法和概率法两种。其中，极值法是指按各组成环均处于极值的条件下计算封闭环与组成环关系的方法；概率法是指以概率论为基础来计算封闭环与组成环关系的方法。工艺尺寸链的计算一般选择极值法，只有在大批大量生产中，所计算的工序尺寸公差过于严格而不经济时，才选择概率法。下面主要介绍极值法。

1) 封闭环基本尺寸的计算方法

封闭环的基本尺寸等于所有增环的基本尺寸之和减去所有减环的基本尺寸之和，即

$$A_0 = \sum_{i=1}^{m} A_i - \sum_{j=m+1}^{n-1} A_j \qquad (6\text{-}11)$$

式中：

A_0 ——封闭环的基本尺寸；

A_i ——增环的基本尺寸；

A_j ——减环的基本尺寸；

m ——增环数；

n ——尺寸链总环数。

2）封闭环极限尺寸的计算方法

封闭环的最大极限尺寸等于所有增环的最大极限尺寸之和减去所有减环的最小极限尺寸之和，即

$$A_{0\max} = \sum_{i=1}^{m} A_{i\max} - \sum_{j=m+1}^{n-1} A_{j\min} \tag{6-12}$$

封闭环的最小极限尺寸等于所有增环的最小极限尺寸之和减去所有减环的最大极限尺寸之和，即

$$A_{0\min} = \sum_{i=1}^{m} A_{i\min} - \sum_{j=m+1}^{n-1} A_{j\max} \tag{6-13}$$

3）封闭环极限偏差的计算方法

封闭环的上极限偏差等于所有增环的上极限偏差之和减去所有减环的下极限偏差之和，即

$$ES_0 = \sum_{i=1}^{m} ES_i - \sum_{j=m+1}^{n-1} EI_j \tag{6-14}$$

封闭环的下极限偏差等于所有增环的下极限偏差之和减去所有减环的上极限偏差之和，即

$$EI_0 = \sum_{i=1}^{m} EI_i - \sum_{j=m+1}^{n-1} ES_j \tag{6-15}$$

式中：

ES_0、EI_0 ——封闭环的上、下极限偏差；

ES_i、EI_i ——增环的上、下极限偏差；

ES_j、EI_j ——减环的上、下极限偏差。

4）封闭环公差的计算方法

封闭环的公差等于其上极限偏差减去其下极限偏差，也就是所有组成环的公差之和，即

$$T_0 = ES_0 - EI_0 = \sum_{i=1}^{n-1} T_i \tag{6-16}$$

式中：

T_0 ——封闭环的公差；

T_i ——组成环的公差。

4．工艺尺寸链的应用

1）测量基准与设计基准不重合时工序尺寸的计算

机械加工过程中，有时会遇到某些加工表面的设计尺寸不便于测量，甚至无法测量的情况，此时就需要在工件上另选一个容易测量的表面作为测量基准，以间接保证设计尺寸。

【例6-2】如图6-8（a）所示，加工零件时要求保证尺寸 6 ± 0.1 mm，但该尺寸不便于测量，需要通过工序尺寸 X 来间接保证。试求工序尺寸 X 及其极限偏差。

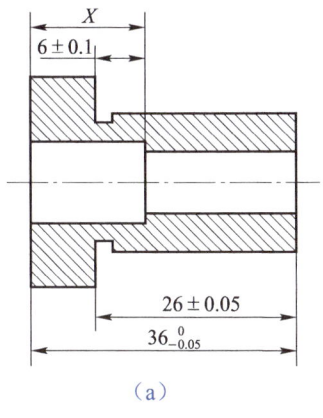 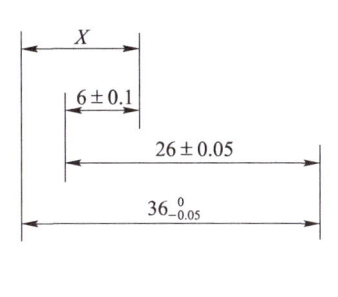 

工艺尺寸链的应用：典例精讲

(a)　　　　　　　　(b)

图 6-8　例 6-2 图

【解】根据图 6-8（a）建立尺寸链线图，如图 6-8（b）所示。其中，尺寸 6 ± 0.1 mm 是间接得到的，为封闭环；尺寸 X 和尺寸 26 ± 0.05 mm 为增环；尺寸 $36_{-0.05}^{0}$ mm 为减环。

X 的基本尺寸由式（6-11）计算可得

$$6 = X + 26 - 36$$
$$X = 16 \text{ mm}$$

X 的上极限偏差由式（6-14）计算可得

$$0.1 = ES(X) + 0.05 - (-0.05)$$
$$ES(X) = 0$$

X 的下极限偏差由式（6-15）计算可得

$$-0.1 = EI(X) + (-0.05) - 0$$
$$EI(X) = -0.05 \text{ mm}$$

综上，工序尺寸 $X = 16_{-0.05}^{0}$ mm。

2）定位基准与设计基准不重合时工序尺寸的计算

采用调整法加工工件时，若所选定位基准与设计基准不重合，则工件加工表面的尺寸不能由加工直接得到，此时就需要对工序尺寸进行换算，并标出换算后的工序尺寸。

【例 6-3】如图 6-6（a）所示，假设 $A_0 = 25_{0}^{+0.22}$ mm，$A_1 = 60_{-0.12}^{0}$ mm，尺寸 A_1 已保证，现以表面 1 为定位基准，用调整法精铣表面 3，试标出工序尺寸。

【解】根据图 6-6（a）建立尺寸链线图，如图 6-6（b）所示。其中，A_0 是通过 A_1 和 A_2 间接保证的，为封闭环；A_1 为增环；A_2 为减环。

A_2 的基本尺寸由式（6-11）计算可得

$$25 = 60 - A_2$$
$$A_2 = 35 \text{ mm}$$

A_2 的上极限偏差由式（6-15）计算可得
$$0 = -0.12 - ES(A_2)$$
$$ES(A_2) = -0.12 \text{ mm}$$

A_2 的下极限偏差由式（6-14）计算可得
$$0.22 = 0 - EI(A_2)$$
$$EI(A_2) = -0.22 \text{ mm}$$

综上，工序尺寸 $A_2 = 35_{-0.22}^{-0.12}$ mm。

3）测量基准或定位基准需要继续加工时工序尺寸的计算

在加工过程中，有些加工表面的测量基准或定位基准需要继续加工。当加工这些基准时，不仅要保证本工序尺寸对该基准的精度要求，还要保证原加工表面的精度要求，即一次加工后要同时保证多个工序尺寸的要求。

【例 6-4】如图 6-9（a）所示为齿轮内孔的局部简图，设计要求孔径为 $\phi 40_0^{+0.05}$ mm，键槽深度为 $43.6_0^{+0.34}$ mm。该内孔的加工顺序为：① 镗内孔至 $\phi 39.6_0^{+0.1}$ mm；② 插键槽至尺寸 A；③ 淬火处理；④ 磨内孔，同时保证内孔直径 $\phi 40_0^{+0.05}$ mm 和键槽深度 $43.6_0^{+0.34}$ mm 两个设计尺寸的要求。试确定插键槽的工序尺寸 A。

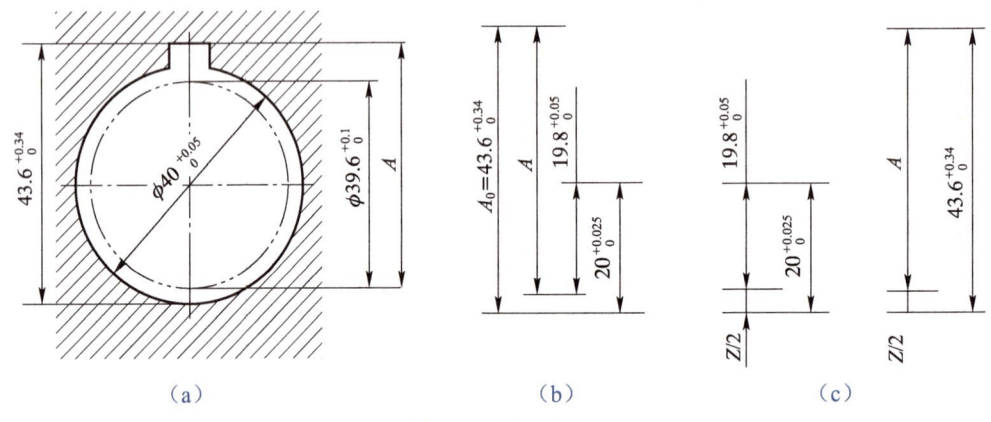

图 6-9　例 6-4 图

【解】根据图 6-9（a）建立尺寸链线图，如图 6-9（b）所示。需要说明的是，由于直径尺寸的基准在圆心，因此将直径尺寸折算为半径尺寸来建立尺寸链线图。最后工序中尺寸 $43.6_0^{+0.34}$ mm 是间接保证的，为封闭环；尺寸 A 和尺寸 $20_0^{+0.025}$ mm 为增环，尺寸 $19.8_0^{+0.05}$ mm 为减环。

A 的基本尺寸由式（6-11）计算可得
$$43.6 = A + 20 - 19.8$$
$$A = 43.4 \text{ mm}$$

A 的上极限偏差由式（6-14）计算可得

$$0.34 = ES(A) + 0.025 - 0$$
$$ES(A) = +0.315 \text{ mm}$$

A 的下极限偏差由式（6-15）计算可得

$$0 = EI(A) + 0 - 0.05$$
$$EI(A) = +0.05 \text{ mm}$$

综上，工序尺寸 $A = 43.4^{+0.315}_{+0.05}$ mm，按"入体原则"可标注为 $43.4^{+0.265}_{0}$ mm。

另外，图 6-9（b）所示的尺寸链线图也可绘成图 6-9（c）所示的两种形式，引入半径余量 $Z/2$。其中，左图中 $Z/2$ 为封闭环；右图中 $Z/2$ 为已获得尺寸，尺寸 $43.6^{+0.34}_{0}$ mm 为封闭环。这两种尺寸链线图的计算结果与图 6-9（b）的计算结果相同。

4）渗层深度需要保证时工序尺寸的计算

对于渗层类表面，由于该表面在渗层后还要进行加工，因此为保证渗层深度，一般以设计要求的渗层深度为封闭环，以加工前的渗层深度为组成环。

【例 6-5】如图 6-10（a）所示为圆轴工件的车外圆工序尺寸，其加工过程为车外圆至 $\phi 20.6^{0}_{-0.04}$ mm，渗碳淬火，渗层深度为 L。如图 6-10（b）为圆轴工件的磨外圆工序尺寸，其加工过程为磨外圆至 $\phi 20^{0}_{-0.02}$ mm，磨后渗层深度为 $0.7\sim1.0$ mm。若要保证圆轴工件磨外圆的磨后渗层深度，则渗碳淬火的渗层深度 L 应取多少？

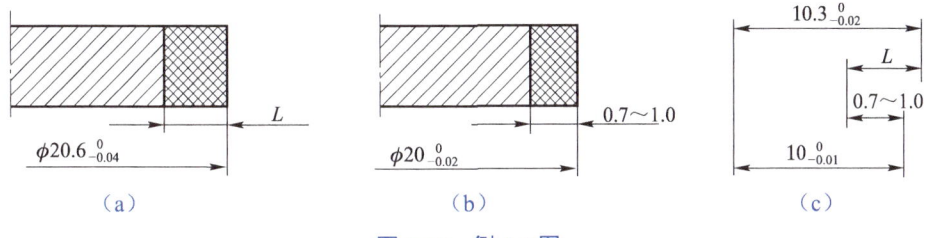

图 6-10 例 6-5 图

【解】根据图 6-10（a）和图 6-10（b）建立尺寸链线图，如图 6-10（c）所示。磨外圆后需要保证的渗层深度 $0.7\sim1.0$ mm 是间接获得的尺寸，为封闭环；渗碳淬火的渗层深度 L 和尺寸 $10^{0}_{-0.01}$ mm 为增环；尺寸 $10.3^{0}_{-0.02}$ mm 为减环。

L 的基本尺寸由式（6-11）计算可得

$$0.7 = L + 10 - 10.3$$
$$L = 1 \text{ mm}$$

L 的上极限偏差由式（6-14）计算可得

$$0.3 = ES(L) + 0 - (-0.02)$$
$$ES(L) = +0.28 \text{ mm}$$

L 的下极限偏差由式（6-15）计算可得

$$0 = EI(L) + (-0.01) - 0$$
$$EI(L) = +0.01 \text{ mm}$$

综上，渗碳深度 $L = 1^{+0.28}_{+0.01}$ mm。

6.4.3 机床设备和工艺装备的选择

1．机床设备的选择

机床设备选择得是否合理，对工序的加工质量、生产率和经济性有很大的影响。因此，在选择机床设备时应遵循以下原则。

（1）机床的加工尺寸范围应与零件的外廓尺寸相适应。

（2）机床的工作精度应与工序要求的加工精度相适应。

（3）机床的生产率应与零件的生产类型相适应。

（4）选择机床时，应考虑车间现有设备条件，尽量采用或改装现有设备。

点 拨

当需要设计专用机床时，必须提出设计任务书，说明保证零件加工质量的技术要求、生产率的要求以及与加工工序有关的数据等。

2．工艺装备的选择

1）夹具的选择

在单件小批生产中，应尽量采用通用夹具和组合夹具；在大批大量生产中，应根据工序加工要求设计制造专用夹具。

2）刀具的选择

刀具的选择主要取决于工序所采用的加工方法、加工表面的尺寸、工件材料、所要求的加工精度和表面粗糙度、生产率及经济性等。一般应尽可能采用标准刀具，必要时采用高生产率的复合刀具及其他专用刀具。

3）量具的选择

量具的选择主要取决于生产类型和加工精度。在单件小批生产中，应尽量采用通用量具、量仪；在大批大量生产中，应采用各种量规、高效检验仪器和检验夹具等。

6.4.4 时间定额及提高生产率的工艺措施

设计机械加工工艺规程的目的主要是在保证产品质量的前提下，提高生产率和降低成本，即做到高产、优质、低消耗。因此，在设计机械加工工艺规程时，还必须对工艺过程认真开展技术经济分析，采取有效的工艺措施提高机械加工的生产率。

1. 时间定额

时间定额是指在一定生产条件下，规定生产一定产品或完成一定工作量所需消耗的时间。它是安排作业计划、核算生产成本、确定设备数量、进行人员编制及规划生产面积的重要依据，是机械加工工艺规程的重要组成部分。

时间定额包括基本时间 T_m、辅助时间 T_a、布置工作地时间 T_s、工人休息与生理需要时间 T_r、准备与终结时间 T_e 五部分。

（1）基本时间 T_m 是指直接改变生产对象的尺寸、形状、相对位置以及表面状态或材料性质等工艺过程所消耗的时间。对机械加工而言，基本时间就是切除金属材料所消耗的机动时间，包括刀具切入、切出和切削加工的时间。

（2）辅助时间 T_a 是指为实现工艺过程必须进行的各种辅助动作所消耗的时间。它包括装卸工件、开停机床、引入和退出刀具、改变切削用量、试切和测量工件等消耗的时间。

（3）布置工作地时间 T_s 是指为保证加工正常进行，工人布置工作地（如更换刀具、润滑机床、清理切屑和收拾工具等）所消耗的时间。

（4）工人休息与生理需要时间 T_r 是指工人在工作班内为恢复体力和满足生理需要所消耗的时间。

（5）准备和终结时间 T_e 是指为进行一项作业或加工一批产品，事前准备和事后结束工作所消耗的时间。它包括熟悉图样和工艺、调整准备机床设备和专用工艺装备等所消耗的时间。

在上述时间定额的组成部分中，前四项的总和称为单件时间 T_p，即

$$T_p = T_m + T_a + T_s + T_r \tag{6-17}$$

在成批生产中，若一批零件的数量为 n，则每个零件所需的准备和终结时间为 T_e/n。故单件时间定额 T_{pc} 为

$$T_{pc} = T_p + T_e/n \tag{6-18}$$

在大批大量生产中，由于 n 的值很大，$T_e/n \approx 0$，因此在计算单件时间定额 T_{pc} 时可不考虑 T_e，即单件时间定额 T_{pc} 为

$$T_{pc} = T_p \tag{6-19}$$

2. 提高生产率的工艺措施

在机械加工过程中，提高生产率的工艺措施主要如下。

1）缩短基本时间

缩短基本时间的方法主要如下。

（1）增大切削用量。例如，采用高速切削，采用强力切削，等等。

（2）采用多刃刀具加工。例如，用铣削替代刨削，采用组合刀具，等等。

（3）采用复合工步。例如，采用多刀加工，采用多件加工，等等。

2）缩短辅助时间

缩短辅助时间的方法主要如下。

（1）使辅助操作实现机械化和自动化。例如，采用自动上下料装置缩短上下料时间，采用自动夹具缩短工件装夹时间，等等。

（2）使辅助时间和基本时间重合。例如，采用多位夹具或多位工作台使工件的装卸和加工时间重合，采用在线测量方法使测量时间和加工时间重合，等等。

3）缩短布置工作地时间

缩短布置工作地时间的方法主要是减少换刀时间和调刀时间。例如，采用自动换刀装置或快速换刀装置，采用不重磨刀具，采用对刀块对刀，采用新型刀具材料，等等。

4）缩短准备和终结时间

缩短准备和终结时间的方法主要如下。

（1）扩大零件的批量，以减少分摊到每个零件上的准备与终结时间。

（2）通过零件标准化和通用化，或采用成组技术组织生产，减少调整机床、刀具和夹具的时间。

项目实施——编制减速器传动轴的机械加工工艺卡片

该传动轴机械加工工艺规程的设计过程如下。

1. 零件的工艺性分析

该传动轴是减速器的重要零件，属于阶梯轴。分析该传动轴的零件图可知，两个支撑轴颈 $\phi 20 \pm 0.07$ mm、$\phi 25 \pm 0.07$ mm 和配合轴颈 $\phi 35_{-0.017}^{0}$ mm 是该零件的 3 个主要加工表面，其主要技术要求如下。

（1）两个支撑轴颈 $\phi 20 \pm 0.07$ mm 和 $\phi 25 \pm 0.07$ mm 的表面粗糙度 Ra 为 0.8 μm。

（2）配合轴颈 $\phi 35_{-0.017}^{0}$ mm 的表面粗糙度 Ra 为 0.8 μm，与支撑轴颈 $\phi 20 \pm 0.07$ mm 和 $\phi 25 \pm 0.07$ mm 的同轴度为 0.02 mm。

（3）键槽深度为 $31_{-0.2}^{0}$ mm，宽度为 8 ± 0.018 mm，与支撑轴颈的对称度为 0.03 mm。

2. 毛坯的选择

该传动轴采用的材料为 45 钢，生产类型为中批生产。它属于一般传动轴，强度要求不高，工作受力较为稳定，台阶尺寸相差较小。根据毛坯的选择原则，可选择冷轧圆钢作为毛坯，尺寸定为 $\phi 45$ mm×160 mm。

3. 定位基准的选择

选择两中心孔作为该传动轴统一的精基准，选择毛坯的外圆作为粗基准。

4. 加工方法的选择

由于两支撑轴颈和配合轴颈的精度要求较高，这两个轴颈的最终加工方法应为磨削。磨外圆表面前要进行粗车—半精车，并完成其他次要加工表面的加工。根据键槽的加工精度，其加工方法定为粗铣—精铣。

5. 加工阶段的划分

该传动轴的机械加工工艺过程可分为三个阶段：① 粗加工阶段，包括车端面、钻中心孔、粗车外圆、车槽、倒角；② 半精加工阶段，包括修研中心孔、半精车各外圆、铣键槽；③ 精加工阶段，包括粗磨、精磨3个主要外圆表面。

6. 工序余量和工序尺寸的确定

（1）精磨工序余量为0.1 mm，3个主要加工表面的工序尺寸为设计尺寸$\phi20\pm0.07$ mm、$\phi25\pm0.07$ mm 和 $\phi35_{-0.017}^{0}$ mm。

（2）粗磨工序余量为0.3 mm，公差取0.1 mm，按照"入体原则"，3个主要加工表面的工序尺寸为 $\phi20.1_{-0.1}^{0}$ mm、$\phi25.1_{-0.1}^{0}$ mm 和 $\phi35.1_{-0.1}^{0}$ mm。

（3）半精车工序余量为3 mm，公差取0.15 mm，按照"入体原则"，3个主要加工表面的工序尺寸为 $\phi20.4_{-0.15}^{0}$ mm、$\phi25.4_{-0.15}^{0}$ mm 和 $\phi35.4_{-0.15}^{0}$ mm。

（4）粗车工序余量根据各外圆直径确定，余量较大时可分几次走刀完成。

（5）在 $\phi35.4_{-0.015}^{0}$ mm 外圆表面半精车后铣键槽，由于键槽深度 $31_{-0.2}^{0}$ mm 要通过磨削后才能保证，因此铣键槽深度必须经过工艺尺寸链计算才能确定。

根据加工过程建立工艺尺寸链，如图6-11所示。

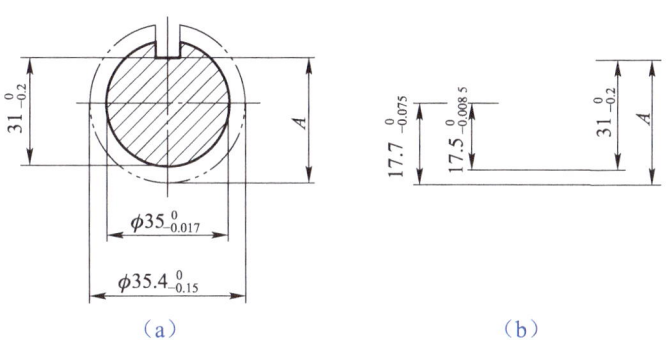

（a） （b）

图6-11 铣键槽工艺尺寸链

尺寸 $31_{-0.2}^{0}$ mm 是经磨削加工最后得到的，故为封闭环；尺寸 A 和 $\phi17.5_{-0.0085}^{0}$ mm 为增环，尺寸 $\phi17.7_{-0.075}^{0}$ mm 为减环。尺寸 A 的计算如下。

A 的基本尺寸由式（6-11）计算可得

$$31 = A + 17.5 - 17.7$$
$$A = 31.2 \text{ mm}$$

A 的上极限偏差由式（6-14）计算可得

$$0 = ES(A) + 0 - (-0.075)$$

$$ES(A) = -0.075 \text{ mm}$$

A 的下极限偏差由式（6-15）计算可得

$$-0.2 = EI(A) + (-0.008\,5) - 0$$

$$EI(A) = -0.191\,5 \text{ mm}$$

因此，工序尺寸 $A = 31.2_{-0.191\,5}^{-0.075}$ mm，按照"入体原则"可标注为 $31.2_{-0.116\,5}^{0}$ mm。

7．编制机械加工工艺卡片

综合以上分析计算，可得该传动轴的机械加工工艺过程，如表 6-9 所示。请在此基础上编制该传动轴的机械加工工艺卡片。

表 6-9　减速器传动轴的机械加工工艺过程

工序号	工序名称	工序内容	定位基准面	设备
1	备料	$\phi 45$ mm×160 mm	—	锯床
2	车	三爪夹持，车一端端面、钻中心孔，调头，三爪夹持，车另一端端面至尺寸 $\phi 45$ mm×150 mm、钻中心孔	毛坯 $\phi 45$ 外圆	车床
3	车	双顶尖装夹，车一端外圆、车槽和倒角，粗车 $\phi 25 \pm 0.07$ 和 $\phi 35_{-0.017}^{0}$ mm 外圆，留余量 3 mm	两端中心孔	车床
4	车	双顶尖装夹，调头车一端外圆、车槽和倒角，粗车 $\phi 32$ mm 和 $\phi 20 \pm 0.07$ mm 外圆，留余量 3 mm	两端中心孔	车床
5	热处理	调质 28～32 HRC	—	—
6	车	修研中心孔	外圆	车床
7	车	半精车 $\phi 32$ mm 外圆至尺寸；半精车 $\phi 25 \pm 0.07$ mm、$\phi 35_{-0.017}^{0}$ mm 和 $\phi 20 \pm 0.07$ mm 外圆，留余量 0.4 mm	两端中心孔	车床
8	铣	粗铣、精铣键槽，保证尺寸 8 ± 0.018 mm 和表面粗糙度 $Ra \leqslant 3.2$ μm，键槽深度 $31.2_{-0.116\,5}^{0}$ mm	$\phi 20 \pm 0.07$ mm 外圆和另一端中心孔	铣床
9	磨	双顶尖装夹，粗磨 $\phi 25 \pm 0.07$ mm、$\phi 35_{-0.017}^{0}$ mm 和 $\phi 20 \pm 0.07$ mm 外圆，留精磨余量 0.1 mm，精磨到尺寸，靠磨三外圆台肩	两端中心孔	外圆磨床

笔　记

项目6 机械加工工艺规程设计

项目考核

1. 填空题

（1）机械加工工艺规程的形式有机械加工工艺过程卡片、_____、机械加工工序卡片。

（2）零件的结构工艺性是指零件在满足设计功能和精度要求的前提下，制造的可行性和_____。

（3）同一个工件，同样的加工内容，可采取两种不同的原则进行工序组合，一种是工序集中原则，另一种是_____。

（4）加工总余量是指某一表面从毛坯加工为成品所切除的金属层总厚度，它是毛坯尺寸与零件设计尺寸之差，又称_____。

（5）尺寸链具有_____性和_____性。

2. 选择题

（1）下列不属于机械加工中常见的毛坯类型的选项是（　　）。
　　A．铸件　　　　　B．铁矿石　　　　C．锻件　　　　　D．轧件

（2）下列不属于精基准的选择原则的选项是（　　）。
　　A．基准重合原则　B．基准统一原则　C．重要表面原则　D．互为基准原则

（3）下列不属于拟定工艺路线的主要任务的选项是（　　）。
　　A．零件工艺性分析　B．选择加工方法　C．划分加工阶段　D．安排加工顺序

（4）下列不属于确定加工余量的方法的选项是（　　）。
　　A．经验估计法　　B．数据采集法　　C．分析计算法　　D．查表修正法

（5）退火、正火和调质是常见的（　　）方法。
　　A．最终热处理　　B．时效处理　　　C．表面处理　　　D．预备热处理

3. 判断题

（1）设计机械加工工艺规程时，应先选择粗基准，后选择精基准。（　　）

（2）拟定零件机械加工工艺路线时，应首先选定最终精加工的方法；然后选定各工序、各工步的加工方法，由粗到精逐步达到要求。（　　）

（3）对于精度要求较高的零件，其机械加工工艺过程可划分为粗加工、半精加工和精加工三个阶段。（　　）

（4）设计机械加工工艺规程时，工序的安排一般遵循基准先行、先主后次、先粗后精和先面后孔的原则。（　　）

（5）工序余量还可定义为相邻两工序基本尺寸之差。按照这一定义，工序余量可分为最大余量和最小余量。（　　）

4. 问答题

（1）简述机械加工工艺规程的作用。

（2）简述机械加工工艺规程的设计步骤。

（3）简述布置工序尺寸公差带的"入体原则"。

项目评价

指导教师根据学生对本项目的实际学习成果对其进行评价,学生配合指导教师共同完成如表 6-10 所示的学习成果评价表。

表 6-10 学习成果评价表

班级		组号		日期	
姓名		学号		指导教师	
项目名称	机械加工工艺规程设计				
评价项目	评价内容		评价方式	分值/分	评分/分
知识（40%）	机械加工工艺规程的形式和作用		理论测试	3	
	机械加工工艺规程设计的原则及步骤			3	
	零件工艺性分析和毛坯的选择			6	
	工艺路线的拟定			8	
	加工余量和工序尺寸的确定			6	
	工艺尺寸链			8	
	机床设备和工艺装备的选择			3	
	时间定额及提高生产率的工艺措施			3	
技能（40%）	能设计中等复杂零件的机械加工工艺规程		实践操作	20	
	能初步分析解决生产中的一般工艺问题			20	
素养（20%）	认真参加教学活动,积极学习和思考		综合评判	5	
	高效完成学习和实践任务			5	
	服从指挥,遵守课堂纪律			5	
	团结合作,具有创新思维			5	
合计				100	
自我评价					
指导教师评价					

项目 7　典型零件的加工工艺

项目导读

学习机械制造技术的主要目的之一,是掌握零件的加工工艺,并能合理设计一般复杂程度零件的机械加工工艺规程。零件的结构和形状受功能、使用环境、材料等多种因素影响,因此需要根据其特点,综合考虑各方面要求来确定加工工艺。本项目主要在前期学习的基础上,对三类典型零件的加工工艺进行综合分析,并运用有关知识解决实际工艺问题。

知识目标

- ◆ 掌握轴类零件的加工工艺。
- ◆ 掌握套类零件的加工工艺。
- ◆ 掌握箱体类零件的加工工艺。

技能目标

- ◆ 能综合分析典型零件的加工工艺。
- ◆ 能解决一般复杂程度零件的加工工艺问题。

素质目标

- ◆ 养成坚持不懈、刻苦钻研的职业作风。
- ◆ 树立追求卓越、勇于拼搏的奋斗精神。

项目描述

轴类零件是机械设备中的核心部件之一。无论在汽车、高铁列车、轮船等大型交通工具中,还是在电风扇、洗衣机、抽油烟机等家用电器中,轴类零件都发挥着不可替代的作用,它不仅用于支撑齿轮、带轮、链轮等传动件,还承担着传递转矩的重要功能。

如图 7-1 所示为车床主轴。该轴的材料为 45 钢,毛坯为模锻锻件,结构包括外圆、台阶、螺纹、花键、圆锥和通孔等表面,精度要求较高,生产类型为大批生产。请设计该车床主轴的机械加工工艺过程,为其编制加工工艺过程卡片。

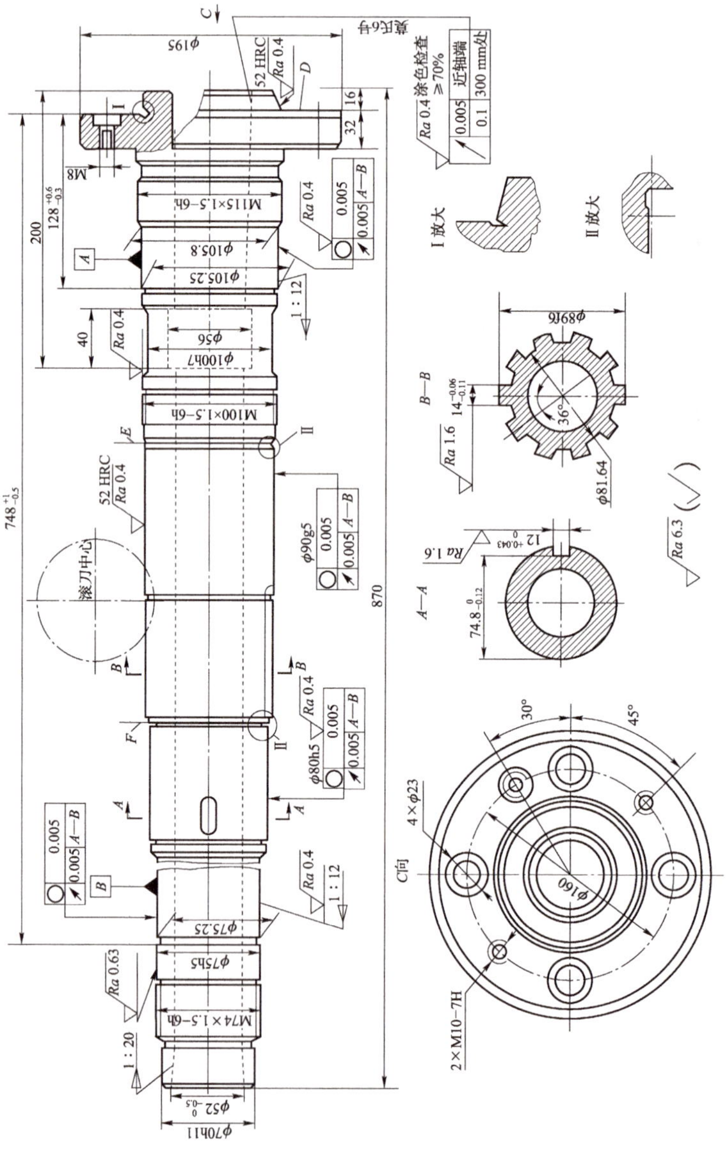

图 7-1 车床主轴

相关知识

7.1 轴类零件的加工工艺

7.1.1 轴类零件的特点

1. 轴类零件的结构特点

轴类零件是回转体零件,其长度大于直径,一般由同轴的外圆柱面、圆锥面、内孔、螺纹及相应的端面组成。按轴线形状的不同,轴类零件(见图 7-2)可分为直轴、曲轴和软轴三种。其中,直轴按外形的不同,还可分为光轴和阶梯轴两种。

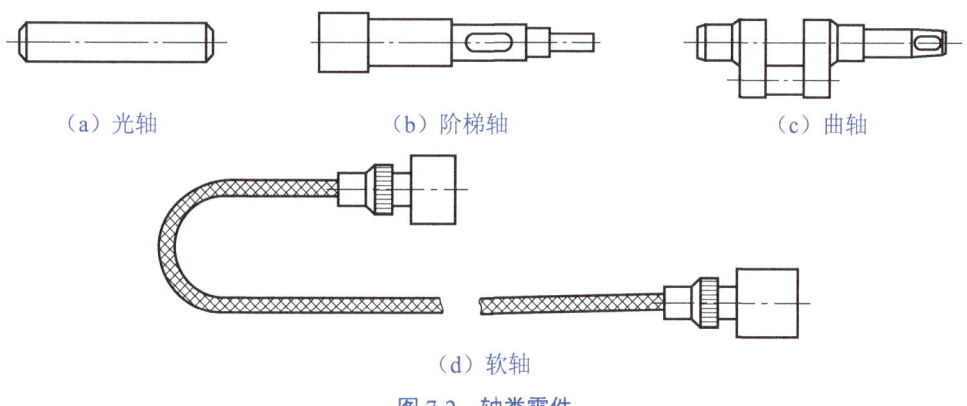

图 7-2 轴类零件

2. 轴类零件的技术要求

轴类零件通常由轴承支撑,它与轴承相配合的轴段称为轴颈。轴类零件上通常还安装有齿轮、链轮、带轮等传动件,它与传动件相配合的轴段称为轴头。轴颈和轴头是轴类零件的主要加工表面,其技术要求是轴类零件的主要技术要求,一般根据轴的主要功用和工作条件制订。轴类零件的技术要求通常包括以下内容。

1)尺寸精度

轴类零件轴颈的尺寸精度要求较高,通常为 IT5~IT7 级;而轴头的尺寸精度一般要求较低,通常为 IT6~IT9 级。

2)形状精度

轴类零件的形状精度主要是指轴颈和轴头部位的圆度、圆柱度等,一般应限制在尺寸公差范围内。对形状精度要求较高的轴,应在图样上标注形状公差。

3)位置精度

轴类零件的位置精度主要是指轴头与轴颈的同轴度,它主要用于保证传动件的传动精度。轴类零件的位置精度通常用轴头对轴颈的径向圆跳动表示。其中,普通精度轴的轴头对轴颈的径向圆跳动一般为 0.01~0.03 mm,高精度轴的轴头对轴颈的径向圆跳动一般为

0.001～0.005 mm。

4）表面粗糙度

一般情况下，轴头的表面粗糙度 Ra 为 0.63～2.5 μm，轴颈的表面粗糙度 Ra 为 0.16～0.63 μm。

3．轴类零件的材料和毛坯

轴类零件应根据工作条件和使用要求选择材料，并通过不同的热处理方法达到所要求的强度、刚度和硬度等。

轴类零件的材料常采用 35、45、50 等牌号优质碳素钢，较常用的是 45 钢；受力较小或不太重要的轴类零件，也可用 Q235、Q255、Q275 等牌号普通碳素钢；受力较大且尺寸和质量受到限制，或有特殊要求的轴类零件，可采用合金钢，如 40Cr 等；外形复杂的轴类零件，可选择铸造性能较好的球墨铸铁等高强度铸铁。

> **点 拨**
>
> 轴类零件通常还要进行高频淬火、渗碳、氮化、氰化等热处理，以及喷丸、滚压等表面强化处理，以提高疲劳强度。

按用途、重要程度和加工条件的不同，轴类零件可选择圆钢轧件、锻件或铸件作为毛坯。其中，直径较小的轴类零件，毛坯可采用圆钢轧件；重要的、直径较大的轴类零件，或直径变化较大的阶梯轴，毛坯可采用锻件；凸轮轴、曲轴等形状复杂的轴类零件，毛坯可采用铸件。

7.1.2 轴类零件的装夹方法

轴类零件的装夹方法主要有用外圆表面定位装夹、用两中心孔定位装夹和用内孔表面定位装夹三种。

1．用外圆表面定位装夹

对于长径比不大的轴类零件，可通过其外圆表面定位装夹。装夹时，可采用通用夹具，如三爪卡盘和四爪卡盘等；也可采用高精度专用夹具，如液性塑料薄壁定心夹具和膜片卡盘等。

2．用两中心孔定位装夹

对于长径比大的轴类零件，常用两中心孔定位装夹。这种装夹方法的定位基准统一，有利于保证轴类零件上各加工表面之间的相对位置精度。但用这种方法装夹时，轴类零件的刚度较低，不能承受较大的切削力，因此这种方法主要用于半精加工和精加工。粗加工时，为了提高轴类零件的刚度，可采用一夹一顶的装夹方法，即轴类零件的一头用卡盘夹紧，另一头用顶尖固定。

3．用内孔表面定位装夹

对于空心轴，在加工出内孔后，作为定位基准的中心孔已不存在。为了保证以后各道工序定位基准的统一，空心轴常采用以下三种装夹方法。

（1）当空心轴内孔直径较小时，可直接在孔口加工出宽度为 2～3 mm 的 60°圆锥孔来代替中心孔,然后直接用顶尖定位装夹。

(2) 当空心轴孔端有小锥度锥孔时,常采用锥堵定位装夹,如图 7-3(a)所示。当空心轴孔端为圆柱孔时,也可采用小锥度的锥堵定位装夹。

(3) 当空心轴锥孔的锥度较大时,常采用锥套芯轴定位装夹,如图 7-3(b)所示。

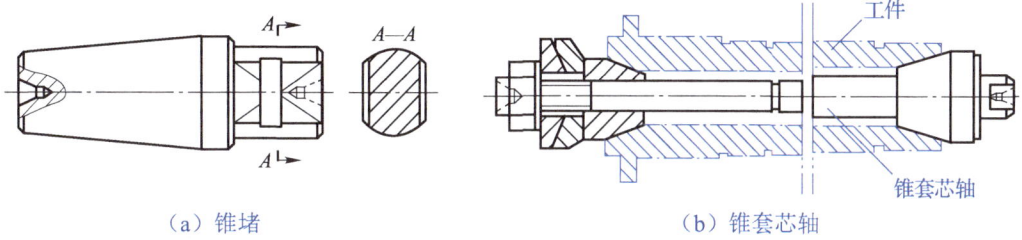

(a)锥堵　　　　　　　　　　　　　　(b)锥套芯轴

图 7-3　锥堵和锥套芯轴

点　拨

对空心轴采用锥堵和锥套芯轴定位装夹时应注意:① 锥堵和锥套芯轴要有足够的精度;② 安装锥堵和锥套芯轴的内孔或锥孔最好经过精车或磨削;③ 在加工过程中最好不要中途更换或重装锥堵和锥套芯轴。

笔　记

7.1.3　轴类零件外圆表面的加工路线

轴类零件的外圆表面可采用四条基本加工路线进行加工,如图 7-4 所示。

- **粗车—半精车—精车**:这条加工路线应用较广,只要工件材料能切削加工,且加工精度符合要求(加工精度低于 IT7 级、表面粗糙度 Ra 大于 1.25 μm),都可采用这条加工路线加工。在这条加工路线中,可根据加工表面的加工精度和表面粗糙度要求,只安排粗车或粗车—精车。

- **粗车—半精车—精车—金刚石车或滚压**:这条加工路线主要用于有色金属工件的加工,其加工精度为 IT5～IT7 级,表面粗糙度 Ra 为 0.02～1.25 μm。

- **粗车—半精车—粗磨—精磨**:这条加工路线主要用于各种钢件和铸铁件的加工,其加工精度为 IT6～IT7 级,表面粗糙度 Ra 为 0.16～0.25 μm。

- **粗车—半精车—粗磨—精磨—研磨、超精加工、砂带磨、镜面磨或抛光**:这条加工路线在加工路线"粗车—半精车—粗磨—精磨"的基础上加入了研磨、超精加工、砂带磨、镜面磨或抛光等工序,可进一步减小表面粗糙度、提高形状精度,其加工精度为 IT5 级,表面粗糙度 Ra 最小为 0.008 μm。

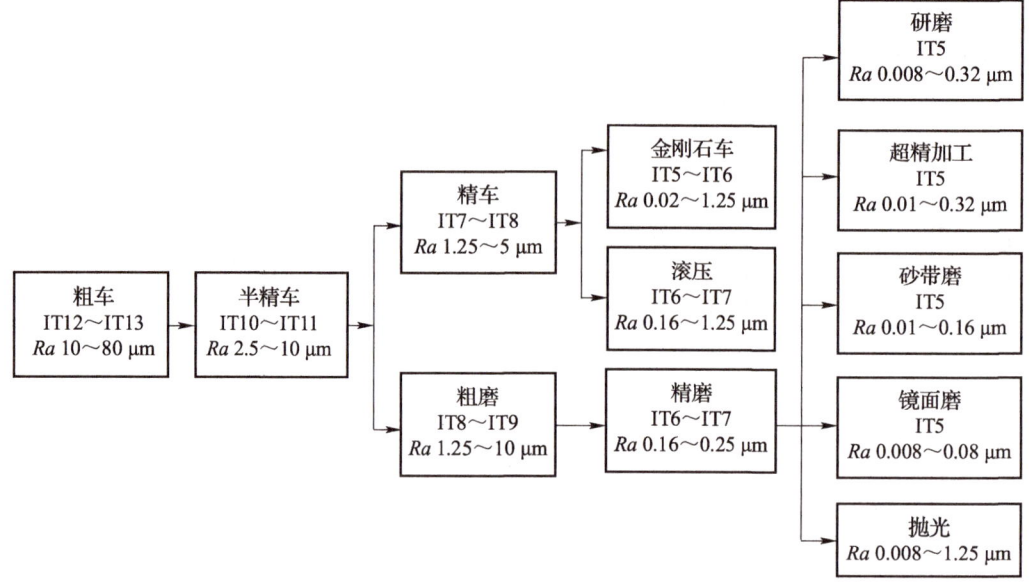

图 7-4 轴类零件外圆表面的基本加工路线

7.1.4 轴类零件外圆表面的加工方法

外圆表面的车削

外圆表面是轴类零件最主要的表面,常采用车削和磨削两种加工方法。

1. 外圆表面的车削

下面以车细长轴为例介绍轴类零件外圆表面的车削。细长轴是指长径比大于 20（$L/d >20$）的轴类零件,其刚度较低,在切削过程中极易产生振动和变形,且切削用量小、连续切削时间长、刀具磨损大,不易获得较高的加工精度和表面质量。车细长轴时常见的缺陷及其产生的原因如表 7-1 所示。

表 7-1 车细长轴时常见的缺陷及其产生的原因

缺陷	产生的原因
弯曲	① 毛坯自重和加工前毛坯存在弯曲 ② 工件装夹不当 ③ 刀具几何参数和切削用量选择不当,造成切削力过大 ④ 切削时工件产生热变形 ⑤ 刀尖与支撑块间距过大
竹节形	① 在调整和修磨跟刀架支撑块后接刀不良,使第二次进给的径向尺寸与第一次进给的不一致,使工件直径出现与支撑宽度一致的周期性变化 ② 跟刀架外侧支撑块调整得过紧,使工件中段直径出现周期性变化
多边形	① 跟刀架支撑块与工件表面接触不良,留有间隙,使工件中心偏离回转中心 ② 由于装夹不当、热变形等造成工件偏摆,导致背吃刀量变化

续表

缺陷	产生的原因
锥度	① 尾座顶尖与主轴中心线相对于床身导轨平面不平行 ② 刀具磨损
表面粗糙度过大	① 车削振动 ② 跟刀架支撑块材料选取不当,与工件接触和摩擦不良 ③ 刀具几何参数选择不当

2. 外圆表面的磨削

砂轮磨削是轴类零件外圆表面精加工的主要磨削方法,下面主要介绍轴类零件外圆表面的砂轮磨削。

1)纵向进给磨削和横向进给磨削

按砂轮相对于加工表面进给方向的不同,砂轮磨削可分为纵向进给磨削和横向进给磨削两种。

纵向进给磨削又称纵向磨削,是指使工作台做纵向往复运动对工件进行磨削的加工方法,如图 7-5 所示。采用这种方法磨外圆时,砂轮高速旋转为主运动,工件旋转并同工作台一起做纵向往复进给运动。每一纵向行程结束,砂轮做一次横向进给,且每次横向进给量很小。因此,纵向进给磨削能使外圆表面获得较高的加工精度和表面质量。但纵向进给磨削生产率较低,通常用于零件的精磨加工或单件小批生产。

横向进给磨削又称切入磨削,是指用宽砂轮进行横向切入磨削的加工方法,如图 7-6 所示。这种方法所用砂轮的宽度大于工件磨削表面的宽度,磨削时砂轮以缓慢的速度连续或间歇地向工件做横向进给运动。横向进给磨削只需要一次行程就可完成加工,生产率较高;但其磨削力较大、磨削温度较高、加工的表面质量较低。因此,横向进给磨削适用于加工刚度较高、外圆表面质量要求较低的零件或成批生产。

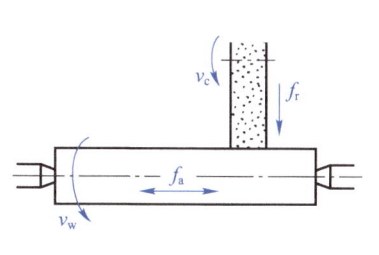

图 7-5 纵向进给磨削

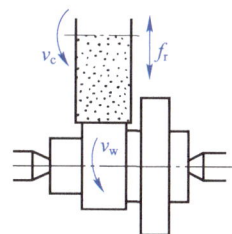

图 7-6 横向进给磨削

2)定心磨削和无心磨削

按工件夹紧和驱动方式的不同,砂轮磨削还可分为定心磨削和无心磨削两种。其中,定心磨削即普通的外圆磨削,它是指工件以中心孔定位,在外圆磨床或万能外圆磨床上进行磨削的加工方法;无心磨削是指工件不以中心孔定位,而以工件上被磨削的外圆表面定位,在无心磨床上进行磨削的加工方法。采用无心磨削加工时,托架将工件支撑在砂轮和导轮之间,由导轮驱动工件旋转,并将其压向做旋转主运动的砂轮以进行磨削。

与定心磨削相比，无心磨削具有以下优点和缺点。

优点：① 不需要打中心孔、退刀和装夹工件，可进行连续加工，且易于实现上下料的自动化，辅助时间短，生产率高；② 托架和导轮定位比顶尖和中心架定位支撑刚度高，可采用较大的切削用量进行高速、强力磨削，有利于细长轴的加工。

缺点：① 砂轮的磨损、进给机构的补偿和切入机构的重复定位误差会影响工件的直径尺寸精度，因此需要经常对机床进行调整，且调整较为复杂、费时；② 磨削表面与非磨削表面之间的相对位置精度（如同轴度、垂直度等）不能得到保证。

知识链接

贯穿法无心磨削和切入法无心磨削

无心磨削也有纵向进给和横向进给两种磨削方式，分别称为贯穿法和切入法，如图 7-7 所示。

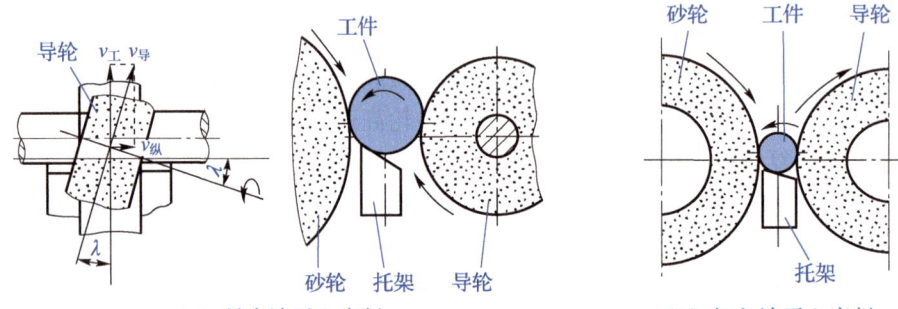

（a）贯穿法无心磨削　　　（b）切入法无心磨削

图 7-7　贯穿法无心磨削和切入法无心磨削

如图 7-7（a）所示为贯穿法无心磨削。采用这种方法磨外圆时，工件处于砂轮和导轮之间，工件由托架支撑，砂轮水平放置，导轮轴线倾斜一个不大的角 λ，从而使导轮的圆周速度 $v_{导}$ 分解为带动工件旋转的 $v_{工}$ 和使工件纵向进给的 $v_{纵}$。这样，工件在磨削中做旋转运动的同时，还会做纵向进给运动。

如图 7-7（b）所示为切入法无心磨削。采用这种方法磨外圆时，导轮带动工件旋转并使工件压向砂轮，工件、导轮及托架一起向砂轮做横向进给。磨削结束后，导轮后退即可取下工件。

7.1.5 保证轴类零件加工质量的措施

1. 保证中心孔加工质量的措施

中心孔是加工轴类零件常采用的定位基准，其深度、圆度及两中心孔的同轴度对加工精度有直接影响。因此，在轴类零件加工前，一般要先对中心孔进行修研，以保证中心孔的加工质量。中心孔修研的方法主要有以下三种。

1）用油石或橡胶砂轮修研

先将圆柱形油石（或橡胶砂轮）装夹在车床卡盘上，并用装在刀架上的金刚石笔将油石（或橡胶砂轮）前端修成60°顶角，然后将工件顶在油石（或橡胶砂轮）和车床尾座之间，如图7-8所示。修研时，在油石（或橡胶砂轮）上加入少量润滑油，然后启动车床，使油石（或橡胶砂轮）转动，并用手把持工件断续缓慢转动。这种方法的修研质量和生产率较高，在生产中应用较广。

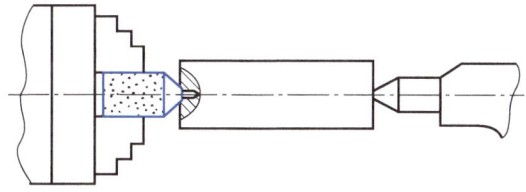

图 7-8　用油石修研中心孔

2）用硬质合金顶尖修研

将硬质合金顶尖的锥面磨成六角形，并留有宽度 $f = 0.2\sim0.5$ mm 的等宽刃带，如图 7-9 所示。采用具有这种锥面的硬质合金顶尖，可通过锥面刃带对中心孔的切削和挤压作用来提高中心孔的精度。这种方法的生产率高，但质量稍差，多用于普通轴类零件中心孔的修研或精密轴类零件中心孔的粗研。

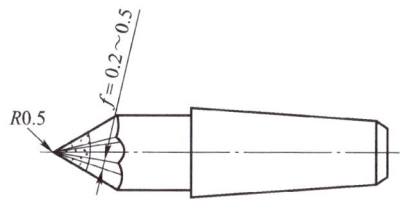

图 7-9　硬质合金顶尖

3）用中心孔磨床修研

使用专用磨床修研的中心孔可获得较高的加工精度，其圆度误差在 0.8 μm 以内，表面粗糙度 Ra 为 0.32 μm。这种方法生产率很高，适用于大批大量生产。

2. 保证细长轴外圆表面加工质量的措施

为了保证细长轴外圆表面的加工质量，通常在车细长轴时采取以下措施：改进装夹方法、采用中心架或跟刀架、采用反向车削法、合理选择刀具角度等。

1）改进装夹方法

车细长轴时常采用"一夹一顶"的装夹方法，如图7-10所示。其中，夹持端应在工件外圆与卡爪之间垫上弹性开口环或细金属丝，以免工件表面在装夹中受到损伤；顶端应采用轴向弹性活顶尖，以便在工件受热膨胀伸长时能对其进行轴向调整，减小工件的变形。

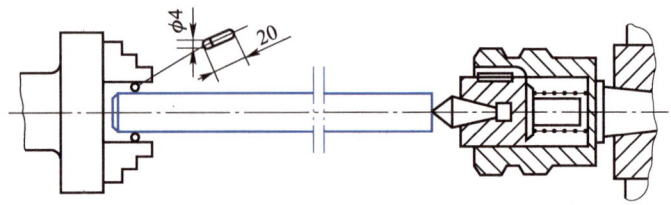

图 7-10 "一夹一顶"装夹

2）采用中心架或跟刀架

车细长轴时采用中心架或跟刀架可显著提高工件的刚度，防止工件弯曲变形；同时，还可抵消部分径向切削分力，减小切削振动。采用中心架或跟刀架时，必须使其中心高与机床顶尖中心高保持一致，并保持支撑爪与工件表面接触良好。此外，支撑爪在加工中易磨损，应注意及时调整。

3）采用反向车削

反向车削是指在细长轴的车削过程中，车刀由主轴卡盘开始向尾座方向进给的一种车削方法。相较于正向车削，反向车削时刀具施加在工件上的轴向力 F_x 朝向尾座，如图 7-11 所示，工件已加工部分受到轴向拉伸，可避免因轴向切削力压缩工件而产生的弯曲变形；同时，弹性尾座顶尖能在工件轴向拉伸变形后自动调整，也可减小工件的弯曲变形。

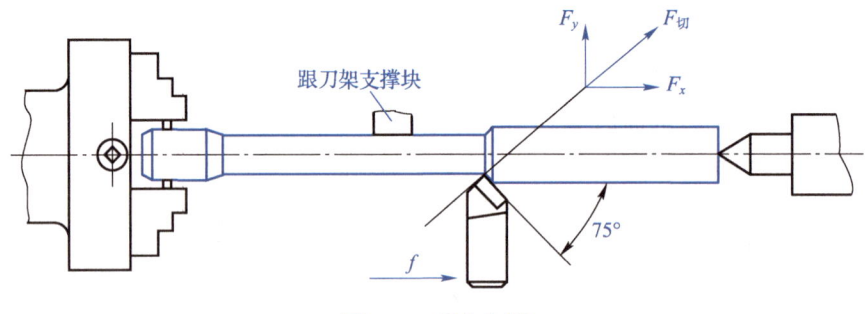

图 7-11 反向车削

4）合理选取刀具角度

车细长轴时，为减小切削力和减少切削热，应合理选取刀具角度：在不影响刀具强度的情况下，前角 γ_o 和主偏角 κ_r 取较大值，常取 $\gamma_o = 15° \sim 30°$，$\kappa_r = 60° \sim 90°$；刃倾角 λ_s 取正值，但不宜太大，尽量使切屑流向待加工表面。此外，车刀前刀面应有断屑槽，以利于断屑。

📝 笔 记

7.2 套类零件的加工工艺

7.2.1 套类零件的特点

1. 套类零件的结构特点

不同功用套类零件的结构和尺寸虽然有很大不同,但却有着一些相同的特点:① 零件的主要加工表面是同轴度要求较高的内、外回转表面;② 零件的壁较薄,且容易变形;③ 零件的长度一般大于直径。常见的套类零件如图 7-12 所示。

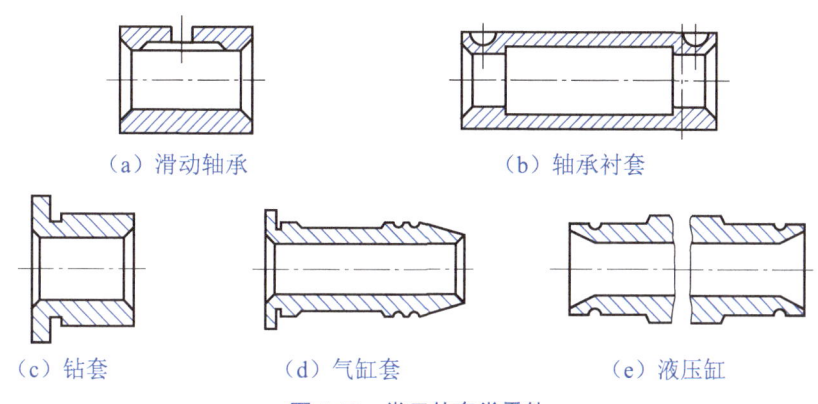

图 7-12 常见的套类零件

2. 套类零件的技术要求

1) 孔的技术要求

孔是套类零件起支撑和导向作用的主要表面,通常与运动的轴、钻头或活塞等相配合。套类零件中孔的尺寸精度一般为 IT7 级,精密轴承套中孔的尺寸精度为 IT6 级,气缸和液压缸因其配合活塞上有密封圈,孔的尺寸精度要求较低,通常为 IT9 级。孔的形状精度应控制在孔径公差内,精密套筒的形状精度应为孔径公差的 1/3~1/2。孔的表面粗糙度 Ra 一般为 0.16~2.5 μm,精密套筒等的表面粗糙度 Ra 为 0.04 μm。

2) 外圆表面的技术要求

外圆表面是套类零件的支撑面,常通过过盈配合或过渡配合与箱体或机器上的孔连接。外圆表面的尺寸精度通常取 IT6~IT7 级,形状精度在尺寸公差内,表面粗糙度 Ra 一般为 0.63~5 μm。

3) 孔与外圆表面的同轴度要求

若孔的最终加工在套类零件装入箱体或机体之后进行,则孔与外圆表面的同轴度要求较低;若孔的最终加工在装配之前完成,则孔与外圆表面的同轴度要求较高,一般为 0.01~0.05 μm。

4) 孔与端面的垂直度要求

若套类零件的端面(包括凸缘端面)在工作中承受载荷,或在装配和加工时作为定位基准,则孔与端面的垂直度要求较高,一般为 0.01~0.05 μm。

3. 套类零件的材料和毛坯

套类零件一般选用钢、铸铁、青铜或黄铜等材料,有些滑动轴承采用双金属结构,即用离心铸造法在钢或铸铁内壁上浇注巴氏合金等合金材料，这样既能提高轴承寿命，又能节省贵重有色金属的用量。

选择套类零件的毛坯时，应从零件的材料、结构、尺寸及生产类型等方面考虑。其中，孔径较小（一般小于 20 mm）的套类零件，通常选择热轧或冷拉棒料，也可采用实心铸件；孔径较大（一般大于 20 mm）的套类零件，通常选择无缝钢管或带孔的铸件、锻件；生产批量较小时，可选择砂型铸件、轧件或自由锻件；生产批量较大时，则应选择冷冲压件或粉末冶金件等，以提高生产率。

7.2.2 套类零件的装夹方法

套类零件的装夹方法主要有两种，一种是用外圆或外圆与端面定位装夹，另一种是用已加工内孔定位装夹。

1. 用外圆或外圆与端面定位装夹

套类零件的加工用外圆或外圆与端面定位装夹时，通常采用三爪卡盘或四爪卡盘等夹具。当工件为毛坯时，仅以外圆为粗基准定位装夹；当工件外圆和端面加工后，再以外圆或外圆与端面定位装夹。

2. 用已加工内孔定位装夹

为保证套类零件内圆与外圆的同轴度，常在内孔精加工后，用内孔定位装夹工件，然后精加工外圆及端面。

若套类零件内圆与外圆的同轴度要求不高，则可采用圆柱形芯轴或可胀式弹性芯轴定位装夹工件，如图 7-13（a）和图 7-13（b）所示；若套类零件内圆与外圆的同轴度要求较高，则可采用锥芯轴或液性塑料芯轴定位装夹工件，如图 7-13（c）和图 7-13（d）所示。

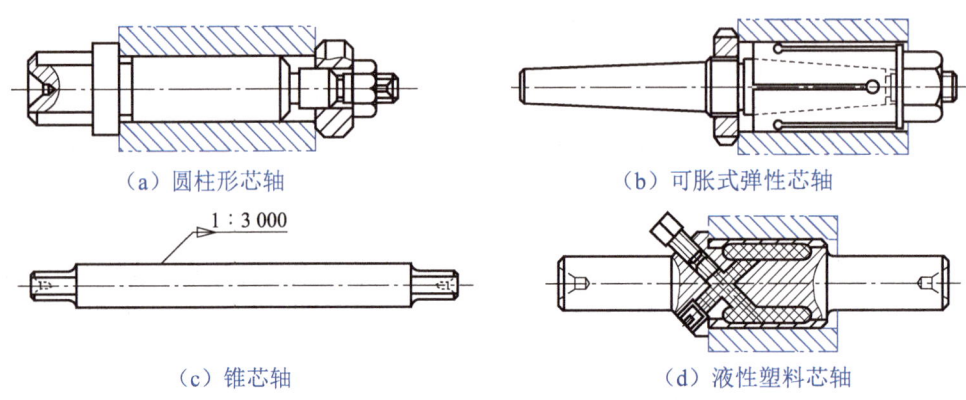

（a）圆柱形芯轴　　　　　　　　（b）可胀式弹性芯轴

（c）锥芯轴　　　　　　　　　　（d）液性塑料芯轴

图 7-13　用已加工内孔定位装夹套类零件的夹具

7.2.3 套类零件孔的加工路线

孔是套类零件起支撑或导向作用的主要表面。套类零件的孔可采用四条基本加工路线进行加工，如图 7-14 所示。

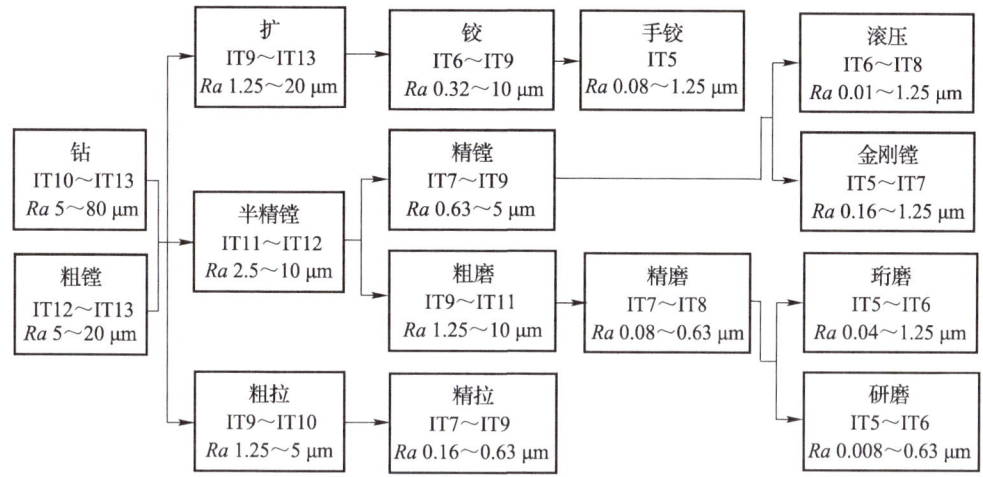

图 7-14 套类零件孔的基本加工路线

- 钻—扩—铰：这条加工路线应用较为广泛，适合加工除淬硬钢以外的各种材料，以及具有中、小孔的套类零件。当孔的表面精度要求较高、表面粗糙度要求较低时，往往在铰孔后再安排一次手工精铰。

套类零件孔的加工路线

- 钻或粗镗—半精镗—精镗：这条加工路线适合加工除淬硬钢以外的各种材料，尤其适合加工有色金属材料及孔系位置精度要求较高的套类零件。毛坯上未铸出或锻出孔时，要先钻孔；毛坯上已有孔时，可对孔直接进行粗镗；精镗后的孔还可根据加工精度和表面粗糙度的要求，安排滚压或金刚镗。
- 钻或粗镗—半精镗—磨削：这条加工路线适合加工除淬硬钢以外的各种材料，尤其适合加工有色金属材料及孔系位置精度要求较高的套类零件。根据孔加工精度和表面粗糙度的要求，磨削可只进行粗磨或粗磨—精磨，也可进行粗磨—精磨—珩磨或研磨。
- 钻—粗拉—精拉：这条加工路线的加工质量较为稳定，生产率较高，适用于中小型零件的大批大量生产，并且适合淬硬钢、铸铁和有色金属等材料的加工。

7.2.4 保证套类零件加工质量的措施

如何保证各表面之间的相对位置精度和防止工件变形，是套类零件在机械加工过程中需要解决的主要问题。

1. 保证各表面之间相对位置精度的主要措施

套类零件各表面之间的相对位置精度主要包括零件内、外圆表面的同轴度和端面对内孔轴线的垂直度，可采取以下措施来保证。

1）在一次装夹中完成内、外表面和端面的加工

在短小套类零件的单件小批生产中，可采用在一次装夹中完成内、外表面和端面加工的方法（俗称"一刀落"）。如图7-15所示，固定套零件在采用这种加工方法时，可用90°偏刀、45°弯头刀、切槽刀和铰刀，在一次装夹中精加工各内、外表面和端面，最后用切断刀把工件切断。这种方法可避免工件因多次装夹而产生定位误差，保证内、外圆表面的同轴度和端面对内孔轴线的垂直度。

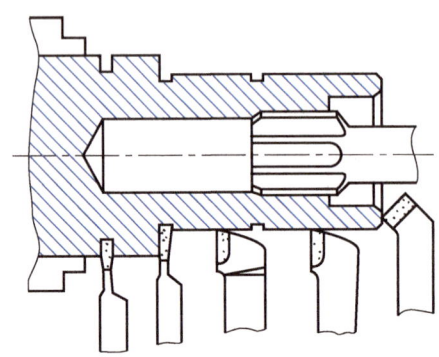

图7-15 在一次装夹中加工固定套零件

点拨

> 当机床精度较高时，采用"一刀落"的加工方法可获得较高的几何精度，但由于在加工中要经常改变切削用量、转换刀架和装卸刀具，工件的尺寸精度控制难度较大，因此对工人的技术水平要求较高。

2）先精加工孔，再以孔为定位基准加工外圆表面

当大批量加工中、小型套类零件时，为了提高生产率，通常分数次装夹来加工各加工表面。采用这种方法时，可先用三爪或四爪卡盘装夹，粗车内孔、外圆，后精车内孔；然后以内孔为定位精基准，把工件装夹在芯轴上精车外圆，以保证较高的相对位置精度。

3）先精加工外圆，再以外圆为定位基准加工孔

当加工的套类零件外圆直径较大、内孔直径较小、长度较短时，通常以外圆为定位精基准来保证孔的加工精度。采用这种方法时，使用精度较高的定心夹具，如弹簧膜片卡盘、液性塑料夹具、经过修磨的三爪卡盘和软爪等，可保证较高的相对位置精度，且工件的装夹较为迅速可靠。

2. 防止工件变形的主要措施

套类零件由于壁薄，加工中常因夹紧力、切削力、残余应力和切削热等的影响而产生变形，导致加工精度降低。防止工件变形主要采取以下措施。

1）减小夹紧力对工件变形的影响

减小夹紧力对工件变形的影响可采取的措施有：① 改变夹紧力的方向，即把径向夹紧改为轴向夹紧，使夹紧力作用在工件刚度较高的部位；② 当需要径向夹紧时，应尽可能使径向夹紧力沿圆周均匀分布，可在加工中使用过渡套、弹性套或扇形爪来达到这一目

项目7 典型零件的加工工艺

的；③ 在工件上制出工艺凸边，以提高其径向刚度。

2）减小切削力对工件变形的影响

减小切削力对工件变形的影响可采取的措施有：① 通过增大刀具主偏角等来减小径向切削分力；② 同时加工内、外圆表面，使径向切削分力相互抵消。

3）减小残余应力对工件变形的影响

减小残余应力对工件变形的影响可采取的措施有：① 对工件进行热处理来消除残余应力；② 将热处理工序放在粗、精加工之间进行，以便将由热处理引起的变形在精加工中进行纠正。

4）减小切削热对工件变形的影响

减小切削热对工件变形的影响可采取的措施有：① 在加工时注入足够的切削液进行冷却；② 在粗、精加工之间留出充足的冷却时间。

📋 笔记

进德修业

中国制造向"新"而行，彰显高质量发展坚实底气

制造业是实体经济的主体，也是现代化产业体系的核心。近年来，我国制造业在高端化、智能化、绿色化的道路上加速前行，为经济社会高质量发展提供了源源不断的动力。

2024 年以来，新质生产力加快发展，高技术制造业动能强劲。从 C919 国产大飞机加快商用、全球单体容量最大的漂浮式风电平台"明阳天成号"扬帆起航，到重型燃气轮机、汽车智能芯片等关键核心技术相继突破，再到造船业新接订单量全球占比超七成、家电出口连续 17 个月同比正增长……中国制造业不断向"新"而行、向"上"攀升。

从中国"制造"到"智造"，离不开创新技术的突破。例如，国内某钢铁公司在全球首次实现了 1 250 毫米宽幅 0.1 毫米超薄无取向电工钢的全流程生产，这种"手撕钢"广泛应用于高效电机、高端无人机、新能源汽车等高技术产品领域，标志着我国在该领域的研发制造水平已达到世界领先；国内首台自主可控 F 级重型燃机（G50）项目的成功实施，实现了 2 000 小时满负荷商业运行，并顺利通过产品鉴定，填补了我国自主燃气轮机产业的空白。

中国制造正加速迈向"智造"新高度，为高质量的发展注入强劲动力。面对未来，我国制造业将继续在智能化转型的道路上加速前行。

（资料来源：王绍绍，《中国制造向"新"而行　彰显高质量发展坚实底气》，人民网，2024 年 10 月 20 日）

7.3 箱体类零件的加工工艺

7.3.1 箱体类零件的特点

1. 箱体类零件的结构特点

箱体类零件的结构一般较为复杂。不同功用的箱体类零件，其结构形式差异很大，但它们仍有共同特点：内部呈型腔、形状复杂、壁薄且厚度不均匀、加工部位多、加工量大；壁上有很多不同功用、不同加工精度要求的平面和孔（孔系），如各种定位基准面、支撑面、轴承孔、紧固孔（孔系）等。其中，定位基准面和轴承孔的加工精度要求较高。

按结构形式的不同，箱体类零件可分为整体式箱体和分离式箱体两类。前者是整体铸造、整体加工而成的，加工较困难，但装配精度高；后者可分别制造，便于加工和装配，但增加了装配工作量。常见的箱体类零件如图 7-16 所示。

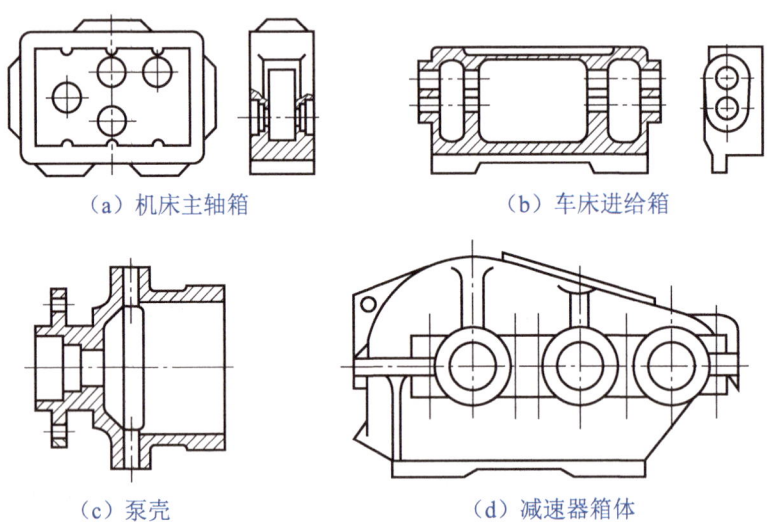

（a）机床主轴箱　　　　　（b）车床进给箱

（c）泵壳　　　　　（d）减速器箱体

图 7-16　常见的箱体类零件

2. 箱体类零件的技术要求

在常见的箱体类零件中，机床主轴箱的技术要求较高，下面以车床主轴箱为例介绍箱体类零件的技术要求。如图 7-17 所示为车床主轴箱零件简图，该零件的技术要求主要包括孔的尺寸精度和形状精度、孔与孔之间的相对位置精度、孔与平面之间的相对位置精度、主要平面的精度和表面粗糙度等。

1）孔的尺寸精度和形状精度

车床主轴箱上支撑孔的尺寸误差和形状误差会影响轴与孔的配合精度，进而影响轴的回转精度。一般情况下，车床主轴箱主轴轴承孔的尺寸公差为 IT6 级，其余轴承孔为 IT6～IT7 级；孔的形状精度除特殊规定外，一般控制在尺寸公差范围内即可。

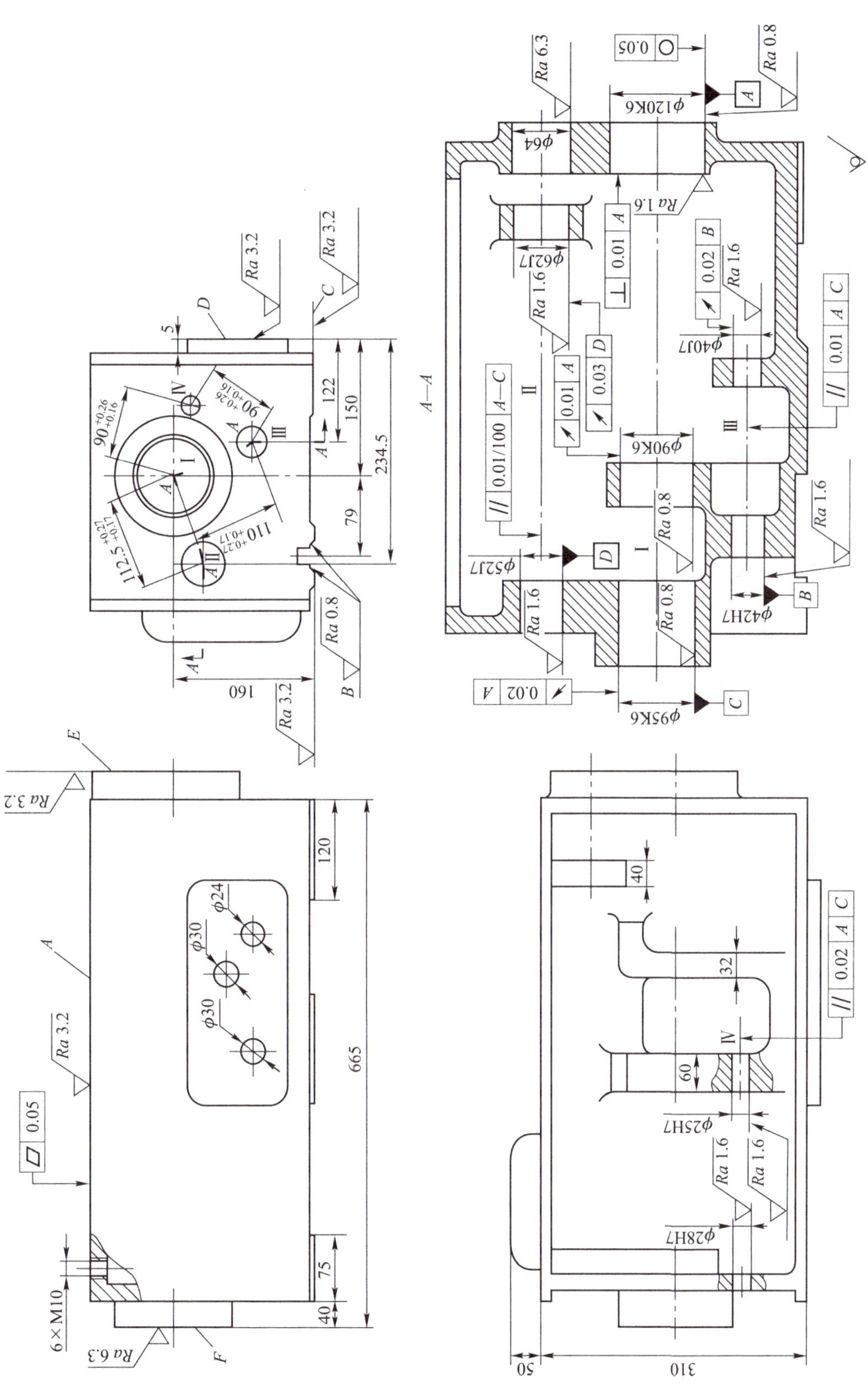

项目7 典型零件的加工工艺

图 7-17 车床主轴箱零件简图

2）孔与孔之间的相对位置精度

车床主轴箱同一轴线上各孔的同轴度误差和孔端面对轴线的垂直度误差，会使轴和轴承装配到箱体上之后产生歪斜，从而使主轴产生径向跳动和轴向窜动，并加剧轴承的磨损。因此，同一轴线上各孔的同轴度公差一般约为最小尺寸公差的一半。孔系之间的平行度误差会影响齿轮的啮合质量，也应规定相应的精度要求。

3）孔与平面之间的相对位置精度

车床主轴箱各轴承孔与装配基准面之间的平行度决定了主轴与床身导轨之间的相对位置精度，该平行度是在装配过程中通过刮研获得的。为了确定刮研工作量，一般都需要规定轴承孔对装配基准面的平行度公差。

4）主要平面的精度

车床主轴箱底面和导轨面（装配基准面）的平面度会影响主轴箱与床身连接时的接触刚度，若加工过程中装配基准面还作为定位基准面，则还会影响主要孔的加工精度。因此，规定底面和导向面必须平直，且相互垂直，其平面度和垂直度公差为 IT5 级。

5）表面粗糙度

车床主轴箱重要孔和主要表面的表面粗糙度会影响连接面的配合性质和接触刚度，一般要求主轴孔的表面粗糙度 Ra 为 0.4 μm，其他各纵向孔的表面粗糙度 Ra 为 1.6 μm，孔端面的表面粗糙度 Ra 为 3.2 μm，装配基准面和定位基准面的表面粗糙度 Ra 为 0.63～2.5 μm，其他平面的表面粗糙度 Ra 为 2.5～10 μm。

3．箱体类零件的材料和毛坯

箱体类零件的材料一般采用各种牌号的灰铸铁，如 HT200、HT250、HT300 等，也可根据要求采用铝合金、铸钢、钢板或其他材料。

箱体类零件的毛坯一般采用铸件；对于动力机械中的某些箱体，如减速器壳体等，由于形状复杂、结构紧凑、体积小、质量轻，因此常采用铝合金压铸件；对于承受重载和冲击的工程机械、锻压机床等机器的箱体，可采用铸钢件或钢板焊接件；对于一些简易箱体，常采用钢板焊接件。

7.3.2 箱体类零件的装夹方法

按定位方式的不同，箱体类零件的装夹方法可分为划线找正定位装夹、简单定位元件定位装夹、划线与简单定位元件配合使用定位装夹和夹具定位装夹四种。

1．划线找正定位装夹

当箱体类零件的毛坯形状复杂且误差较大时，可用划线法分配余量，按划线找正装夹。这种方法增加了划线工序，且对工人的技术水平要求较高，操作烦琐，加工误差较大，故只适用于单件小批生产。

2．简单定位元件定位装夹

简单定位元件是指定位用的平板、平尺、角钢和 V 型钢等。采用简单定位元件定位装夹时，在工作前要先将简单定位元件装在机床工作台上，用仪表校正或装上工件试刀，以调整简单定位元件的位置并紧固。后续工件只需要用这些元件定位，再夹紧即可进行加工。这种方法简单、方便、成本低，一套定位元件可用于多种箱体类零件的定位装夹，但定位的可靠性较差，工件的装卸比较费时，适用于单件小批生产。

3. 划线与简单定位元件配合使用定位装夹

采用划线与简单定位元件配合使用定位装夹时，通常以一个已加工表面作为主要定位基准，先将工件放在简单定位元件上，再用装在机床主轴或机头上的划针，通过划线找正工件其余方向的位置，然后夹紧。这种方法虽然结合了以上两种方法，但操作仍比较费时，加工误差较大，适用于单件小批生产。

4. 夹具定位装夹

箱体类零件的夹具一般较为复杂、庞大，制造成本较高且生产周期较长，因此只适用于成批和大量生产以及加工精度要求较高的箱体类零件。

7.3.3 箱体类零件的结构工艺性

1. 基本孔

箱体类零件上的基本孔主要包括通孔、阶梯孔、交叉孔和盲孔四种。

1）通孔

通孔的结构工艺性较好，特别是长径比 $L/d \leqslant 1$ 的短圆柱孔。长径比 $L/d > 5$ 的深孔，当其尺寸精度要求较高、表面粗糙度要求较小时，其结构工艺性不好。

2）阶梯孔

阶梯孔的孔径相差越小，结构工艺性越好；孔径相差越大，结构工艺性越差，当其中最小的孔径很小时，结构工艺性更差。

3）交叉孔

交叉孔的结构工艺性较差。如图 7-18（a）所示，$\phi 100$ mm 孔和 $\phi 70$ mm 孔贯穿相交，当加工 $\phi 100$ mm 孔时，刀具走到贯通部分会因径向力不平衡而使孔偏斜。为保证加工质量，可先不铸通 $\phi 70$ mm 孔，待加工完 $\phi 100$ mm 孔后再加工 $\phi 70$ mm 孔，如图 7-18（b）所示。

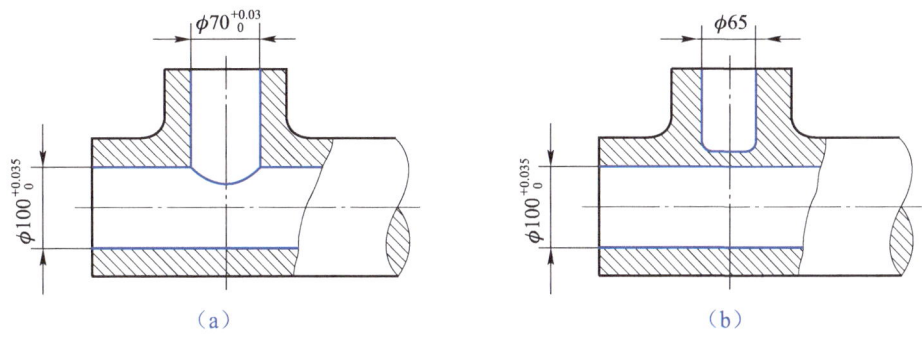

图 7-18 交叉孔的结构工艺性

4）盲孔

盲孔的结构工艺性很差，因此在对其进行精铰或精镗时，需要手动或采用特殊工具进给才行。此外，盲孔内端面的加工也非常困难，在设计时应尽量避免。

2．同轴孔

箱体类零件上不同孔径同轴孔的排列方式有孔径大小单向排列、孔径大小双向排列和孔径大小无规则排列三种，如图 7-19 所示。

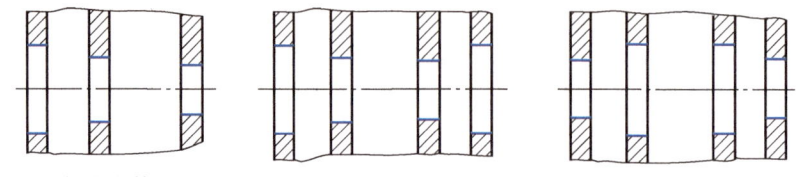

（a）孔径大小单向排列　　（b）孔径大小双向排列　　（c）孔径大小无规则排列

图 7-19　不同孔径同轴孔的排列方式

1）孔径大小单向排列

如图 7-19（a）所示，同轴孔的孔径大小向同一方向递减，且相邻两孔的直径差大于孔的加工余量。加工时，镗杆可从一端伸入，逐个加工或同时加工同轴线上的几个孔。单件小批生产时一般采用这种排列方式。

2）孔径大小双向排列

如图 7-19（b）所示，同轴孔的孔径大小从两边向中间递减，加工时镗杆从两边进入，这样不仅能缩短镗杆长度，提高镗杆的刚度，而且为双面同时加工创造了条件。大批大量生产时常采用这种排列方式。

3）孔径大小无规则排列

如图 7-19（c）所示，同轴孔的孔径大小无规则排列时，要将镗杆伸进箱体后装刀和对刀，结构工艺性差，设计时应尽量避免。

3．端面

1）孔内端面

箱体类零件孔内端面的加工比较困难，必须加工时，在设计中应尽可能使内端面尺寸小于刀具需要穿过的孔加工之前的直径，如图 7-20（a）所示，这样可避免损伤其他孔。若如图 7-20（b）所示，内端面尺寸大于刀具需要穿过的孔加工前的直径，则加工时镗杆伸进后才能装刀，镗杆退出前又要将刀具卸下，加工很不方便，设计时应尽量避免。

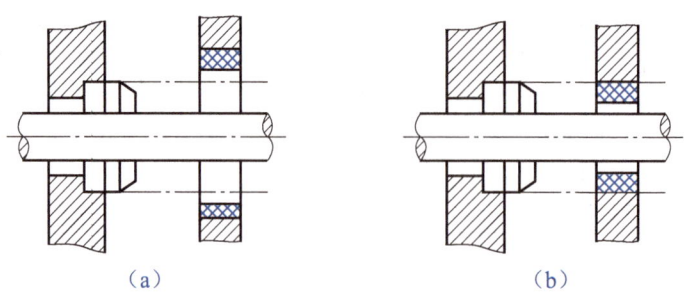

（a）　　　　　　　　　　　（b）

图 7-20　孔内端面的结构工艺性

2）外凸台

箱体类零件的外凸台应尽可能布置在同一个平面上，如图7-21（a）所示，以便在一次走刀中将全部外凸台加工出来。若外凸台如图7-21（b）所示，则加工较为麻烦，设计时应尽量避免。

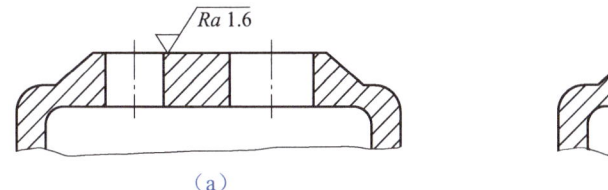
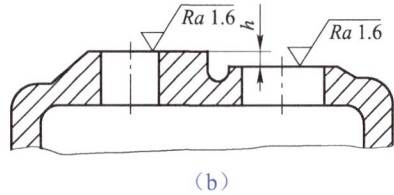

图 7-21　外凸台的结构工艺性

7.3.4　箱体类零件的定位基准

1. 定位精基准的选择

箱体类零件的定位精基准应根据生产类型进行选择，具体如下。

1）中小批生产时定位精基准的选择

中小批生产时，箱体类零件的加工通常以装配基准作为定位精基准。如图7-17所示的车床主轴箱，导轨面 B、C 既是主轴箱的装配基准，也是主轴孔的设计基准，而且它们与箱体的两端面、侧面及主要纵向轴承孔有直接的位置关系。选择导轨面 B、C 作为定位精基准，可使装配、加工都采用同一基准，既符合基准重合原则，又符合基准统一原则，定位精度和加工质量都容易得到保证。

若以装配基准作为定位精基准加工图7-17中箱体内隔板上的孔，则刀具系统的刚度不足，需要在箱体内相应部位设置镗杆导向支撑。由于该箱体底部是封闭的，因此中间导向支撑只能采用如图7-22所示的吊架式镗模夹具，将其从箱体顶面的开口处伸入箱体内，每加工一次装卸一次。该夹具的吊架与镗模之间虽有定位销定位，但吊架的刚度和精度较低，经常装卸不但容易产生误差，还会增加辅助时间，因此这种定位方法只适用于中小批生产。

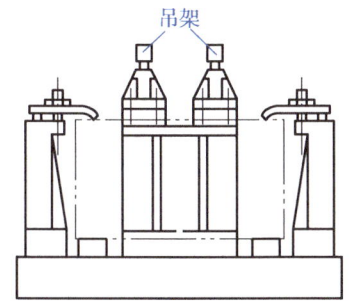
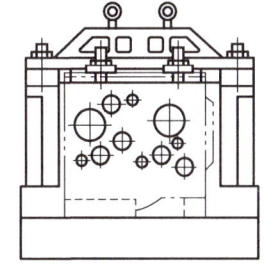
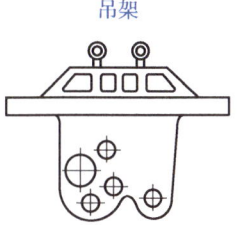

图 7-22　吊架式镗模夹具

2）大批大量生产时定位精基准的选择

大批大量生产时，箱体类零件的加工通常以顶面和两定位销孔（即"一面两孔"）作为定位精基准，如图7-23所示。此时，箱体类零件箱口朝下，中间导向支架可固定在夹具上，从而简化了夹具结构，提高了夹具刚度，有利于保证加工精度；而且工件装卸方便，减少了辅助时间，有利于提高生产率。

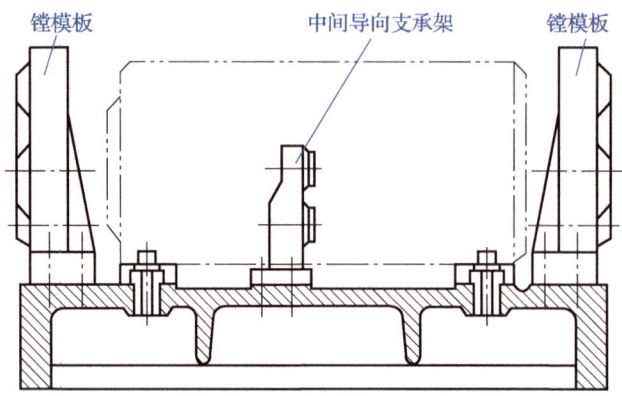

图 7-23 以"一面两孔"为定位精基准的镗模

以"一面两孔"作为定位精基准也存在不足之处：由于定位基准与设计基准不重合，产生了基准不重合误差，因此箱体类零件的位置精度较难保证；另外，由于箱口朝下，不便于直接观察加工情况，也无法在加工中测量尺寸和调整刀具。

2. 定位粗基准的选择

箱体类零件的加工通常选择主要孔（如主轴孔）作为定位粗基准，这样可使主要孔的余量较均匀，有利于保证加工质量。其中，中小批生产且毛坯精度较低时，一般采用划线找正装夹；大批大量生产且毛坯精度较高时，一般采用夹具装夹。

7.3.5 箱体类零件的加工路线

拟定箱体类零件的加工路线时，应考虑先加工基准面，后加工其他表面，并遵循"先面后孔"的原则，将粗、精加工分阶段进行。此外，还要合理安排热处理工序。按生产类型的不同，箱体类零件的加工一般可选择以下两种不同的加工路线。

1. 中小批生产的加工路线

中小批生产的加工路线为：毛坯铸造—时效处理—划线—粗、精加工精基准—粗、精加工各平面—粗、半精加工各主要孔—精加工主要孔—加工各次要孔（包括螺纹孔、紧固孔等）—去毛刺—清洗—检验。

2. 大批大量生产的加工路线

大批大量生产的加工路线为：毛坯铸造—时效处理—粗、半精加工精基准—粗、半精加工各平面—精加工精基准—粗、半精加工主要孔—精加工主要孔—加工各次要孔（包括螺孔、紧固孔、油孔等）—精加工各平面—去毛刺—清洗—检验。

笔 记

7.3.6 箱体类零件的加工方法

1. 平面的加工方法

箱体类零件平面的粗加工和半精加工主要采用铣削和刨削的加工方法，此外也可采用车削。当生产批量较大时，为有效提高生产率，可采用专用组合铣床，对箱体类零件各平面同时进行多刀、多面铣削，如图 7-24（a）所示；对于尺寸较大的箱体类零件，还可采用多轴龙门铣床进行组合铣削。

中小批生产时，除高精度平面需要进行手工刮研等精密加工方法外，箱体类零件平面的精加工还可采用精铣或精刨的加工方法；生产批量大而精度要求较高时，多采用专用磨床进行组合磨削，如图 7-24（b）所示，以保证平面之间的相对位置精度和较高的生产率。

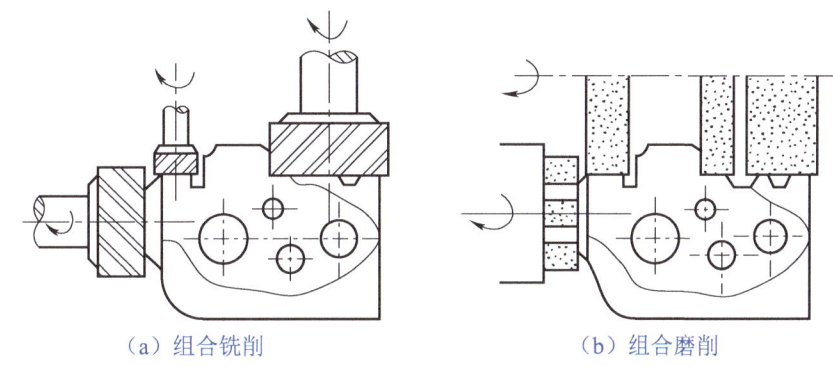

（a）组合铣削　　　　　　　　（b）组合磨削

图 7-24　箱体类零件平面的组合铣削和组合磨削

2. 孔系的加工方法

箱体类零件上的孔系，不仅孔的精度要求高，而且孔距精度和孔之间的相对位置精度要求也很高，这是箱体类零件加工的关键。生产中，孔系的加工较常用的方法是镗模法。

镗模法是指利用镗模加工孔系的方法，它既能在通用机床上加工，也能在专用机床或组合机床上加工。用镗模法加工孔系时，工件装夹在镗模上，镗杆被支撑在镗模的导套里，由导套引导镗杆在工件的正确位置上镗孔，如图 7-25 所示。这种方法的镗杆与机床主轴多采用浮动连接，此时孔系的加工精度主要取决于镗模的精度，因此可在精度较低的机床上加工出精度较高的孔系。采用镗模法加工时，孔距精度一般为 ±0.05 mm，同轴度和平行度一般为 0.02～0.06 mm。

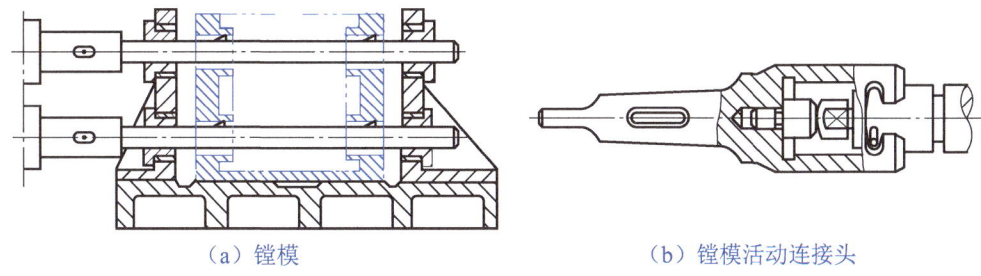

（a）镗模　　　　　　　　（b）镗模活动连接头

图 7-25　用镗模法加工孔系

此外，镗模法还能提高镗杆的刚度，有利于采用多刀同时切削，可大幅提高生产率。由于镗模的精度要求高、制造周期长、生产成本高，故镗模法主要应用于大批大量生产，以及精度要求较高、结构复杂箱体类零件的中小批生产。

项目实施——编制车床主轴的机械加工工艺过程卡片

1. 零件的结构工艺性分析

由图 7-1 可知，该车床主轴上的轴颈 A 和 B、锥孔、前端圆锥面、ϕ75h5、ϕ80h5、ϕ90g5 及 ϕ100h7 等是主要加工表面，下面主要对轴颈、锥孔和前端圆锥面进行进一步分析。

1）轴颈 A、B

轴颈 A、B 是车床主轴的装配基准，它们的制造精度直接影响车床主轴的回转精度。因此，A、B 两段轴颈的技术要求很高。

2）车床主轴前端的莫式锥孔

该车床主轴前端的莫式锥孔用于安装顶尖或锥柄，必须与轴颈具有较好的同轴度，否则会使工件的加工表面相对于定位基准产生基准位移误差。

3）车床主轴前端的圆锥面

该车床主轴前端的圆锥面是安装卡盘的定位表面。为保证卡盘的定位精度，圆锥面与轴颈也必须有较好的同轴度，否则将会使夹具产生安装误差。

2. 定位基准的选择

两端中心孔是轴类零件加工中较常用的定位基准。因为轴类零件的内圆和外圆表面、螺纹和键槽等的设计基准均为轴心线，以两中心孔定位，不仅符合基准重合原则和基准统一原则,而且能在一次装夹中加工出较多的加工表面,可使这些加工表面获得较高的位置精度。因此,应尽量采用中心孔定位。

由于该车床主轴为空心轴,加工过程中,钻出通孔后就失去了中心孔。为了能继续使用中心孔定位,可采用带有中心孔的锥堵。

磨锥孔时,按基准重合原则,应以轴颈作为定位基准,使锥孔相对于轴颈的圆跳动易于控制。但因轴颈为圆锥面,为简化夹具结构,可选择与其相邻且有较高精度的圆柱面定位。

3. 加工方法的选择和加工阶段的划分

由于该车床主轴主要加工表面的尺寸精度为 IT5~IT7,表面粗糙度 Ra 为 0.4~0.8 μm,因此最终的机械加工方法为磨削。在磨车床主轴前要对其进行粗车和半精车,并完成其他次要加工表面的加工。其中,键槽的表面粗糙度 Ra 为 1.6 μm,应通过精铣来实现。

该车床主轴的机械加工工艺过程可分为三个阶段:① 粗加工阶段,包括铣端面、加工中心孔和粗车各外圆等;② 半精加工阶段,包括钻通孔、车锥面和锥孔、钻大头端面各孔、半精车外圆等;③ 精加工阶段,包括精铣键槽,粗磨及精磨外圆、锥面和锥孔等。

4. 加工顺序的安排

1) 热处理工序的安排

(1) 在车床主轴毛坯锻造完成后,首先要为其安排正火处理,以消除锻造应力,改善切削加工性。

(2) 在粗加工后,应安排第二次热处理(调质),以改善零件的综合力学性能。

(3) 最后,应对有相对运动的轴颈表面和经常装夹的前锥孔表面进行淬火处理,以改善其耐磨性。

2) 机械加工工序的安排

(1) 按基准先行原则,前工序应为后工序准备基准。例如,首道加工工序是加工中心孔,为粗车外圆准备定位基准。

(2) 安排各外圆表面的加工顺序时,应先加工大端外圆,再加工小端外圆,以免在加工初期就降低工件的刚度。

(3) 深孔加工属于粗加工,应将其安排在前,但钻孔后定位用的中心孔消失,不便于定位。因此,深孔加工应安排在外圆粗车或半精车之后,以便有一个较为精确的轴颈作为定位基准(用于搭中心架),保证孔与外圆的同轴度。另外,深孔加工应安排在调质之后进行,这是因为调质会引起较大的变形。若先钻孔后调质,则会使深孔产生弯曲变形,在后续无纠正变形工序的情况下,影响深孔的加工精度。

(4) 该车床主轴上的螺纹、键槽和花键等都属于次要加工表面,它们一般安排在外圆精车或粗磨之后、精磨之前加工。这是因为若在精车之前就加工出螺纹、键槽和花键等,则会在精车时因断续磨削而产生振动,既影响加工质量又容易损坏刀具,同时也难以控制其加工深度。但它们的加工也不能放在外圆表面精磨之后,否则会破坏主要加工表面已获得的精度。

(5) 该车床主轴上的螺纹通过相配合的螺母可固定零件或调整轴承间隙,螺母的端面与该车床主轴轴线必须垂直,否则会使轴承歪斜而产生回转误差。因此,这类螺纹与轴颈需要有较好的同轴度,应将它的加工安排在局部淬火之后,以避免其在淬火后产生变形。

此外，该车床主轴上螺纹的定位基准应与精磨外圆的定位基准相同，以保证其与外圆的同轴度。

5. 编制机械加工工艺过程卡片

该车床主轴大批生产的机械加工工艺过程示例如表 7-2 所示。请以此为基础，编制机械加工工艺过程卡片。

表 7-2 车床主轴大批生产的机械加工工艺过程示例

工序号	工序名称	工序内容	定位基准	加工设备
1	备料	—		
2	锻造	模锻	—	立式精锻机
3	热处理	正火		
4	锯头	锯小端，保持总长 878±1.5 mm		
5	铣端面和钻中心孔	—	毛坯外圆	专用车床
6	粗车	粗车各外圆表面	两中心孔	卧式车床
7	热处理	调质		—
8	车大端各部	车大端外圆、短锥面及各台阶，车端面至 870 mm	两中心孔	卧式车床
9	车小端各部	仿形车小端各部外圆	两中心孔	仿形车床
10	钻深孔	钻 ϕ52 mm 通孔	两端轴颈	深孔钻床
11	车小端锥孔	车小端锥孔（配 1∶20 锥堵，涂色法检查接触率）	两端轴颈	卧式车床
12	车大端锥孔	车大端锥孔（配莫氏 6 号锥堵，涂色法检查接触率≥30%）车前端圆锥面及端面	两端轴颈	卧式车床
13	钻孔	钻大头端面各孔	大端锥孔	摇臂钻床
14	热处理	局部高频淬火 ϕ90g5、短锥及莫氏 6 号锥孔	—	高频淬火设备
15	半精车外圆	半精车各外圆并车槽、倒角	锥堵中心孔	数控车床
16	粗磨外圆	粗磨 ϕ75h5、ϕ80h5、ϕ90g5 及 ϕ100h7 外圆	锥堵中心孔	组合外圆磨床
17	粗磨大端锥孔	粗磨大端锥孔（重配莫氏 6 号锥堵，涂色法检查接触率≥40%）	前轴颈及 ϕ75h5 外圆	内圆磨床
18	铣花键	铣 ϕ89f6 花键	锥堵中心孔	花键铣床
19	铣键槽	铣 $12^{+0.043}_{0}$ mm 键槽	ϕ80h5 及 M115 外圆	立式铣床
20	车螺纹	车三处螺纹（与螺母配车）	锥堵中心孔	卧式车床

续表

工序号	工序名称	工序内容	定位基准	加工设备
21	精磨外圆	精磨各外圆及 E、F 两端面	锥堵中心孔	外圆磨床
22	粗磨外锥面	粗磨两处 1∶12 外锥面	锥堵中心孔	专用组合磨床
23	精磨外锥面	精磨两处 1∶12 外锥面，D 端面及短锥面	锥堵中心孔	专用组合磨床
24	精磨大端锥孔	精磨大端莫氏 6 号锥孔（卸堵，涂色法检查接触率≥70%）	ϕ75h5 及前轴颈外圆	专用主轴锥孔磨床
25	钳工	端面孔去锐边倒角，去毛刺	—	—
26	检验	按图样要求全面检验	ϕ75h5 及前轴颈外圆	专用检具

笔记

项目考核

1. 填空题

（1）按轴线形状的不同，轴类零件可分为直轴、_____和软轴三种。

（2）轴类零件的装夹方法主要有用外圆表面定位装夹、_____和用内孔表面定位装夹三种。

（3）横向进给磨削又称_____，是指用宽砂轮进行横向切入磨削的加工方法。

（4）反向车削是指在细长轴的车削过程中，车刀由_____开始向尾座方向进给的一种车削方法。

（5）_____是套类零件起支撑和导向作用的主要表面，通常与运动的轴、钻头或活塞等相配合。

2. 选择题

（1）下列中心孔的特征中，对轴的加工精度没有直接影响的是（   ）。
　　A．深度　　　　　　　　　　B．孔径
　　C．圆度　　　　　　　　　　D．两中心孔的同轴度

（2）下列不属于箱体类零件基本孔的是（   ）。
　　A．通孔　　　B．阶梯孔　　　C．交叉孔　　　D．锥孔

（3）中小批生产时，箱体类零件的加工通常以（   ）作为定位精基准。
　　A．装配基准　　B．设计基准　　C．工艺基准　　D．测量基准

（4）下列因素中，不会使套类零件在加工中产生变形的是（   ）。
　　A．夹紧力　　B．定位精度　　C．切削力　　D．残余应力

（5）生产中，箱体类零件孔系较常用的加工方法是（   ）。
　　A．找正法　　B．镗模法　　C．坐标法　　D．导向法

3. 判断题

（1）轴类零件外圆表面较常用的加工方法有车削和磨削两种。（   ）

（2）轴类零件的位置精度主要是指轴头与轴颈的同轴度，通常用轴头对轴颈的径向圆跳动表示。（   ）

（3）划线找正与简单定位元件配合使用的定位装夹方法，适用于箱体类零件的大批大量生产。（   ）

（4）大批大量生产时，箱体类零件的加工通常以"一面两孔"作为定位精基准。（   ）

（5）保证尺寸精度和防止工件变形，是套类零件加工中需要解决的主要问题。（   ）

4. 问答题

（1）与定心磨削相比，无心磨削具有哪些特点？

（2）简述套类零件的装夹方法。

（3）简述箱体类零件定位粗基准的选择方法。

项目7 典型零件的加工工艺

项目评价

指导教师根据学生对本项目的实际学习成果对其进行评价,学生配合指导教师共同完成如表 7-3 所示的学习成果评价表。

表 7-3 学习成果评价表

班级		组号		日期	
姓名		学号		指导教师	
项目名称		典型零件的加工工艺			
评价项目	评价内容		评价方式	分值/分	评分/分
知识（40%）	轴类零件的特点和装夹方法		理论测试	4	
	轴类零件外圆表面的加工路线和加工方法			8	
	保证轴类零件加工质量的措施			6	
	套类零件的特点、装夹方法和孔的加工路线			8	
	保证套类零件加工质量的措施			4	
	箱体类零件的特点、装夹方法、结构工艺性和定位基准			6	
	箱体类零件的加工路线和加工方法			4	
技能（40%）	能综合分析典型零件的加工工艺		实践操作	20	
	能解决一般复杂程度零件的加工工艺问题			20	
素养（20%）	认真参加教学活动，积极学习和思考		综合评判	5	
	高效完成学习和实践任务			5	
	服从指挥，遵守课堂纪律			5	
	团结合作，具有创新思维			5	
合计				100	
自我评价					
指导教师评价					

项目 8　机械装配工艺

项目导读

机械装配（以下简称装配）是产品生产过程的最后阶段，它不仅包括零部件的连接，还包括校正、调整、配作、验收等内容。装配工艺对产品的最终质量起决定性作用。若装配工艺不合理，即使零件的加工质量都合格，也不一定能生产出合格的产品；反之，只要在装配过程中采取合适的工艺措施，即使零件的加工并不十分精良，也能使产品达到规定的质量要求。此外，装配工艺还对产品的生产率有着极为重要的影响。本项目主要介绍机械装配的基础知识和机械装配工艺规程的设计方法。

知识目标

- 掌握装配的有关概念和工作内容。
- 掌握装配精度的分类及影响因素。
- 掌握建立、计算装配尺寸链的方法。
- 掌握装配方法的分类及特点。
- 了解装配工艺规程设计所需的资料。
- 掌握装配工艺规程设计的步骤。

技能目标

- 能设计简单部件或组件的机械装配工艺规程。
- 能解决装配生产中的一般工艺问题。

素质目标

- 树立技能成才、技能报国的人生理想。
- 弘扬劳模精神、劳动精神、工匠精神。

项目描述

"这个产品今年的订单量较去年增长了两倍多,已经超出现有最大产能了,得想办法提高装配速度才行。"装配车间的技术员小王看着该产品的装配工艺规程,脑中闪过该产品的每个装配步骤,试图从中找出突破口。经过四天的不懈努力,小王和技术部的同事们对每一项装配工艺内容都认真进行了梳理,通过对装配步骤进行分类、合并,将原来的按台套装配改为按部件装配,并对工人进行了专业化分工。改进后的装配工艺规程实施后,产品的生产率得到了显著的提升,装配质量也提高了不少,而人员和设备却没有增加。一份合理的装配工艺规程对装配生产有这么大的促进作用,那么它是怎么设计的呢?

如图 8-1 所示为齿轮传动组件,其生产类型为单件生产。请设计该齿轮传动组件的装配工艺规程。

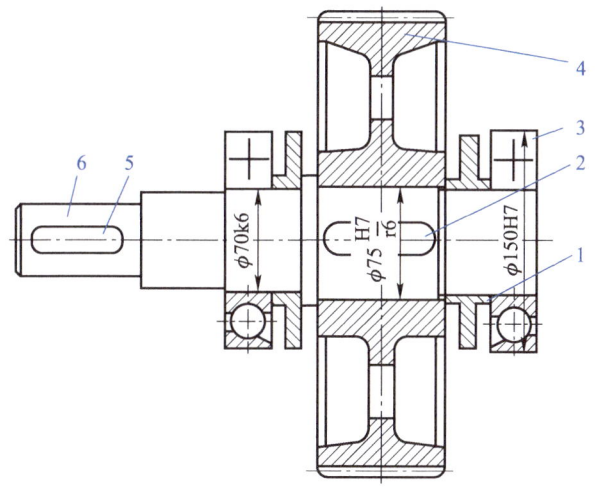

1—挡油环;2、5—键;3—轴承;4—齿轮;6—轴。

图 8-1 齿轮传动组件

相关知识

8.1 装配概述

8.1.1 装配的有关概念

零件是组成机器的基本单元。按规定的技术要求,将零件进行配合和连接,使之成为半成品或成品的工艺过程称为装配。机器一般比较复杂,为便于装配和提高生产率,通常将其分解为若干可独立装配的部分，如套件、组件、部件等，分层级组织装配。这些能独立装配的部分称为装配单元。

1．套件

套件又称合件，是指在一个基准件上装配一个或若干零件而构成的装配单元，它是最小的装配单元。每个套件只有一个基准件，它用于连接相关零件，并确定各零件之间的相对位置。如图 8-2（a）所示为蜗轮和齿轮连接而成的套件，其中蜗轮是基准件。套件的装配过程称为套装。

2．组件

组件是指在一个基准件上装配若干套件或零件而构成的装配单元。与套件不同的是，组件在以后的装配中可以拆解，而套件在以后的装配中一般不再拆解。每个组件只有一个基准件，它用于连接相关套件和零件，并确定它们之间的相对位置。如图 8-2（b）所示为一个组件。其中，蜗轮和齿轮组成的套件是预先装配好的，阶梯轴为基准件。组件的装配过程称为组装。

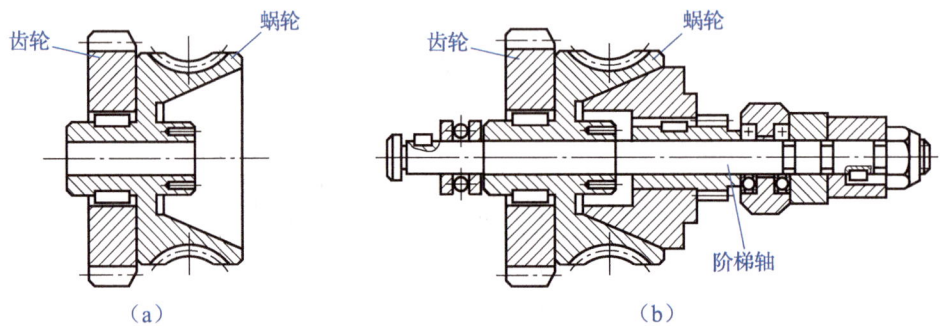

图 8-2　套件和组件示例

3．部件

部件是指在一个基准件上装配若干组件、套件和零件而构成的装配单元。部件是产品中具有一定功能的装配单元，如车床的主轴箱、进给箱和溜板箱等。每个部件只有一个基准件，用于连接相关组件、套件和零件，并确定它们之间的相对位置。部件的装配过程称为部装。

> **点拨**
>
> 在一个基准件上，把零件、套件、组件和部件装配成最终产品的过程称为总装。

8.1.2　装配的工作内容

装配主要包括清洗、连接、校正、调整、配作、平衡、验收和试验等工作，其主要内容如下。

1．清洗

清洗是指用清洗剂除去零件表面或部件中的油污及其他杂质的过程。清洗后的零件通常还具有一定的防锈能力。

2. 连接

装配过程中有大量的连接作业。连接的方式有两种：① 可拆卸连接，如螺纹连接、键连接和销连接等，其中螺纹连接的应用较为广泛；② 不可拆卸连接，如焊接、黏接、铆接和过盈配合等，其中，过盈配合多用于轴与孔的连接，通常采用压入法和温差法。

3. 校正

校正是指对相关零部件位置的找正、找平作业，如卧式车床总装时，床身水平和导轨扭曲的校正等。

4. 调整

调整是指对相关零部件位置的调节作业。调整不但能配合校正作业保证零部件的位置精度，还能调节运动副的间隙，以保证运动精度。

5. 配作

配作是以已加工件为基准，加工与其相配合的另一工件，或将两个（或两个以上）工件组合在一起进行加工，如配钻、配铰和配磨等。配作必须在有关零部件的位置精度得到保证后才可进行。

6. 平衡

对于转速高、运转平稳性要求高的机器，为避免机器在运转时产生较大的振动和噪声，装配前需要对其中做旋转运动的零部件进行平衡，总装后还要在工作转速下进行整机平衡。平衡的方法有静平衡和动平衡两种。一般情况下，直径较大、长度较小的零件（如飞轮和带轮等）需要进行静平衡；长度较大、转速较高的零件（如曲轴、电动机转子等）需要进行动平衡。

7. 验收与试验

机器或部件装配完成后，需要根据有关技术标准和规定进行较全面的检验和必要的试验，合格后才允许出厂。

📝 笔 记

8.2 装配精度和装配尺寸链

8.2.1 装配精度

装配精度是指装配时实际达到的精度，它是产品设计时根据使用性能要求规定的装配质量指标。

1. 装配精度的分类

装配精度包括零部件之间的距离精度、相对位置精度、相对运动精度和接触精度等。

1）距离精度

距离精度是指相关零部件之间距离的尺寸精度，包括间隙、过盈等配合要求。例如，卧式车床主轴轴线与尾座套筒轴线之间的等高度就是距离精度。

2）相对位置精度

相对位置精度是指产品中相关零部件之间的平行度、垂直度、同轴度及圆跳动等。

3）相对运动精度

相对运动精度是指产品中相对运动的零部件之间，在运动方向和相对运动速度上的精度。其中，运动方向的精度主要表现为运动方向上的直线度、平行度和垂直度等；相对运动速度的精度即传动精度。

4）接触精度

接触精度是指产品中零部件配合表面或接触面之间接触面积的大小和接触点的分布情况，如齿轮的啮合、锥体与锥孔的配合、导轨副的接触面等，均有接触精度要求。

2. 装配精度的影响因素

零件的加工精度是保证装配精度的基础，尤其是关键零件的加工精度，对装配精度有直接影响。例如，卧式车床主轴轴线和尾座套筒轴线的等高度，主要取决于主轴箱、尾座及尾座底板的尺寸精度，如图8-3所示。

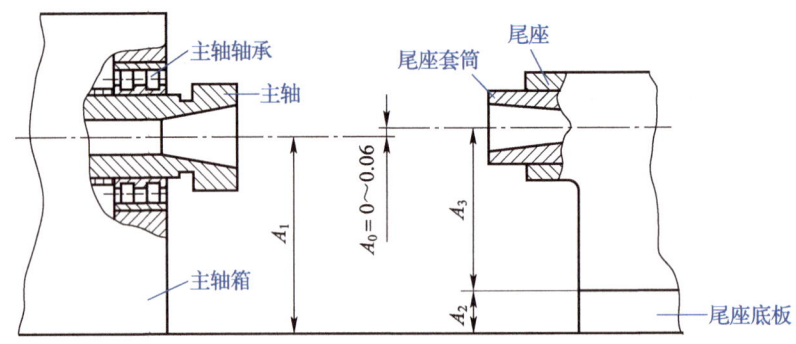

图8-3 卧式车床主轴轴线和尾座套筒轴线的等高度

此外，装配精度还与所采用的装配方法有很大关系，尤其在单件小批生产中和装配精度要求较高时影响更大。例如，图8-3中主轴和尾座的等高度要求很高，若靠提高A_1、A_2和A_3的尺寸精度来保证，则不仅经济性较差，而且加工难度很大。在这种情况下，比较合理的方法是通过修配尾座底板来保证装配精度。这种方法虽然增加了装配工作量，但经过对产品制造过程进行全面分析后，被证明是经济可行的。

综上所述，装配精度是由相关零件的加工精度和合适的装配方法共同保证的。

进德修业

为中国飞机装上更加强劲的"中国心"

"一名党员就是一面旗帜，一个支部就是一个堡垒。"在中国航发黎明发动机装配厂总装工段党支部体现得淋漓尽致。这里有以全国劳动模范、全国技术能手李志强命名的班组"李志强班"。

航空发动机是飞机的"心脏",被誉为现代工业"皇冠上的明珠"。一台先进的航空发动机由数万个零件组成,装配精度要求极高,不能有丝毫差错。"李志强班"负责的正是这颗"心脏"的总装工作。

多年来,"李志强班"干好航空发动机事业的初心不变,干事创业的拼劲不变。哪里有急难险重任务,哪里就有"李志强班"的身影。面对航空发动机型号更先进、装配更精密的挑战,该党支部全体党员针对不同型号的特点,利用三维仿真等科学方法,反复模拟装配过程,精心制定加工方案,不仅有效提升了装配质量,生产周期也大幅缩短。

为推进航空发动机制造数字化转型升级,"李志强班"与技术团队深入合作,结合实际分析,经过严密的组织协同和技术攻关,成功改变了传统的装配模式,生产率大幅提升。

(资料来源:赵静,《为中国飞机装上更加强劲的"中国心"》,
《辽宁日报》2024 年 7 月 19 日)

8.2.2 装配尺寸链

装配精度与有关零件的精度有密切的关系。为了定量地分析这种关系,需要将尺寸链的基本理论用于装配过程,即建立装配尺寸链。

1. 装配尺寸链的建立

装配尺寸链由组成环和封闭环组成。其中,组成环是指对装配精度有直接影响的零部件尺寸或位置尺寸;而封闭环是指产品设计图上要求保证的装配精度或技术要求,它是装配过程最后形成的,不能独立变化。

装配尺寸链的建立就是在装配图上,根据装配精度的要求找出与其有关的零件及相关尺寸,确定封闭环和组成环,并画出装配尺寸链线图。

1)建立装配尺寸链的方法

建立装配尺寸链的方法如下。

(1)确定封闭环。确定封闭环是建立装配尺寸链最关键的一步。在装配尺寸链中,封闭环不是一个零件或一个部件上的尺寸,而是不同零部件表面或轴线之间的相对位置尺寸,通常由零部件上的有关尺寸和角度位置关系间接保证。

(2)确定组成环。装配尺寸链的组成环是指直接影响装配精度的零件尺寸和位置要求。组成环的查找方法是:由封闭环两端的零件开始,沿着装配精度的位置方向,按顺序逐个查明装配关系中影响装配精度的有关零件尺寸和位置要求,直到两边会合为止。在这个过程中,所有经过的尺寸都是该装配尺寸链的组成环。

(3)画出装配尺寸链线图。与工艺尺寸链线图的画法相同,在确定了装配尺寸链的封闭环和组成环之后,可按回路法画出装配尺寸链线图,并判别各环的增减性质。

2)建立装配尺寸链的原则

建立装配尺寸链应遵循以下原则。

(1)简化原则。机器或部件的结构通常比较复杂,影响某项装配精度的因素往往很多。因此,在保证装配精度的前提下,建立装配尺寸链时可忽略那些影响较小的次要因素,使装配尺寸链的组成环适当简化。

（2）尺寸链最短原则。对产品进行结构设计时，在满足其工作性能要求的前提下，应尽可能减少对封闭环有影响的零件数目，与封闭环相关的零件应只有一个尺寸作为装配尺寸链的组成环。这样，组成环的数目就等于有关零件的数目，这就是尺寸链最短原则。封闭环公差一定时，尺寸链最短原则可使分配到相关组成环上的公差值更大，零件的精度更容易保证。

（3）方向性原则。在同一装配结构中，当不同方向都有装配精度要求时，应按不同方向分别建立装配尺寸链。例如，在蜗轮蜗杆传动结构中，为了保证蜗轮与蜗杆准确啮合，对于蜗轮轴线和蜗杆轴线之间的距离尺寸、垂直度，以及蜗杆轴线与蜗轮中心平面的重合度等，都有一定的精度要求。这是三个不同方向的装配精度，需要分别建立装配尺寸链。

2. 装配尺寸链的计算

装配尺寸链的计算方法有极值法和概率法两种。计算装配尺寸链的极值法与计算工艺尺寸链的极值法相同，其优点是简单可靠。但是，由于封闭环与组成环的关系式是根据极端情况推导出来的，因此用极值法计算得到的组成环公差过于严格；若用极值法计算装配精度较高、环数较多的装配尺寸链，则会使得到的组成环公差更加严格，给加工增加难度。因此，极值法多用于计算装配精度不太高、环数较少的装配尺寸链。

大批大量生产中，由于零件的加工误差出现极值的情况很少，因此装配尺寸链的计算多采用概率法。若装配尺寸链环数较多，则零件在装配时出现"最差组合"的机会将更加微小。此时，可根据概率论与数理统计的原理，考虑各环尺寸误差极值出现的概率，推导出封闭环与各组成环之间的关系式。

8.3 装配方法

为了保证装配精度，在装配过程中应根据产品的结构特点、性能要求、生产类型和市场条件等，采用不同的装配方法。常见的装配方法有互换法、选配法、修配法和调整法四种。

8.3.1 互换法

完全互换法

互换法是指在装配时，各零件不需要做任何选配、修配或调整就能保证装配精度的装配方法。按互换程度的不同，互换法又可分为完全互换法和不完全互换法两种。

1. 完全互换法

完全互换法是指在全部产品中，装配尺寸链的各组成环不需要挑选，或不需要改变大小和位置即可保证装配精度的装配方法。在采用完全互换法装配时，即使各组成环为极限尺寸，也能靠零件的制造精度来保证装配精度。这种方法不但装配质量稳定、可靠，装配过程简单，生产率高，而且易于组织流水作业及自动化装配，便于采用协作方式组织专业化生产。

采用完全互换法进行装配时，装配尺寸链用极值法计算，各组成环公差之和应小于等于封闭环公差，其关系式为

$$\sum_{i=1}^{n-1} T_i \leqslant T_0 \tag{8-1}$$

式中：

T_i ——组成环的公差；

T_0 ——封闭环的公差；

n ——尺寸链的总环数。

计算装配尺寸链时，常用等公差法来分配各组成环的公差。等公差法是指先按照各组成环公差相等的原则分配封闭环公差，然后根据各组成环的尺寸大小和加工难易程度对公差进行适当调整的方法。采用等公差法分配各组成环的公差时，调整后的各组成环公差之和仍不得大于封闭环要求的公差。

组成环平均公差 T_M 的计算公式为

$$T_M = \frac{T_0}{n-1} \tag{8-2}$$

式中：

T_M ——组成环的平均公差。

> **点　拨**
>
> 采用等公差法来分配各组成环的公差时，公差的调整可参考以下原则。
> （1）当组成环是标准件的尺寸（如轴承的内、外径或弹性挡圈的厚度等）时，组成环的公差采用标准规定的公差。
> （2）当组成环是多个尺寸链的公共环时，其公差和公差的分布位置应由对其要求最严的那个尺寸链确定。对于其他尺寸链，该环的公差为已定值。
> （3）对于待定的组成环公差，一般先通过经验判断各组成环的加工难易程度，再据此进行分配。
> （4）各组成环公差的分布位置一般按"入体原则"确定。

装配尺寸链各组成环都按上述原则确定公差及公差的分布位置，往往不能恰好满足封闭环的要求。此时，需要选取一个组成环来协调其他组成环，以满足封闭环的公差及公差分布位置的要求，这个组成环称为协调环。协调环一般选择便于加工和可使用通用量具测量的零件尺寸，其公差和公差的分布位置要经过计算确定。

2. 不完全互换法

不完全互换法又称大数互换法，是指在绝大多数产品中，装配尺寸链的各组成环不需要挑选，或不需要改变大小和位置，即可保证装配精度的装配方法。不完全互换法以概率论为依据，将装配尺寸链中各组成环的公差放大，使各零件更容易按加工经济精度加工，

以降低生产成本。但采用这种方法会有少部分产品的装配精度不符合要求,需要进行返修。

8.3.2 选配法

选配法是指将装配尺寸链中各组成环按加工经济精度加工,然后选择合适的零件配对,以保证装配精度的装配方法。这种方法可将影响各组成环的零件尺寸公差放大到经济可行的程度,从而降低生产成本。选配法可分为直接选配法、分组选配法和复合选配法三种。

1. 直接选配法

直接选配法是指在产品装配时,由工人凭经验直接选择合适的零件进行装配,来保证装配精度的装配方法。这种方法的优点是不需要将零件分组就能使其达到装配精度,零件又可按加工经济精度加工。其缺点是装配时工人挑选零件需要较长时间,且工人凭经验来判断,装配质量在很大程度上取决于工人的技术水平。因此,直接选配法一般适用于单件、中小批生产。

2. 分组选配法

分组选配法又称分组互换法,是指将各组成环零件的公差先按完全互换法求解,然后将所求得的公差值放大数倍,使其能按加工经济精度加工,零件加工完后再按实际尺寸测量分组,以保证装配精度的装配方法。这种方法可获得较高的装配精度且经济性较好,适用于成批和大量生产中装配精度要求较高、尺寸链组成环较少的情况。

> **点 拨**
>
> 采用分组选配法时,应注意以下四点。
> (1) 配合零件的公差应该相等,公差增大的方向应相同,放大的倍数即分组数。
> (2) 分组后配合零件的尺寸公差放大,但几何公差和表面粗糙度不能放大,仍须按设计要求加工。
> (3) 分组的组数不宜太多,一般3~5组即可,否则会增加测量、分组和储运的工作量。
> (4) 分组后各组内相配合的零件数应相等,以免出现某些尺寸零件的积压和浪费。

3. 复合选配法

复合选配法是指将直接选配法和分组选配法复合使用的装配方法。采用这种方法装配时,零件加工后预先测量分组,装配时再由工人在各组内直接选择装配。复合选配法的特点是相配合的零件公差可以不等,装配速度较快、质量较高,且能满足一定制造节拍的要求。

8.3.3 修配法

修配法是指选择合适的组成环零件按加工经济精度加工,装配时通过对其进行再加工来保证装配精度的装配方法。采用修配法时,修配零件被去除材料的厚度称为修配余量,其大小应该通过计算合理确定。生产中,常见的修配方法有单件修配法、合件修配法和自身加工修配法三种。

1. 单件修配法

单件修配法是指选定某一个固定的零件作为修配零件，在装配过程中对其进行再加工，以保证装配精度的装配方法。这是生产中应用较广泛的修配方法。

2. 合件修配法

合件修配法是指将两个或两个以上的零件合并在一起后进行加工修配，以保证装配精度的装配方法。这种方法可减小累积误差，从而减少修配工作量，在生产中应用较多。但这种装配方法的生产组织较为困难，因此多用于单件小批生产。

3. 自身加工修配法

自身加工修配法是指用自身加工修正自身的方法来保证装配精度的装配方法。这种方法一般应用于机床制造。

> **点 拨**
>
> 采用修配法装配时，修配零件一般应满足以下要求。
> （1）修配零件应便于安装和拆卸，形状应简单。
> （2）预留修配余量的表面应易于加工。
> （3）修配零件应选择只有一项装配精度要求的零件。

8.3.4 调整法

调整法是指装配尺寸链各组成环零件按加工经济精度加工，装配时通过调整某一零件在产品中的位置或对其进行更换，以补偿装配的累积误差，来保证装配精度的装配方法。采用调整法装配时，被调整或更换的零件称为调整件，调整件的组成环称为调整环。调整法分为可动调整法、固定调整法和误差抵消调整法三种。

1. 可动调整法

可动调整法是指通过改变调整件的位置来保证装配精度的装配方法。如图 8-4 所示为采用可动调整法调整轴承的间隙。采用可动调整法装配时，零件的调整不需要拆卸，比较方便。这种方法不仅能获得比较高的装配精度，还能通过调整件来补偿由磨损、热变形引起的误差，使产品恢复原有精度。因此，可动调整法的应用十分广泛。

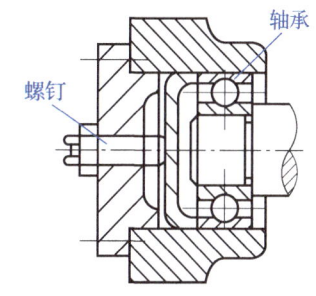

图 8-4 采用可动调整法调整轴承的间隙

2. 固定调整法

固定调整法是指在装配尺寸链中选定或加入一个零件作为调整环，根据各组成环累计误差的大小进行更换，来保证装配精度的装配方法。常见的调整件有轴套、垫片和垫圈等。

3. 误差抵消调整法

误差抵消调整法是指通过调整有关零件的位置，使其加工误差相互抵消来保证装配精度的装配方法。这种方法在机床的装配中应用较多。例如，在机床主轴的装配中，可通过调整前后轴承的径向跳动方向来控制主轴的径向跳动。

> **点拨**
>
> 在装配产品时，应根据产品结构、装配精度、装配尺寸链的环数、生产类型及具体生产条件等合理选择装配方法。一般情况下，装配方法的选择原则如下。
> （1）优先采用完全互换法。只要组成环的加工较为经济可行，就应优先采用完全互换法。
> （2）当装配精度较高、采用完全互换法会使组成环的加工比较困难或不经济时，应考虑采用其他装配方法。在这种情况下，若生产批量较大、组成环的数量较少，则应采用分组选配法；若组成环的数量较多，则应采用调整法；单件小批生产应采用修配法。
> （3）当装配精度很高，不宜采用其他装配方法时，应采用修配法。

笔记

8.4 装配工艺规程设计

装配工艺规程是指导装配生产的主要技术文件之一，是制订装配生产计划、进行技术准备、组织和进行装配生产、设计和改建装配车间的主要依据。装配工艺规程对保证装配质量、提高装配生产率、缩短装配周期、减轻工人劳动强度、减少装配占地面积和降低成本等有着非常重要的作用。

装配工艺规程的设计应遵循以下原则。
（1）保证产品装配质量，延长产品使用寿命。
（2）合理安排装配工序，尽量减少工人的工作量，提高装配生产率，缩短装配周期。
（3）尽可能减少装配生产的占地面积，提高单位面积生产率。
（4）尽量降低生产成本。

8.4.1 装配工艺规程设计所需的资料

1. 产品的装配图样

产品的装配图样必须齐全，包括总装图和部装图，其中结构视图和剖视图应能清楚地表示出所有零件的连接情况、装配时应保证的各种装配精度和技术要求、零件的编号及明细栏等。必要时，还应调阅零件图。

2. 产品的验收技术条件

验收技术条件主要规定产品主要技术性能检验和试验工作的内容和方法，是设计装配工艺规程的重要依据。

3. 产品的生产纲领

产品的生产纲领决定了其生产类型,不同生产类型装配工作的特点不同,具体如表 8-1 所示。

表 8-1 不同生产类型装配工作的特点

生产类型	大量生产	成批生产	单件生产
基本特征	产品固定,生产活动长期重复,生产周期一般较短	产品在本系列范围内变动,分批交替投产或多品种同时投产,生产活动在一定时期内重复	产品经常变换,不定期重复生产,生产周期一般较长
组织形式	多采用流水作业,有连续移动、间歇移动和可变节奏移动等方式,还可采用自动装配机或自动装配线	重型产品在批量不大时多采用固定流水作业,批量较大时采用流水作业;多品种平行投产时采用多种节奏流水作业	多采用固定装配或固定流水作业
装配工艺方法	按互换法装配,允许有少量简单的调整,精密偶件成对供应或分组供应装配,无任何修配工作	主要采用互换法装配,同时灵活运用其他保证装配精度的装配方法,如调整法、修配法等,以节约加工费用	以修配法及调整法为主,互换件占比较小
工艺过程	工艺过程划分很细,力求达到很好的均衡性	工艺过程的划分须适合批量的大小,尽量使生产均衡	一般不制订详细的工艺文件,工序可适当调整,工艺也可灵活掌握
工艺装备	专业化程度高,宜采用专用、高效的工艺装备,易于实现机械化、自动化	通用设备较多,但也采用一定数量的专用工具、夹具、量具,以保证装配质量和提高生产率	一般为通用设备及通用工具、夹具、量具
手工操作要求	手工操作占比小,要求操作者的熟练程度高,关键工序的操作者要有很高的技术水平	手工操作占比较大,技术水平要求较高	手工操作占比特别大,工人要有高的技术水平和多项工艺技能
应用实例	汽车、拖拉机、内燃机、滚动轴承、手表、缝纫机、家用电器等	机床、机车车辆、中小型锅炉、矿山采掘机械等	高精度机床、重型机床、重型机器、汽轮机、大型内燃机、大型锅炉等

4. 现有生产条件

在设计装配工艺规程时,应充分考虑现有生产条件,如装配工艺设备、工人技术水平、装配车间面积、机械加工条件、各种工艺资料和标准等。

8.4.2 装配工艺规程设计的步骤

1. 分析产品装配图及验收技术条件

产品装配图及验收技术条件主要从以下几方面进行分析。

(1) 审核产品装配图样的完整性和正确性,发现问题时应提出解决方法。

(2) 对产品的装配结构工艺性进行分析，明确各零部件的装配关系。
(3) 研究由设计人员确定的达到装配精度的方法，并进行相关的计算和分析。
(4) 审核产品的装配技术要求和检查验收方法，制订相应的技术措施。

2. 选择装配方法和装配生产组织形式

装配方法和装配生产组织形式的选择，主要取决于产品的结构特点（包括尺寸、质量和复杂程度等）、生产类型，以及现有生产技术条件和设备状况等。选择时可参照表 8-1。

3. 划分装配单元，选择基准件

将产品划分为部件、组件和套件等装配单元是装配工艺规程设计最重要的一步。装配单元的划分要便于装配操作和组织生产。无论哪一种装配单元，装配时都要选择一个零件或比它低一级的装配单元作为基准件，以便安排装配顺序。

选择基准件时，应遵循以下原则。

(1) 尽量选择产品的基体或主干零部件作基准件，以保证装配精度。
(2) 基准件应有较大的体积和质量，有足够的支撑面，以满足陆续装入其他零部件的作业需要和稳定性要求。
(3) 基准件的补充加工量应最少，尽可能避免后续加工工序。
(4) 基准件的选择应有利于装配过程的检测、工序间的传递输送和翻身转位等作业。

4. 确定装配顺序

1) 安排装配顺序的原则

在划分好装配单元、选定基准件后，就可以根据基准件的具体结构和装配技术要求，安排其他零件或装配单元的装配顺序。安排装配顺序的原则如下。

(1) 预处理工序先行。例如，清洗零件、倒角、清除毛刺和飞边、防锈、防腐和涂装等工序要安排在前。
(2) 先下后上。先安装位于下部的零部件，再安装位于上部的零部件，这样可使产品在装配作业中保持稳定。
(3) 先内后外。先安装内部零部件，再安装外部零部件，以避免先装部分阻碍后续作业。
(4) 先难后易。开始装配时，先利用较大空间进行难度较大的零部件装配，然后再安装其他零部件。
(5) 及时安排检验工序。在完成对产品质量和性能有较大影响的工序后，必须安排检验工序，检验合格后才允许进行后续的装配作业。
(6) 使用同一装配设备或工装，以及对环境有同样特殊要求的装配作业，应尽可能在不影响生产节拍的情况下集中安排，以减少产品在车间内的搬运次数；处于基准件同一方位的装配作业内容应尽可能集中安排，以避免基准件的多次转位和翻身。
(7) 电气线路、液压和气动管路等的安装，应根据需要与相应工序同时进行。
(8) 易燃、易爆、易碎或有毒物质及零部件的加注或安装，应尽可能放在最后，以减少污染和安全防护工作量。

2) 装配工艺系统图

产品装配单元的划分和装配顺序的安排，常用装配工艺系统图表示。装配工艺系统图

是表明产品、部件之间相互装配关系及装配流程的示意图，是装配工艺规程的主要文件之一，也是划分装配工序的依据。装配工艺系统图的画法如下。

（1）装配单元用长方格表示，方格上方注明装配单元的名称，方格左下方为装配单元的编号，方格右下方为装配单元的数量。

（2）装配工艺系统图的中间为一条横线，左端为基准件，右端为产品。按装配顺序由左向右，依次将零件画在横线上方，套件、组件、部件画在横线下方。

（3）在装配工艺系统图上要标注装配所需的工艺方法，如焊接、配钻、配刮、冷压、热压及检验等。

如图 8-5 所示为卧式车床床身部件装配简图，图 8-6 所示为卧式车床床身部件装配工艺系统图。

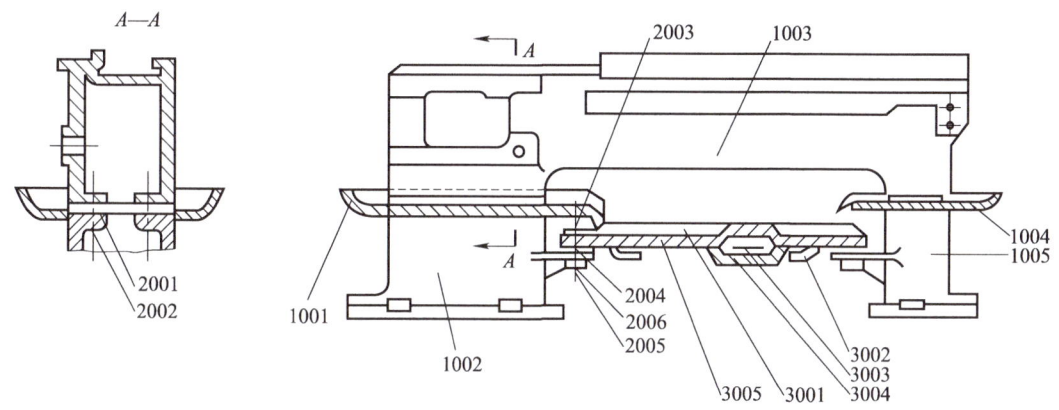

图 8-5　卧式车床床身部件装配简图

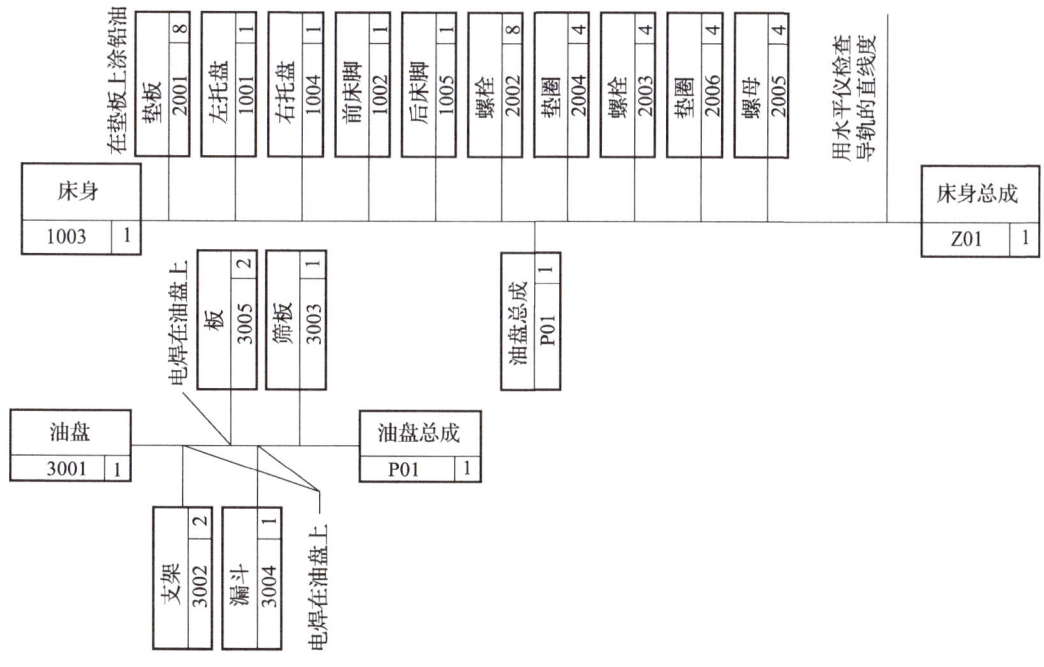

图 8-6　卧式车床床身部件装配工艺系统图

5. 划分装配工序

在装配顺序确定后，就可将装配工艺过程划分为若干工序，并对装配工序的具体内容进行设计，主要工作如下。

（1）确定装配工序的集中与分散程度。

（2）划分装配工序，确定各工序的内容。

（3）确定各工序所需的设备和工装，如需要专用设备与夹具，则应拟定设计任务书。

（4）制订各工序的装配操作规范，如紧固螺栓连接的旋紧转矩、过盈配合连接中压入法的压力要求和温差法的温度要求、装配作业的环境要求等。

（5）制订各工序的装配质量要求、检测方法及检测项目。

（6）确定各工序的时间定额，平衡各工序的节拍，以便实现流水作业和均衡生产。

（7）评价各工序的可行性和可靠性，必要时对工艺方案的经济性进行分析。

6. 制订并填写装配工艺卡片

在上述工作内容完成并经确定后，应制订并填写装配工艺卡片。装配工艺卡片一般有装配工艺过程卡片和装配工序卡片两种形式，如表 8-2 和表 8-3 所示。此外，还可根据需要制订装配质量和计划管理等方面的卡片。

表 8-2 装配工艺过程卡片

（工厂名）	装配工艺过程卡片	产品型号		零件图号			
		产品名称		零件名称		共 页	第 页
工序号	工序名称	工序内容	装配部门	设备及工艺装备	辅助材料	时间定额/min	
						设计（日期）	校对（日期）	审核（日期）	标准化（日期）	会签（日期）
标记	处数	更改文件号	签字	日期	标记	处数	更改文件号	签字	日期					

表 8-3 装配工序卡片

(工厂名)		装配工序卡片			产品型号		零件图号				
					产品名称		零件名称		共 页		第 页
工序号		工序名称		车间		工段		设备		工序工时	
简图:											
工步号			工步内容				工艺装备		辅助材料		时间定额/min
						设计（日期）	校对（日期）	审核（日期）	标准化（日期）		会签（日期）
标记	处数	更改文件号	签字	日期	标记	处数	更改文件号	签字	日期		

单件小批生产时，通常只绘制装配工艺系统图而不制订装配工艺卡片，装配时按产品装配图和装配工艺系统图作业。成批生产时，通常根据装配系统工艺图制订部装和总装的装配工艺过程卡片，其中每个工序应简要说明工序内容、所需设备和工艺装备名称及编号、时间定额等。大批量生产时，应为每个工序单独制订装配工序卡片，详细说明该工序的工作内容。装配工序卡片可直接指导工人进行装配作业。

笔记

项目实施 ——设计齿轮传动组件的装配工艺规程

齿轮传动组件装配工艺过程的设计过程如下。

1. 选择装配方法与装配生产组织形式

该齿轮传动组件由轴、齿轮、轴承、键和挡油环组成,结构较为简单,生产类型为单件生产。参考表 8-1,该齿轮传动组件的装配生产组织形式可采用固定装配。

2. 划分装配单元,选择基准件

根据齿轮传动组件结构的复杂程度和生产类型,可将该组件各零件直接装配,装配单元即零件。根据基准件的选择原则,齿轮传动组件的装配可选择轴 6 作为基准件。

3. 确定装配工艺过程,设计装配工艺规程

根据齿轮传动组件的生产类型及结构复杂程度,其装配工艺规程只需要绘制装配工艺系统图即可。根据先内后外的原则和各零件之间的装配关系,对齿轮传动组件的装配顺序进行安排:① 将键 2 装入基准件轴 6 上对应的键槽内;② 将齿轮 4 装入轴 6;③ 将 2 个挡油环 1 装入轴 6;④ 将 2 个轴承 3 加热至 100 ℃后装入轴 6;⑤ 将键 5 装入轴 6。

该齿轮传动组件的装配工艺系统图如图 8-7 所示。

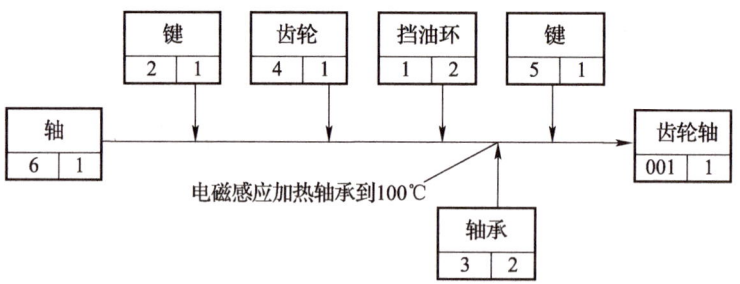

图 8-7 齿轮传动组件的装配工艺系统图

笔记

项目考核

1. 填空题

（1）装配主要包括清洗、_____、校正、调整、_____、平衡、验收和试验等工作。

（2）装配精度是由相关零件的加工精度和合适的_____共同保证的。

（3）装配尺寸链的计算方法有_____和概率法两种。

（4）按互换程度的不同，互换法可分为完全互换法和_____两种。

（5）选配法是指将装配尺寸链中各组成环按_____加工，然后选择合适的零件进行配对，以保证装配精度的装配方法。

2. 选择题

（1）下列不属于常见装配方法的是（　　）。
　　A．互换法　　　　B．修配法　　　　C．修正法　　　　D．调整法

（2）装配方法中的调整法不包括（　　）。
　　A．可动调整法　　　　　　　　B．固定调整法
　　C．误差抵消调整法　　　　　　D．查表修正法

（3）装配精度不包括（　　）。
　　A．距离精度　　　B．磨合精度　　　C．接触精度　　　D．运动精度

（4）采用修配法时，修配零件被去除材料的厚度称为（　　）。
　　A．修配余量　　　B．加工余量　　　C．公称余量　　　D．切削余量

（5）下列不属于装配工艺规程的是（　　）。
　　A．装配工艺系统图　　　　　　B．装配工序卡
　　C．装配工艺过程卡　　　　　　D．产品验收技术要求

3. 判断题

（1）与套件相同，组件在以后的装配中一般不再拆解。（　　）

（2）封闭环公差一定时，尺寸链最短原则可使分配到相关组成环上的公差值更大，零件的精度更容易保证。（　　）

（3）在同一装配结构中，当不同方向都有装配精度要求时，无须按方向分别建立装配尺寸链。（　　）

（4）采用调整法装配时，调整件的组成环为封闭环。（　　）

（5）装配工艺系统图是表明产品、部件之间相互装配关系及装配流程的示意图，是装配工艺规程的主要文件之一，也是划分装配工序的依据。（　　）

4. 问答题

（1）简述选择装配方法的原则。

（2）简述安排装配顺序的原则。

项目评价

指导教师根据学生对本项目的实际学习成果对其进行评价,学生配合指导教师共同完成如表 8-4 所示的学习成果评价表。

表 8-4 学习成果评价表

班级		组号		日期	
姓名		学号		指导教师	
项目名称		机械装配工艺			
评价项目	评价内容		评价方式	分值/分	评分/分
知识 (40%)	装配的有关概念和工作内容		理论测试	6	
	装配精度和装配尺寸链			10	
	装配方法			12	
	装配工艺规程设计			12	
技能 (40%)	能设计简单部件或组件的机械装配工艺规程		实践操作	20	
	能解决装配生产中的一般工艺问题			20	
素养 (20%)	认真参加教学活动,积极学习和思考		综合评判	5	
	高效完成学习和实践任务			5	
	服从指挥,遵守课堂纪律			5	
	团结合作,具有创新思维			5	
合计				100	
自我评价					
指导教师评价					

项目 9　机械加工质量分析与控制

项目导读

零件的机械加工质量和机械装配质量直接影响着产品的工作性能和寿命,其中零件的机械加工质量是保证产品质量的基础。如何保证零件的机械加工质量一直是机械制造技术主要的研究方向之一。机械加工质量包括加工精度和表面质量两个方面。本项目主要介绍加工精度和表面质量的基本知识,并对影响机械加工质量的机械加工振动进行分析。

知识目标

- 掌握加工精度的概念和影响因素。
- 掌握提高加工精度的方法。
- 掌握表面质量的概念和影响因素。
- 了解表面质量对零件使用性能的影响。
- 掌握提高表面质量的方法。
- 了解机械加工振动的分类、产生原因及抑制方法。

技能目标

- 能分析中等复杂零件的机械加工质量。
- 能解决一般的机械加工质量问题。

素质目标

- 树立客观、严谨、细致的工作作风。
- 弘扬爱岗敬业、忠于职守的职业精神。

项目描述

在机械加工工艺系统中,凡是能直接引起加工误差的因素都称为原始误差。研究零件的加工精度,就是研究工艺系统原始误差的成因及基本规律,分析原始误差与加工误差之间定性和定量的关系。

如图 9-1 所示为活塞销孔精镗加工,工件以止口面及半精镗过的活塞销孔定位,采用手动螺杆从工件顶部夹紧。请分析该加工工艺系统中影响活塞销孔精镗加工精度的各种原始误差。

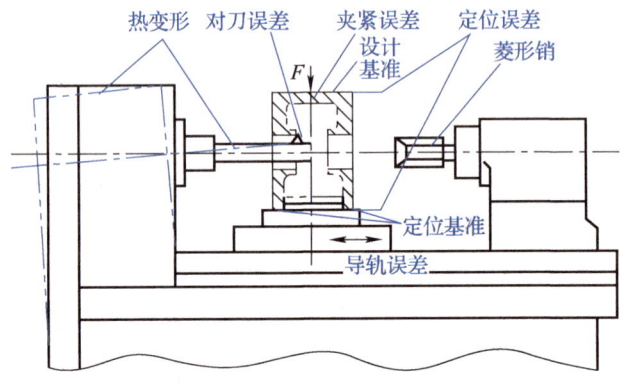

图 9-1 活塞销孔精镗加工

相关知识

9.1 加工精度

9.1.1 加工精度概述

1. 加工精度与加工误差

加工精度是指零件在机械加工后的实际几何参数(尺寸、形状和位置)与设计几何参数的符合程度。加工误差是指零件在机械加工后的实际几何参数(尺寸、形状和位置)与设计几何参数之间偏离的值,它是表示加工精度的数量指标。零件的加工误差越小,加工精度就越高。

零件的加工精度包括尺寸精度、形状精度和位置精度三方面,而且这三者之间是有联系的。通常情况下,零件的形状公差应限制在位置公差之内,而位置公差又应限制在尺寸公差之内。当零件的尺寸精度要求高时,相应的位置精度、形状精度要求也高;但零件的形状精度要求高时,其位置精度和尺寸精度要求不一定高,而要根据零件具体功能的要求来确定。

2. 加工精度的获得方法

1）尺寸精度的获得方法

零件尺寸精度的获得方法有试切法、调整法、定尺寸刀具法和自动控制法四种。

（1）试切法。

试切法是指先在工件上试切出很小一部分加工表面并测量，按照加工要求适当调整刀具切削刃相对工件的位置，然后进行试切、测量和调整，在加工尺寸达到所要求的精度后再切削整个待加工表面的方法。试切法生产率较低，且对操作工人的技术水平要求较高，主要用于单件小批生产。

（2）调整法。

调整法是指预先用样件或标准件调整好刀具相对于工件加工表面的位置，并在一批工件的加工过程中保持这一位置不变，从而获得所要求尺寸精度的方法。调整法有较高的生产率，较试切法获得尺寸精度的稳定性好，对操作工人技术水平要求不高，但调整过程较为复杂，主要用于成批和大量生产。

（3）定尺寸刀具法。

定尺寸刀具法是指用具有一定尺寸精度的刀具（如铰刀、扩孔钻、钻头等）来保证被加工工件尺寸精度的方法。这种方法生产率高，加工精度稳定，几乎与操作工人的技术水平无关，主要用于孔、螺纹和成形表面的加工。

（4）自动控制法。

自动控制法是指在加工过程中，通过由尺寸测量装置、进给装置和控制机构等组成的自动控制系统，自动完成工件尺寸的测量、刀具的补偿调整和切削加工等一系列动作，从而获得所要求尺寸精度的方法。

例如，数控车床和加工中心等自动化机床，通过数控系统、测量反馈装置及伺服系统来控制刀具或工作台，使其按设定的运动指令进行加工，从而使零件获得所要求的尺寸精度。自动控制法生产率高、加工精度稳定、加工柔性好，且能适应多品种生产，是目前机械制造的发展方向和计算机辅助制造（CAM）的基础。

2）形状精度的获得方法

形状精度的获得方法有成形运动法和非成形运动法两种。

（1）成形运动法。

成形运动法是指使刀具相对于工件做有规律的成形切削运动，从而获得所要求形状精度的方法，如零件表面成形方法中所介绍的轨迹法、成形法、展成法和相切法等。成形运动法主要用于圆柱面、圆锥面、平面、球面、回转曲面、螺旋面和齿形面等表面的加工。

（2）非成形运动法。

非成形运动法是指通过对加工表面形状的检测，采用人工方式对其进行相应修整加工，以获得所要求形状精度的方法。虽然这种方法较为原始且生产率较低，但当零件形状精度要求很高（如超出机床加工精度范围或表面形状比较复杂）时，通常采用这种方法。例如，0级平板的加工，就是通过三块平板配刮的方法来保证其平面度要求的。

3）位置精度的获得方法

位置精度的获得方法有一次装夹法和多次装夹法两种。

（1）一次装夹法。

一次装夹法是指将工件有相对位置精度要求的几个表面在同一次安装中加工出来的方法。采用这种方法时，相对位置精度的大小取决于机床的运动精度。例如，在一次装夹中对阶梯轴的多个表面进行车削加工时，加工出的端面与轴线的垂直度取决于机床中滑板的运动精度。

（2）多次装夹法。

多次装夹法是指工件在加工过程中经多次装夹，由加工表面与定位基准面之间的相对位置精度来保证工件位置精度的方法。由于工件的安装方式可分为直接找正安装、划线找正安装和夹具安装等方法，因此采用这种方法所获得的位置精度与机床精度、工件找正精度、夹具的制造和装配精度，以及量具的精度有关。

原始误差

3．原始误差

1）原始误差及其成因

在机械加工过程中，零件的尺寸、形状和位置的形成，取决于工件和刀具在切削过程中的相对位置关系。由于工件和刀具安装在夹具和机床上并受其约束，因此加工精度与整个工艺系统的精度直接相关。在不同的条件下，工艺系统中的各种误差不同程度地通过多种方式反映为加工误差。工艺系统的误差是"因"，是根源；加工误差是"果"，是表现。因此，工艺系统的误差称为原始误差。

原始误差的成因包括几何误差和动误差两大类，如图9-2所示。

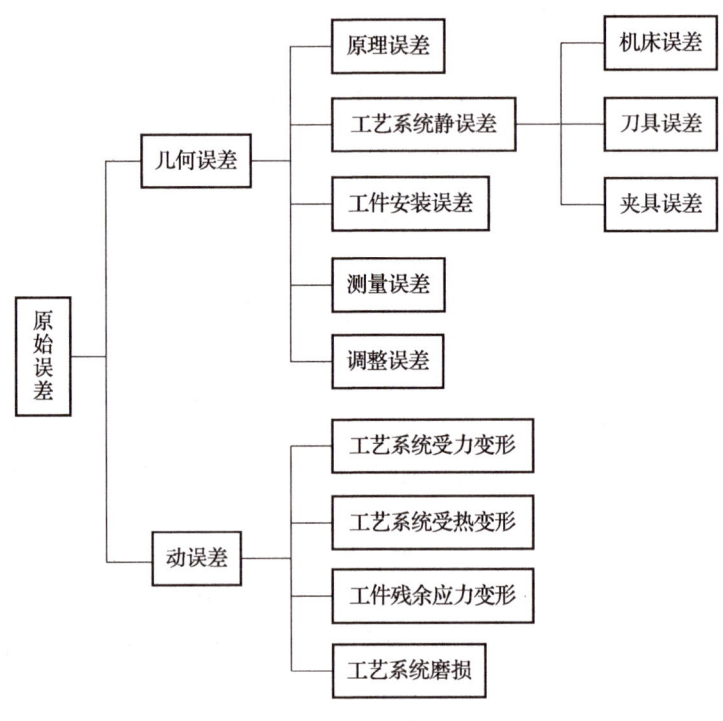

图9-2　原始误差的分类

（1）几何误差又称工艺系统原有误差，是指加工前工艺系统本身存在的误差，它主要包括原理误差、工艺系统静误差、工件安装误差、测量误差和调整误差等。其中，工艺系统静误差又包括机床误差、刀具误差和夹具误差。

（2）动误差又称工艺过程原始误差，是指在加工过程中由工艺系统受力变形和受热变形、工件残余应力变形、工艺系统磨损等引起的误差。

2）误差敏感方向

工艺系统中各种原始误差的方向是不同的，不同方向的原始误差对加工误差的影响程度也不同。当原始误差的方向与工序尺寸方向一致时，原始误差对加工误差的影响最大，因此工序尺寸方向称为误差敏感方向。

下面以车外圆为例，对误差敏感方向进行说明。

如图 9-3（a）所示，ΔY 为刀具与工件接触点法线方向的偏移分量，其反映到工件半径方向上的误差为 ΔR，它们之间的关系式为

$$\Delta R = \Delta Y \tag{9-1}$$

如图 9-3（b）所示，ΔZ 为刀具与工件接触点切线方向的偏移分量，其反映到工件半径方向上的误差为 ΔR，它们之间的关系式为

$$(R + \Delta R)^2 = \Delta Z^2 + R^2 \tag{9-2}$$

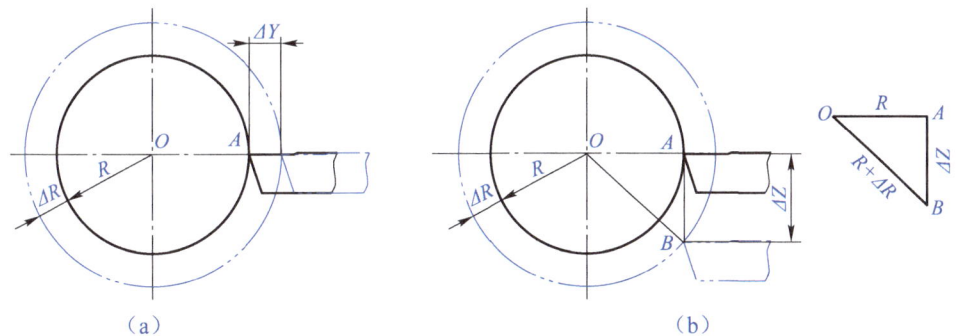

图 9-3　车外圆的误差敏感方向

因 ΔR 的数值很小，故可将 ΔR^2 忽略不计，由式（9-2）可得

$$\Delta R = \Delta Z^2 / (2R) \tag{9-3}$$

设 $\Delta Z = 0.02$ mm，$R = 40$ mm，则 $\Delta R = 0.000\ 005$ mm。由此可见，当原始误差方向为加工表面的切线方向时，原始误差引起的加工误差极小。因此，常把对加工误差影响最大的方向（即通过刀刃的加工表面的法向）称为误差敏感方向，把与误差敏感方向垂直的方向（即工件加工表面的切线方向）称为误差非敏感方向。

4．加工精度的研究方法

加工精度的研究方法主要包括单因素分析法和统计分析法两种。

1）单因素分析法

单因素分析法一般只研究某一确定因素对加工精度的影响，通过分析计算或试验测试得出该因素与加工误差之间的关系，而不考虑其他因素的作用。

2）统计分析法

统计分析法以现场观察和实测所得的数据为基础，用数理统计的方法进行数据处理和分析，从而揭示各种因素对加工精度的综合影响。

> **点拨**
>
> 在实际生产中，通常将单因素分析法和统计分析法结合起来使用。一般先用统计分析法寻找误差出现的规律，初步判断产生加工误差的可能原因，然后运用单因素分析法进行分析、试验，以找出影响加工精度的主要原因。

笔记

9.1.2 影响加工精度的因素

1. 几何误差

工艺系统的几何误差在加工过程开始之前就已经客观存在，它会在加工过程中反映到工件尺寸上，从而影响加工精度。下面主要介绍原理误差、机床误差、刀具误差、夹具误差和调整误差对加工精度的影响。

1）原理误差

原理误差是指因采用近似的成形运动或近似的切削刃轮廓所产生的误差。因为它是在加工原理方面存在的误差，所以称为原理误差。例如，用阿基米德蜗杆滚刀切削渐开线齿轮，或在数控机床上用直线插补或圆弧插补加工复杂曲面等，都会产生原理误差。

按设计要求加工出的工件表面，理论上要求切削刃应完全符合理论曲线形状，刀具和工件之间必须保持准确的运动关系；但采用近似加工原理往往能简化工艺过程、机床结构和刀具形状，降低生产成本，提高生产率。因此，在实际生产中，在满足零件加工精度的前提下，存在一定的原理误差是允许的。

> **点拨**
>
> 在精加工时，需要对原理误差进行仔细分析，必要时还需要进行计算，以确保由其引起的加工误差不会超过所允许的精度范围。

2）机床误差

引起机床误差的原因主要有机床的制造误差、安装误差和机床使用过程中的磨损。机床误差的项目很多，其中影响较大的主要有主轴回转误差、导轨导向误差和传动链的传动误差。

（1）主轴回转误差。

机床主轴是装夹工件或刀具，并传递主要切削运动的重要零件。它的回转精度直接影响工件的加工精度，是机床精度的主要指标之一。

为保证加工精度，当机床主轴旋转时，其回转轴线的空间位置应固定不变，即回转轴线没有任何运动。但实际上，由于主轴箱部件中轴承、主轴轴颈、轴承座孔等的制造误差和安装误差，以及润滑条件、动力因素等的影响，主轴回转轴线的空间位置在每一瞬时都是变化的。生产中，通常以平均回转轴线（即主轴各瞬时回转轴线的平均位置）来表示主轴的理想回转轴线，将主轴实际回转轴线相对于平均回转轴线的最大变动量称为主轴回转误差。

主轴回转误差可分解为轴向误差运动、纯径向误差运动和倾斜误差运动三种基本形式。其中，轴向误差运动又称轴向窜动，是指任一瞬时主轴回转轴线沿平均回转轴线的轴向运动，如图9-4（a）所示；纯径向误差运动又称纯径向圆跳动，是指任一瞬时主轴回转轴线始终平行于平均回转轴线方向的径向运动，如图9-4（b）所示；倾斜误差运动又称纯角度摆动，是指任一瞬时主轴回转轴线与平均回转轴线成一倾斜角度，但其交点位置固定不变的运动，如图9-4（c）所示。

轴向误差运动主要影响工件端面的形状和轴向尺寸精度。纯径向误差运动主要影响工件的圆度和圆柱度。倾斜误差运动主要影响工件的形状精度，如车外圆时主轴的倾斜误差运动会使工件加工表面产生锥度。在主轴旋转过程中，上述三种基本形式的误差运动往往同时存在，主轴回转误差是它们的综合体现，如图9-4（d）所示。在任一瞬间，主轴回转轴线的实际位置是难以预测的，因此，主轴回转误差又称轴线漂移。

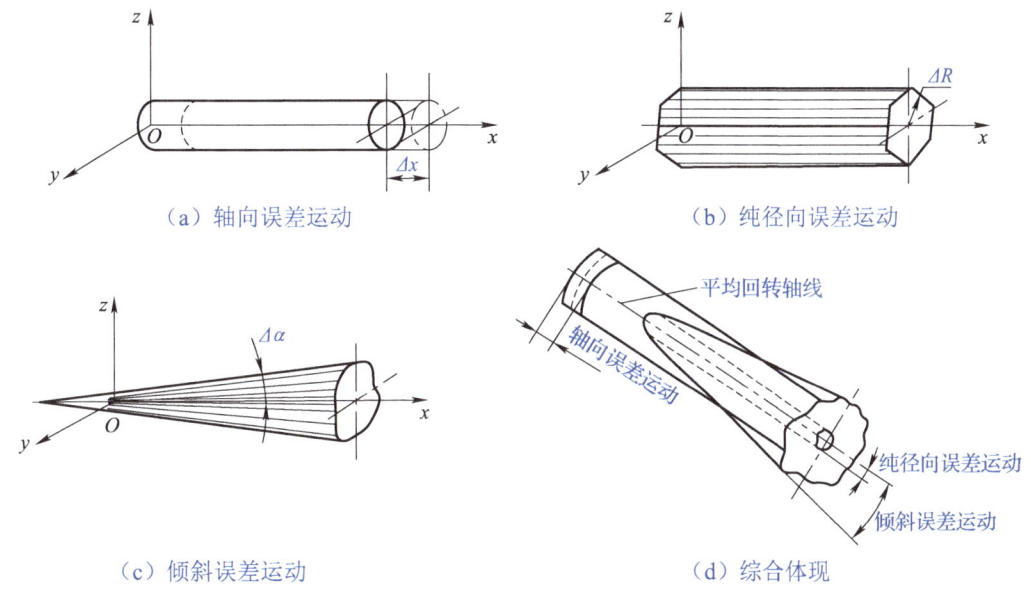

图9-4 主轴回转误差的形式

提高主轴回转精度常采取以下方法：① 提高主轴部件的制造精度，如采用高精密轴承、提高支撑轴颈和轴承孔的加工精度等；② 对主轴滚动轴承进行适当预紧，以消除配合间隙、提高轴承刚度、减小轴承误差；③ 使主轴回转误差不反映到工件上，如采用专用夹具来保证工件的加工精度等。

（2）导轨导向误差。

机床导轨是机床工作台或刀架等实现直线运动的主要部件，因此导轨导向误差是影响工件和刀具直线运动精度的主要因素。

导轨导向误差是指机床导轨副运动件的实际运动方向与理想运动方向之间的偏差。它一般包括导轨在水平面内的直线度误差 Δ_y、导轨在垂直面内的直线度误差 Δ_z、前后导轨的平行度误差 δ 和导轨对机床主轴轴线的平行度误差。

- ❀ **导轨在水平面内的直线度误差 Δ_y**：如图 9-5 所示，这项误差使刀尖相对于工件回转轴线在加工表面的法线方向（误差敏感方向）上产生位移，工件表面产生半径误差 Δ_{Ry}（$\Delta_{Ry} = \Delta_y$），使工件表面产生圆柱度误差。

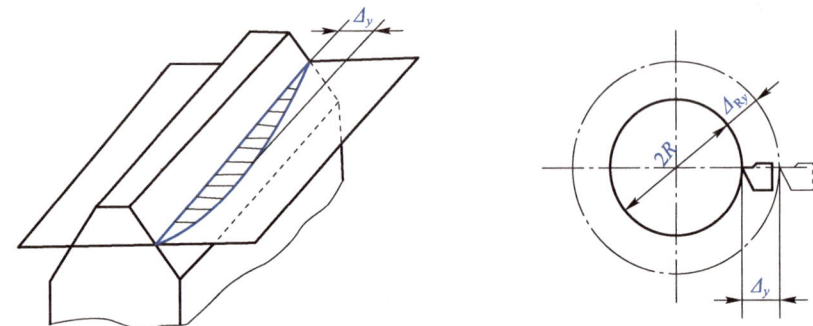

图 9-5　导轨在水平面内的直线度误差

- ❀ **导轨在垂直面内的直线度误差 Δ_z**：如图 9-6 所示，这项误差使刀尖相对于工件回转轴线在加工表面的切线方向（误差非敏感方向）上产生位移，工件表面产生半径误差 Δ_{Rz}（$\Delta_{Rz} = \Delta_z^2/2R$），其值很小，因此对工件加工精度的影响很小。但若在平面磨床、龙门刨床或铣床等机床上加工，则这项误差会因加工表面为平面而直接反映到工件的加工表面上（误差敏感方向），从而使工件表面产生形状误差。

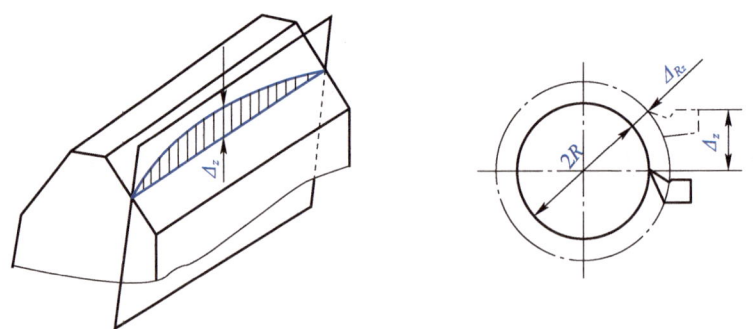

图 9-6　导轨在垂直面内的直线度误差

- ❀ **前后导轨的平行度误差 δ**：如图 9-7 所示，这项误差使刀尖相对于工件回转轴线在加工表面的法线和切线方向上都产生位移，工件表面产生的半径误差为

$\varDelta_{Ry} \approx \varDelta_y = H\tan\alpha = H\delta/B$。一般来说，车床的 $H/B \approx 2/3$，外圆磨床的 $H/B \approx 1$，由此可见，该误差对加工精度的影响很大。

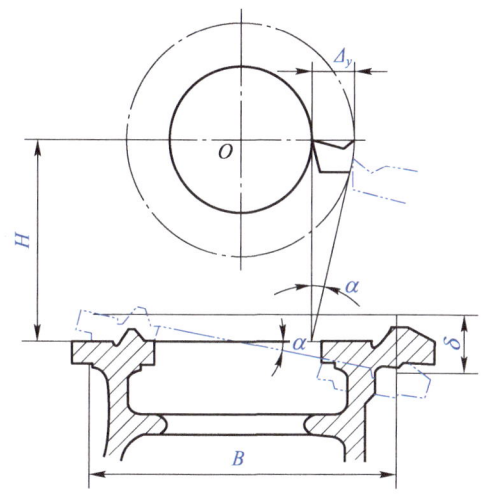

图 9-7 前后导轨的平行度误差

❀ **导轨对机床主轴轴线的平行度误差**：这项误差会使工件产生形状误差。例如，车外圆时，车床导轨与主轴轴线若在水平面内不平行，则会使工件的外圆柱面产生锥度；车床导轨与主轴轴线若在垂直面内不平行，则会使工件呈马鞍形。

提高导轨导向精度常采取以下方法：① 提高机床导轨、溜板的制造精度及安装精度；② 改善导轨的耐磨性，如采用耐磨合金铸铁、镶钢导轨或对导轨表面进行淬火等；③ 正确安装机床，确保地基牢固，并定期进行复校和调整。

（3）传动链的传动误差。

传动链的传动误差是指机床内联系传动链始末两端传动件之间的相对运动误差。在加工螺纹或用展成法加工齿轮或蜗轮等零件时，传动链传动误差是影响加工精度的主要因素。当传动链中的各传动件（如齿轮、蜗轮和蜗杆等）存在制造误差、装配误差或磨损时，正确的运动关系会被破坏，从而使传动链产生传动误差，影响零件的加工精度。

提高传动链传动精度常采取以下方法：① 缩短传动链，减小传动比；② 减小传动链中各传动件的加工误差和装配误差；③ 采用校正装置进行校正。

3）**刀具误差**

刀具误差主要是指刀具的制造误差。刀具的制造误差对加工精度的影响与刀具的种类有关。

（1）采用定尺寸刀具（如钻头、绞刀、键槽铣刀、浮动镗刀和拉刀等）加工时，刀具的尺寸精度直接影响工件的尺寸精度。

（2）采用成形刀具（如成形车刀、成形铣刀和成形砂轮等）加工时，刀具的形状精度直接影响工件的形状精度。

（3）采用展成刀具（如齿轮滚刀、花键滚刀和插齿刀等）加工时，刀刃的形状必须是加工表面的共轭曲线。因此，刀刃的形状精度会影响工件的形状精度。

(4)采用一般刀具(如普通的车刀、铣刀和镗刀等)加工时,其制造精度对加工精度无直接影响,但刀具磨损对工件的加工精度和表面粗糙度有直接影响。

4)夹具误差

夹具误差直接影响工件加工表面的位置精度或尺寸精度。夹具误差主要包括三方面内容:① 定位元件、引导元件、分度装置和夹具体等的制造误差;② 夹具元件的装配误差;③ 夹具在使用过程中工作表面的磨损。

5)调整误差

在零件加工的每一道工序中,为了获得加工表面的尺寸、形状和位置精度,通常需要对工艺系统中的机床、夹具和刀具等进行调整。由于任何调整工作不可能绝对精确,因此必然会产生误差,这种误差称为调整误差。工艺系统的调整通常采用试切法和调整法,其调整误差的影响因素如表 9-1 所示。

表 9-1 两种调整方法调整误差的影响因素

调整方法	误差类别	影响因素
试切法	测量误差	在加工过程中,要采用各种量具、量仪等对工件进行检验测量,再根据测量结果对工件进行试切或对机床进行调整。量具本身的制造误差,测量时的接触力、温度、目测的准确程度等,都可能产生调整误差
	微进给机构的位移误差	在试切中,总是要微量调整刀具的位置。在低速微量进给中,常会出现进给机构"爬行"的现象,致使刀具的实际位移与刻度盘上的数值不一致,从而产生调整误差
	最小切削厚度极限	精加工时,试切最后一刀的余量往往很小,切削刃只起挤压作用而不起切削作用。但正式加工时的切削深度较大且切削刃不打滑,会多切工件表面材料,从而使此时的工件尺寸与试切时的工件尺寸不同,从而产生调整误差
调整法	用定程机构调整	行程挡块、靠模及凸轮等机构的制造精度和刚度,以及与这些机构配合使用的离合器、控制阀等的灵敏度会产生调整误差
	用样板或样件调整	样件或样板的制造、安装和对刀精度会产生调整误差
	用对刀和引导元件调整	在采用铣床或钻床专用夹具装夹工件时,对刀块、塞尺和钻套的制造误差,对刀块和钻套相对于定位元件的位置误差,以及钻套和刀具的配合间隙等,会产生调整误差

笔记

2. 工艺系统受力变形

机械加工过程中，工艺系统在切削力、夹紧力、传动力、惯性力和重力等作用下会产生相应的变形，破坏刀具和工件之间的正确位置关系，从而引起加工误差。例如，车细长轴时，工件在切削力作用下会发生弯曲变形，加工后会产生腰鼓形的圆柱度误差，如图 9-8（a）所示；在内圆磨床上横向切入磨孔时，由于内圆磨头主轴受力弯曲变形，磨出的孔会产生锥形的圆柱度误差，如图 9-8（b）所示。

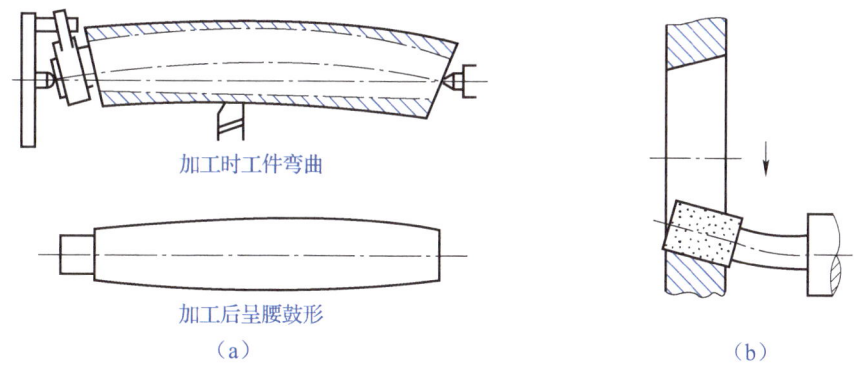

图 9-8　由工艺系统受力变形引起的加工误差

1）工艺系统的刚度

工艺系统的刚度是指工艺系统在外力作用下抵抗变形的能力。工艺系统在外力作用下产生变形的大小不但取决于外力的大小，还和工艺系统的刚度有关。工艺系统受力变形主要是指其在误差敏感方向上的变形。因此，工艺系统的刚度 k（N/mm）可用工件加工表面法线方向（误差敏感方向）上的切削分力 F_y（N）与工艺系统在该方向上所产生的综合变形量 y（mm）的比值表示，其计算公式为

$$k = \frac{F_y}{y} \tag{9-4}$$

在机械加工过程中，工艺系统的各组成部分在外力作用下都会产生不同程度的变形。因此，工艺系统在某一处的法向综合变形量 y 是各组成部分在同一处法向变形量的叠加，其计算公式为

$$y = y_{jc} + y_{dj} + y_{jj} + y_g \tag{9-5}$$

式中，y_{jc}、y_{dj}、y_{jj}、y_g 分别为机床、刀具、夹具和工件的变形量（mm）。

工艺系统各组成部分刚度的计算公式为

$$k_{jc} = \frac{F_y}{y_{jc}}, \quad k_{dj} = \frac{F_y}{y_{dj}}, \quad k_{jj} = \frac{F_y}{y_{jj}}, \quad k_g = \frac{F_y}{y_g} \tag{9-6}$$

式中，k_{jc}、k_{dj}、k_{jj}、k_g 分别为机床、刀具、夹具和工件的刚度（N/mm）。

由式（9-4）～式（9-6）可得工艺系统刚度 k 的计算公式，即

$$k = \cfrac{1}{\cfrac{1}{k_{jc}} + \cfrac{1}{k_{dj}} + \cfrac{1}{k_{jj}} + \cfrac{1}{k_{g}}} \tag{9-7}$$

因此，只要求得工艺系统各组成部分的刚度，即可计算出工艺系统的刚度。

切削力作用点位置变化
对加工精度的影响

2）切削力作用点位置变化对加工精度的影响

在切削加工中，工艺系统的刚度会随着切削力作用点位置的变化而变化，工艺系统的变形也会随之变化，从而使工件产生形状误差。下面以采用双顶尖装夹方法车光轴为例进行说明。

（1）机床的变形。

若在卧式车床两顶尖之间车短而粗的光轴，且车刀悬伸长度很短，则工件和刀具的刚度相对很大，两者的受力变形可忽略不计。此时，工艺系统的总变形完全取决于机床主轴前端头架（包括顶尖）、尾座（包括顶尖）和刀架的变形。

如图9-9所示，假定切削力在进给过程中保持不变，当车刀以力F_y进给到x位置时，主轴箱前顶尖在力F_A的作用下，由A点移到A'点产生的变形量为y_{tj}；尾座顶尖在力F_B作用下，由B点移到B'点产生的变形量为y_{wz}；刀架在力F_C的作用下，由C点移到C'点产生的变形量为y_{dj}。

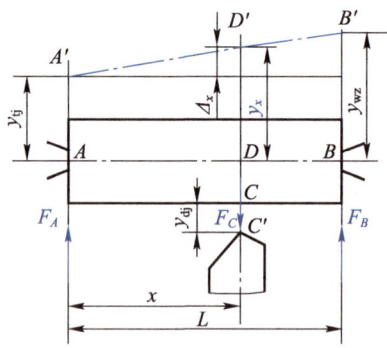

图9-9 由切削力作用点位置变化引起的机床变形

当工件轴线AB移到$A'B'$时，由图可知，切削点处的变形量y_x为

$$y_x = y_{tj} + \Delta x = y_{tj} + (y_{wz} - y_{tj})\frac{x}{L} \tag{9-8}$$

式中：

x——车刀至主轴箱的距离（mm）；

L——工件长度（mm）。

考虑到刀架的变形量y_{dj}与y_x方向相反，所以机床总变形量y_{jc}为

$$y_{jc} = y_x + y_{dj} \tag{9-9}$$

由于F_A、F_B为力F_C在主轴箱前顶尖和尾座顶尖处产生的反作用力。因此，根据力的平衡条件，主轴箱前顶尖、尾座顶尖和刀架的变形量为

$$y_{tj} = \frac{F_A}{k_{tj}} = \frac{F_C}{k_{tj}}\frac{L-x}{L}, \quad y_{wz} = \frac{F_B}{k_{wz}} = \frac{F_C}{k_{wz}}\frac{x}{L}, \quad y_{dj} = \frac{F_C}{k_{dj}} \tag{9-10}$$

式中，k_{tj}、k_{wz}、k_{dj} 分别为主轴箱、尾座和刀架的刚度（N/mm）。

将式（9-8）和式（9-10）代入式（9-9），最后可得机床总变形量 y_{jc} 的计算公式，即

$$y_{jc} = F_C \left[\frac{1}{k_{tj}} \left(\frac{L-x}{L} \right)^2 + \frac{1}{k_{wz}} \left(\frac{x}{L} \right)^2 + \frac{1}{k_{dj}} \right] \quad (9\text{-}11)$$

如设 $F_C = 300 \text{ N}$，$k_{tj} = 6 \times 10^4 \text{ N/mm}$，$k_{wz} = 5 \times 10^4 \text{ N/mm}$，$k_{dj} = 4 \times 10^4 \text{ N/mm}$，工件长度 $L = 600 \text{ mm}$，则机床在工件长度方向上的变形量如表 9-2 所示。

表 9-2　机床在工件长度方向上的变形量

x	0（主轴箱前顶尖）	$L/6$	$L/3$	$L/2$（工件中点）	$2L/3$	$5L/6$	L（尾座顶尖）
y_{jc} /mm	0.012 5	0.011 1	0.010 4	0.010 3	0.010 7	0.011 8	0.013 5

由表 9-2 可知，切削力作用点位于工件中点时，机床的变形最小；位于工件两端时，机床的变形较大。因此，加工后的工件会呈马鞍形。

（2）工件的变形。

在两顶尖之间车刚度很低的细长轴时，切削力的作用会使工件的变形很大，远远超过机床和刀具的变形。此时，可忽略机床和刀具的变形，而主要考虑工件的变形。如图 9-10 所示，当车刀处于 x 位置时，工件的轴线产生变形。

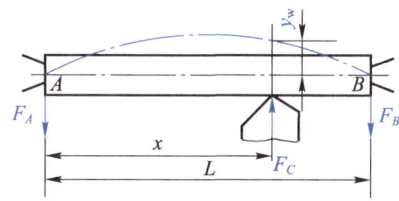

图 9-10　由切削力作用点位置变化引起的工件变形

根据材料力学的计算公式，工件在切削点的变形量 y_w 为

$$y_w = \frac{F_C}{3EI} \cdot \frac{(L-x)^2 x^2}{L} \quad (9\text{-}12)$$

式中：

E ——材料的弹性模量（N/mm^2）；

I ——工件的断面惯性矩（mm^4）。

若设 $F_C = 300 \text{ N}$，$E = 2 \times 10^5 \text{ N/mm}^2$，$I = \pi d^4/64$，工件尺寸为 $\phi 30 \text{ mm} \times 600 \text{ mm}$，则工件在其长度方向上的变形量如表 9-3 所示。

表 9-3　工件在其长度方向上的变形量

x	0（主轴箱前顶尖）	$L/6$	$L/3$	$L/2$（工件中点）	$2L/3$	$5L/6$	L（尾座顶尖）
y_w /mm	0	0.052 4	0.134 1	0.169 8	0.134 1	0.052 4	0

由表 9-3 可知，切削力作用点处于工件中点时，工件的变形最大；处于工件两端时，工件的变形为零。因此，加工后的工件会呈腰鼓形。

（3）工艺系统的总变形。

当同时考虑机床和工件的变形时，工艺系统的总变形 y 为两者的叠加，其计算公式为

$$y = y_{jc} + y_w = F_C\left[\frac{1}{k_{tj}}\left(\frac{L-x}{L}\right)^2 + \frac{1}{k_{wz}}\left(\frac{x}{L}\right)^2 + \frac{1}{k_{dj}} + \frac{(L-x)^2 x^2}{3EIL}\right] \tag{9-13}$$

由式（9-13）可知，工艺系统的总变形量是随着切削力作用点位置的变化而变化的，加工后的工件会产生形状误差。

3）切削力大小变化对加工精度的影响

在切削加工中，若工件的硬度和加工余量不均匀，则会使切削力的大小发生变化，从而使工艺系统的变形也发生变化，形成加工误差。由于工艺系统受力变形，因此加工后的工件上会出现与毛坯形状相似的误差，这种现象称为误差复映。

如图 9-11 所示为车具有圆度误差（横截面呈椭圆形）的毛坯时的误差复映，假设毛坯材料的硬度是均匀的，加工时将车刀调整到双点画线所示的位置。在工件每转一转的过程中，背吃刀量 a_p 在最大值 a_{p1} 和最小值 a_{p2} 之间不断变化。由于背吃刀量变大时，会使切削力变大，从而使工艺系统的变形量也变大。所以，背吃刀量为 a_{p1} 时，切削力 F_{y1} 最大，变形量 y_1 也最大；背吃刀量为 a_{p2} 时，切削力 F_{y2} 最小，变形量 y_2

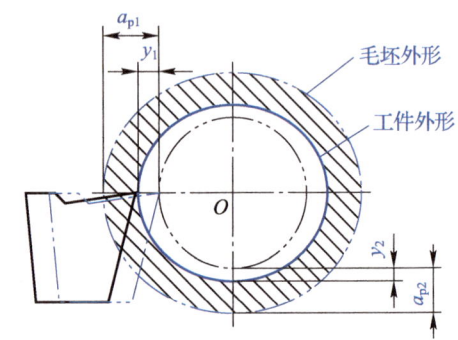

图 9-11　车具有圆度误差的毛坯时的误差复映

也最小。这样加工后工件上会产生较小的圆度误差，产生误差复映现象。

误差复映程度通常以误差复映系数 ε 表示，其推导过程如下。

由图 9-11 可知，毛坯的最大圆度误差 Δ_m 为

$$\Delta_m = a_{p1} - a_{p2} \tag{9-14}$$

设工艺系统的刚度为 k，加工后工件的最大圆度误差 Δ_w 为

$$\Delta_w = y_1 - y_2 = \frac{1}{k}(F_{y1} - F_{y2}) \tag{9-15}$$

在正常切削条件下，切削力 F_y 与背吃刀量 a_p 近似成正比，即

$$F_y = Ca_p \tag{9-16}$$

式中，C 为与刀具几何参数及切削条件有关的系数。

因此，加工后工件的最大圆度误差 Δ_w 还可换算为

$$\Delta_w = \frac{C}{k}(a_{p1} - a_{p2}) = \frac{C}{k}\Delta_m \tag{9-17}$$

则误差复映系数 ε 为

$$\varepsilon = \frac{\Delta_w}{\Delta_m} = \frac{C}{k} \tag{9-18}$$

> **点拨**
>
> 一般来说，由于工艺系统具有一定的刚度，所以 $\varDelta_w$ 总小于 $\varDelta_m$。误差复映系数 ε 是一个小于 1 的正数，它定量地反映了毛坯误差经加工后减小的程度。若要减小 ε，则可通过提高工艺系统刚度、改变刀具材料、减小进给量和切削速度等方法来实现。当加工精度要求较高时，可通过多次走刀加工，使加工误差逐渐减小到工件公差所允许的范围之内。

4）其他作用力对加工精度的影响

（1）惯性力对加工精度的影响。

对于高速旋转的工件，若其质量不平衡，则会产生离心惯性力。离心惯性力在工件旋转过程中不断地变更方向，有时和背向力同向，有时反向，从而破坏工艺系统各成形运动的位置精度，造成加工误差。如图 9-12（a）所示，当离心力 Q 和切削力分力 F_p 方向相反时，工件被推向刀具，使刀具背吃刀量增大；如图 9-12（b）所示，当离心力 Q 和切削力分力 F_p 方向相同时，工件被拉离刀具，使刀具背吃刀量减小，最终使工件产生加工误差。

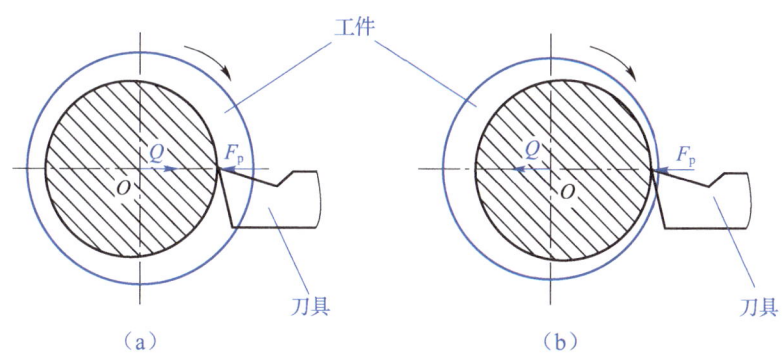

图 9-12　由惯性力引起的加工误差

（2）夹紧力对加工精度的影响。

当加工刚度较低的工件时，若夹紧力作用点的位置或方向不当，则会使工件变形，从而产生加工误差。如图 9-13 所示，当加工连杆大端孔时，连杆因夹紧力作用点的位置不当而产生弯曲变形，造成加工后两孔中心线不平行，且中心线与定位端面不垂直，从而产生加工误差。

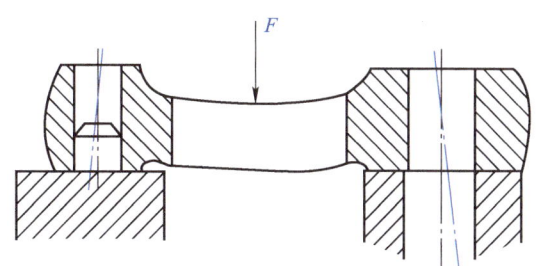

图 9-13　由夹紧力引起的加工误差

(3) 重力对加工精度的影响。

在工艺系统中，零部件自身重力作用产生的变形也会产生加工误差。例如，龙门铣床和龙门刨床的横梁在刀架自身重力作用下产生的变形，会使工件加工表面产生平面度误差。

5）减小工艺系统受力变形的方法

实际生产中，减小工艺系统受力变形常采用的方法有提高接触刚度、提高工件刚度、合理装夹工件、提高机床部件及夹具刚度、控制载荷等。

（1）提高接触刚度。

接触刚度是指相互接触的两表面抵抗变形的能力。提高接触刚度是提高工艺系统刚度的关键，它能有效减小工艺系统的受力变形。提高接触刚度常用的方法是改善工艺系统主要零件接触面的配合质量，如刮研机床导轨副、配研顶尖锥体同主轴和尾座套筒锥孔的配合面等。

（2）提高工件刚度。

由切削力引起的加工误差往往是由于工件本身刚度不足或工件各部位受力不均匀而产生的。这种情况下，提高工件的刚度就成了提高加工精度的关键。提高工件刚度的主要方法是缩小切削力作用点到工件支撑面之间的距离，如采用中心架、跟刀架等。

（3）合理装夹工件。

对于薄壁工件或刚度较低的工件，装夹时应特别注意选择合适的夹紧方法，否则会引起很大的加工误差。例如，加工薄壁套筒时，若夹紧力只作用在套筒周围的几个点上，则夹紧后套筒会产生严重变形。正确的方法是使夹紧力在套筒外壁圆周上均匀分布。

（4）提高机床部件及夹具刚度。

在设计机床和夹具时，应合理设计每个零部件，防止因个别零件刚度较低而使机床整体刚度下降。同时还要注意刚度的匹配，防止出现局部低刚度的环节。对于基础件和支撑件，应特别注意其截面形状。此外，还可采用一些辅助装置提高机床部件刚度，如在转塔车床上采用固定导向支撑套或转动导向支撑套等。

（5）控制载荷。

采用适当的工艺方法，如合理选择刀具的几何参数和切削用量以减小切削力，可减小工艺系统的受力变形；将毛坯合理分组，使每次调整中毛坯的加工余量比较均匀，可减小切削力的变化，减小误差复映的程度。

3. 工艺系统热变形

机械加工过程中，工艺系统会在各种热源的影响下产生变形，使系统中各组成部分之间的相对位置发生变化，从而造成加工误差。热变形对加工精度的影响较大，特别是在精密加工和大型工件加工中，由热变形引起的加工误差通常会占到工件加工总误差的40%～70%。此外，工艺系统热变形还会影响机械加工生产率。

1）引起工艺系统热变形的热源和热平衡

引起工艺系统热变形的热源可分为内部热源和外部热源两大类，其中内部热源主要包括切削热和摩擦热两种，外部热源主要包括环境热和辐射热两种。

（1）切削热在切削过程中，因切削层金属的弹性变形、塑性变形以及刀具与工件、切屑之间的摩擦而产生。切削热是切削加工过程中最主要的热源。

（2）摩擦热主要从机床和液压系统的运动部件中产生，如电动机、轴承、齿轮、丝杠副、导轨副、离合器、液压泵、阀等的运动部分。

（3）环境热与气温变化、通风、空气对流及周围环境等有关。

（4）辐射热是指由阳光、照明灯具、暖气设备等发出的热。

机械加工过程中，工艺系统受各种热源的影响，其温度会逐渐升高。与此同时，工艺系统也会通过各种方式向周围散发热量。当单位时间内传入和散发的热量相等时，则认为工艺系统达到热平衡。工艺系统达到热平衡后，其温度场处于稳定状态，热变形也趋于稳定。热变形处于稳定状态时，其造成的加工误差是有规律的。因此，精密、大型工件一般在工艺系统达到热平衡后才进行加工。

2）工艺系统热变形对加工精度的影响

（1）机床热变形对加工精度的影响。

机械加工过程中，由于热源分布不均匀和机床结构的复杂性，机床各部件将发生不同程度的热变形，破坏机床原有的几何精度，从而造成加工误差。

机床的类型不同，其内部主要热源不同，热变形对加工精度的影响也就不同。对于车、铣、钻、镗类机床，主轴箱中的齿轮、轴承和离合器等传动副的摩擦热，会使主轴箱及与之相连部分（如床身或立柱）的温度升高而产生较大变形，从而使主轴分别在垂直面和水平面产生偏移。

对于各种磨床，由于它们通常配有液压传动系统和高速旋转磨头，因此它们的主要热源是砂轮架轴承和液压系统的摩擦热。其中，砂轮架轴承的摩擦热会使砂轮轴线产生偏移和变形，若前后轴承的温升不同，则砂轮轴线还会倾斜；液压系统的摩擦热会使机床各处的温升不同，从而导致床身产生弯曲变形。

对于龙门铣床、外圆磨床和导轨磨床等床身部件较长的大型机床，它们的导轨运动副的摩擦热会使床身上表面的温度高于床身底面，导致床身上表面凸起，影响床身导轨的直线度，从而影响工件的加工精度。

（2）工件热变形对加工精度的影响。

切削加工过程中，工件受热将会产生热膨胀变形。工件在热膨胀下达到的加工尺寸会在冷却收缩后发生变化，甚至超出公差范围。工件的形状和加工方法不同，热变形也不同。

轴类工件在进行车削或磨削时，受热比较均匀。在开始切削时，工件的温升为零；随着切削的进行，工件温度逐渐升高，直径逐渐增大，增大部分将被刀具切除。冷却后，工件外圆表面将存在锥度，产生圆柱度误差和直径尺寸误差。

工件在进行铣、刨、磨等平面加工时，因单侧受热且不均匀，上下表面温升不等，将会出现向上凸起（尤其是中间部位），使得中间切除的材料较多。冷却后，工件表面将呈凹形。

（3）刀具热变形对加工精度的影响。

切削加工过程中，刀具热变形主要是由切削热引起的。虽然一般情况下传入刀具的热量并不太多，但由于热量集中在切削部分，其体积小、热容量小，因此温度很高。例如，采用高速钢刀具车削时，切削刃处的温度一般为 700～800 ℃，刀具的热伸长量一般为 0.03～0.05 mm，因此刀具热变形对加工精度的影响不可忽视。

如图 9-14 所示为车外圆时车刀热变形与切削时间的关系曲线。

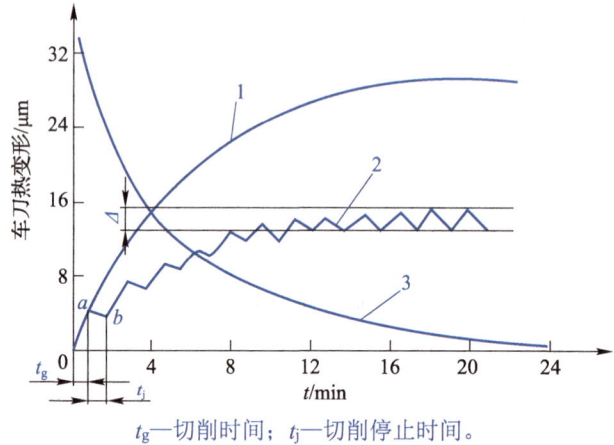

t_g—切削时间；t_j—切削停止时间。

图 9-14 车外圆时车刀热变形与切削时间的关系曲线

当连续切削时，车刀热变形情况如图 9-14 中的曲线 1 所示。在切削初始阶段，热变形很快增大，随后变得较缓慢，经过 16～20 min 后便趋于热平衡状态。当切削停止后，车刀的冷却变形过程如图 9-14 中的曲线 3 所示。

当车一批短小轴类工件时，加工中由于需要多次装卸工件，因此车刀进行断续切削，其变形情况如图 9-14 中的曲线 2 所示。在切削时间 t_g 内，车刀变形伸长达到 a；在工件的装卸时间 t_j 内，车刀变形又冷却收缩到 b；加工过程中，车刀的变形逐渐稳定在 Δ 之内变动。

3）减小工艺系统热变形的方法

减小工艺系统热变形的方法主要有隔热、减少发热、增强散热能力、均衡温度场和控制环境温度等。

（1）隔热和减少发热。

为了减小机床的热变形，凡是可分离出去的热源，如电动机、变速箱、液压系统、切削液系统等均应移出，使之成为独立单元。对于不能分离的热源，如主轴轴承、丝杠螺母副、高速运动的导轨副等，则可从结构、润滑等方面改善其摩擦特性，减少发热。

（2）增强散热能力。

为减小机床内部热源的影响，可采用高效冷却方法，如喷雾冷却和冷冻机强制冷却等，以加速工艺系统热量的散发，有效控制工艺系统的热变形。例如，大型数控机床和加工中心普遍采用冷冻机对润滑油进行强制冷却。

（3）均衡温度场。

在设计机床时，可采用热对称结构和热补偿结构，使机床各部分热变形变得均匀，或将热变形方向变为误差非敏感方向，以减小工艺系统热变形对加工精度的影响。

（4）控制环境温度。

环境温度的变化和室内各部分的温差都会使工艺系统产生热变形，从而影响工件的加工精度，尤其对精密零件的加工精度影响更大。因此，精密零件的加工一般在恒温环境中进行。

4．工件残余应力变形

残余应力又称内应力，是指当外部的载荷去除以后，仍残存在工件内部的应力。具有残余应力的工件处于一种不稳定状态，其内部组织有着要恢复稳定的强烈倾向，即使在常温下，这种变化也在不断进行，直到应力消失为止。在残余应力变化过程中，零件形状会逐渐变化，原有精度就会逐渐丧失。用这些零件装配成机器后，在使用中也会产生残余应力变形，甚至影响整台机器的质量，给生产带来重大损失。

1）残余应力变形产生的原因

残余应力主要是因工件内部金属组织发生了不均匀的体积变化而产生的，而促成这些变化的因素来自各种热加工和冷加工。其中，热加工主要是指毛坯的铸、锻、焊和热处理等，冷加工主要是指冷校直和切削加工等。

（1）热加工中产生的残余应力变形。

在对毛坯进行热加工的过程中，由于各部分冷却收缩得不均匀以及金相组织转变时的体积变化，其内部会产生残余应力。毛坯的结构越复杂，各部分的厚度越不均匀，散热条件相差越大，毛坯内部产生的残余应力就越大。具有残余应力的毛坯，其残余应力暂时处于相对平衡的状态，当加工时，某些加工表面被切除一层金属后，这种平衡会被打破，残余应力将重新分布，零件就会出现明显的变形。

如图9-15（a）所示为一截面厚度不均的铸件，当其浇铸完成后，由于壁B比壁A和壁C厚，因此壁B的冷却速度较慢，壁A和壁C的冷却速度较快。当壁A和壁C从塑性状态冷却到弹性状态时，壁B尚处于塑性状态，因此，壁A和壁C收缩时，壁B不起阻碍作用，故不会产生残余应力。但当壁B冷却到弹性状态时，壁A和壁C早已进入了弹性状态，壁B收缩时便会受到壁A和壁C的阻碍，从而使壁B内产生拉应力，壁A和壁C内产生压应力，形成相互平衡的状态，如图9-15（b）所示。

如图9-15（c）所示，若在壁A上开一个缺口，则壁A的压应力消失，铸件在残余应力的作用下会产生弯曲变形，直到残余应力达到新的平衡为止。

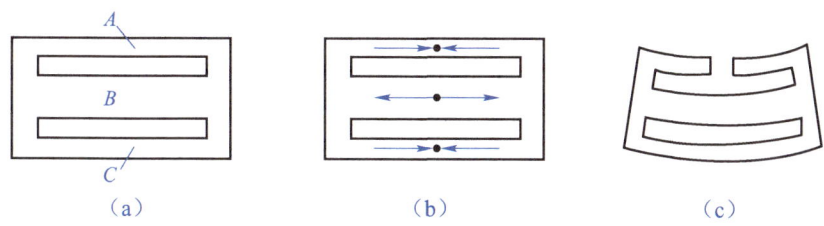

图9-15　铸造中产生的残余应力变形

(2) 冷校直产生的残余应力变形。

细长的轴类零件，如凸轮轴、光杠和丝杠等，在加工和运输中容易产生弯曲变形。这时，常用冷校直的方法对零件进行校正。

在对弯曲工件进行冷校直时，应在弯曲部分的反方向加外力，使工件产生一定的塑性变形，如图 9-16（a）所示。在外力 F 的作用下，工件内部残余应力的分布如图 9-16（b）所示，在轴线以上 AO 部分产生压应力（图中用负号表示），在轴线以下 OD 部分产生拉应力（图中用正号表示）。在轴线和两条双点画线之间（BO 和 OC 部分）是弹性变形区域，在双点画线之外（AB 和 CD 部分）是塑性变形区域。去除外力 F 后，外层的塑性变形区域会阻止内部弹性变形的恢复，使残余应力重新分布，如图 9-16（c）所示。

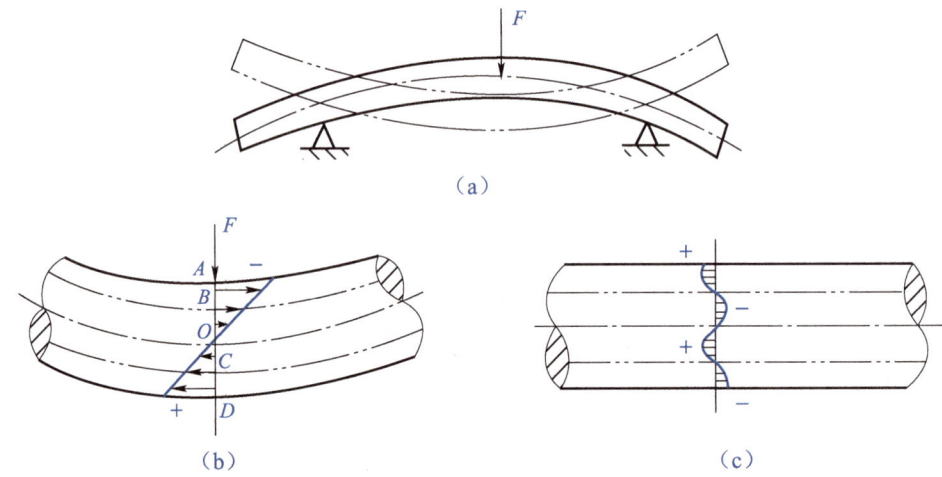

图 9-16　冷校直产生的残余应力变形

冷校直能减小工件弯曲，且操作简单、方便；但这种方法会使工件内部产生残余应力，如经再次加工，又会产生新的变形。因此，加工高精度要求的工件时，是不允许采用冷校直工艺的。

（3）切削加工产生的残余应力。

切削加工时，产生残余应力的主要因素是切削力和切削热。

工件在切削力的作用下，其表面层金属会产生塑性变形，体积膨胀。但由于受到里层金属组织的阻碍，工件表面层会产生压应力，里层产生与之平衡的拉应力。

在切削热的作用下，工件的表面层金属会产生热塑性变形。切削完毕冷却时，工件表面层温度下降快，收缩大。当温度降至弹性变形范围内时，工件表面层收缩受到里层的阻碍，因而产生拉应力，里层将产生与之相平衡的压应力。

多数情况下，切削热的作用大于切削力的作用，特别是在高速切削、强力切削、磨削过程中，切削热的作用占主要地位。磨削加工中，切削热造成的表面层拉应力在严重时可能会超过强度极限，从而使工件表面产生裂纹。

2）减小或消除残余应力变形的方法

减小或消除残余应力变形的方法主要有合理设计零件结构、采取必要的热处理方法和合理安排工艺过程等。

（1）合理设计零件结构。

在对零件进行结构设计时，应尽量简化结构，使各部分壁厚均匀，结构对称，以减小残余应力变形。

（2）采取必要的热处理方法。

在零件加工前或加工过程中合理安排退火、回火或时效处理，可减小或消除其内部的残余应力。

（3）合理安排工艺过程。

将粗、精加工分别安排在不同的工序中进行，使工件在粗加工后有足够的时间重新分布残余应力并充分变形，可减小残余应力变形对精加工的影响。对于大型工件，若其粗、精加工需要在一个工序中完成，则应在粗加工后松开以使其变形恢复，之后再用较小夹紧力夹紧工件进行精加工，以减小残余应力变形对精加工的影响。

9.1.3 提高加工精度的方法

如前所述，工件的加工误差主要源于工艺系统的原始误差，为了提高和保证加工精度，应采取相应的工艺技术方法来控制或减小原始误差。生产实际中，有许多减小误差的方法，可从误差减小的技术方面将它们分为误差预防和误差补偿两大类。

1. 误差预防

误差预防是指减小原始误差或减小原始误差的影响，即减少误差源或改变误差源和加工误差之间的数量转换关系，以此来减小或消除工件加工误差的方法。常见的误差预防方法有减小误差法、转移误差法、均分误差法、就地加工法和均化误差法。

1）减小误差法

减小误差法是指在查明加工误差产生的主要因素后，设法对其进行直接消除或减小的方法，这是生产中提高加工精度应用较广的一种基本方法。例如，车细长轴时，利用中心架、跟刀架可提高工件的刚度，可减小由工件弯曲变形引起的加工误差；采用大主偏角车刀、后弹簧活动顶尖、反向大进给量切削，可减小由切削力、热变形引起的弯曲变形，提高细长轴的加工精度。

2）转移误差法

转移误差法是指把影响加工精度的原始误差转移到不影响加工精度的方向或其他零部件上的方法。例如，在成批生产中，用镗模加工箱体孔系时就是把机床的主轴回转误差和导轨导向误差转移出去，工件的加工精度完全靠镗模和镗杆的精度来保证。由于镗模的结构远比整台机床简单，精度容易达到，因此这种方法在实际生产中得到了广泛应用。

3）均分误差法

在加工中，对于由毛坯误差、定位误差引起的工序误差，可采取分组的方法来减小其影响。具体方法是将毛坯或定位基准面按误差大小分为 n 组，使每组毛坯或定位基准面的误差缩小为原来的 $1/n$，然后按组调整刀具与工件之间的相对位置或选用合适的定位元件，从而大大缩小整批工件加工尺寸的分散范围。

4）就地加工法

在机械加工和装配过程中，有些精度问题相当复杂，涉及很多零部件的相互关系。单纯依靠提高零部件的精度来满足设计要求，有时很困难，甚至不能达到。此时，可采用就地加工法解决这种难题。例如，制造牛头刨床和龙门刨床时，为了使工作台分别与滑枕和横梁保持平行，必须将它们装配到自身机床上，然后利用自身机床就地进行精加工，以达到装配要求。

5）均化误差法

均化误差法是指通过加工使工件表面的原始误差因不断被平均化而缩小的方法。这种方法可将局部较大的误差比较均匀地分摊在整个加工表面，使传递到工件表面的加工误差较为均匀，从而提高工件的加工精度。例如，配合精度要求很高的轴或孔常采用研磨的方法来加工。虽然研具本身不具有很高的精度，但它却能在和工件的相对运动中对工件进行微量切削，从而使它们之间由最初的最高点接触逐渐扩大为面接触，使工件的原始误差不断减小，最终达到很高的精度。

2．误差补偿

误差补偿是指通过分析、测量现有误差，在系统中人为地加入一个附加补偿量，使之与现有的误差相抵消，从而减小或消除工件加工误差的方法。

一般来说，用误差补偿方法来消除或减小常值系统误差比较容易，因为用于抵消常值系统误差的补偿量是固定不变的。而对于变值系统误差的补偿，则不是一种固定补偿量所能解决的，于是生产中就发展出了名为积极控制的误差补偿方法。积极控制主要有在线检测和偶件自动配磨两种形式。

1）在线检测

在线检测是指在加工过程实时测量工件的实际尺寸，随时给刀具以附加补偿量来控制刀具与工件之间相对位置的误差补偿方法。采用这种方法时，工件尺寸的变动范围始终在自动控制之中。现代机械加工中的在线测量和在线补偿就属于这种方法。

2）偶件自动配磨

偶件自动配磨是指将互配件中的一个零件作为基准，控制另一个零件加工精度的误差补偿方法。采用这种方法时，加工过程中机床可自动测量工件的实际尺寸，并和基准件的尺寸比较，达到规定的差值时机床就自动停止加工，从而保证精密偶件之间配合间隙的高要求。柴油机高压油泵柱塞的自动配磨采用的就是这种方法。

项目9 机械加工质量分析与控制

 进德修业

精益求精，擎起"中国制造"

一把焊枪，能在眼镜架上"引线绣花"，能在紫铜锅炉里"修补缝纫"，也能给大型装备"把脉问诊"……在"七一勋章"获得者、湖南华菱湘潭钢铁有限公司焊接顾问艾爱国的眼里，不管什么材质的焊接件，多么复杂的工艺，基本没有拿不下的活儿。

在所有焊接中，大型铜构件难度最大。因为需要在超过 700 ℃高温下，在几分钟的时间窗口内，精准找到点位连续施焊，稍不留神就前功尽弃。"焊的时候皮肤紧绷，手不自觉地颤抖，不知道能坚持到第几秒。"面对技术、意志力的多重考验，艾爱国将旁人望而却步的事情变成了自己的绝活。

工匠以工艺专长造物，在专业的不断精进与突破中演绎着"能人所不能"的精湛技艺，凭借的是精益求精的追求。

我国自古就有尊崇和弘扬工匠精神的优良传统。中国共产党在带领人民进行社会主义现代化建设的进程中，始终坚持弘扬工匠精神，神州大地涌现出一大批追求极致、精益求精的工匠。

（资料来源：张辛欣，《精益求精 勇于创新——工匠精神述评》，《中国青年报》2021年9月28日）

9.2 表面质量

零件的磨损、腐蚀和疲劳破坏等一般是从零件表面开始的，因此零件的表面质量对整个产品的使用性能有很大影响。研究表面质量，掌握其改善方法，对保证产品质量具有非常重要的意义。

9.2.1 表面质量概述

经过机械加工的零件，其加工表面总会存在一定的微观几何形状偏差，且表面层的物理及力学性能也会发生变化。因此，表面质量包括加工表面的几何形状特征和表面层金属的物理及力学性能。

1. 几何形状特征

加工表面的几何形状特征主要包括表面粗糙度、表面波纹度、纹理方向和表面缺陷四个方面。其中，表面粗糙度和表面波纹度如图 9-17 所示。

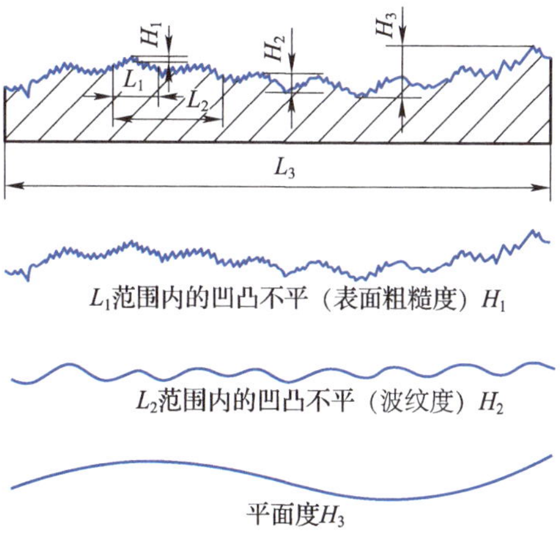

图 9-17 表面粗糙度和表面波纹度

1）表面粗糙度

表面粗糙度是指加工表面上小范围平面的几何不平度，它的取样长度 L_1 一般小于

0.5 mm。表面粗糙度主要由切削刀具的形状及切削过程中的塑性变形和振动等造成。

2）表面波纹度

表面波纹度是指加工表面上较小范围平面的几何不平度。表面波纹度的取样长度 L_2 大于 L_1 但小于 L_3（表面几何形状误差的取样长度），一般为 0.5～2.5 mm。表面波纹度主要由切削刀具的低频振动和位移造成。

3）纹理方向

纹理方向是指加工表面的刀纹方向，取决于表面形成过程中所采用的加工方法。

4）表面缺陷

表面缺陷是指在加工、储存或使用期间，零件表面上形成的不规则单元体，如砂眼、气孔和裂纹等。

2. 表面层的物理及力学性能

表面层的物理及力学性能主要包括表面层金相组织变化、表面层冷作硬化和表面层残余应力三方面，如图 9-18 所示。

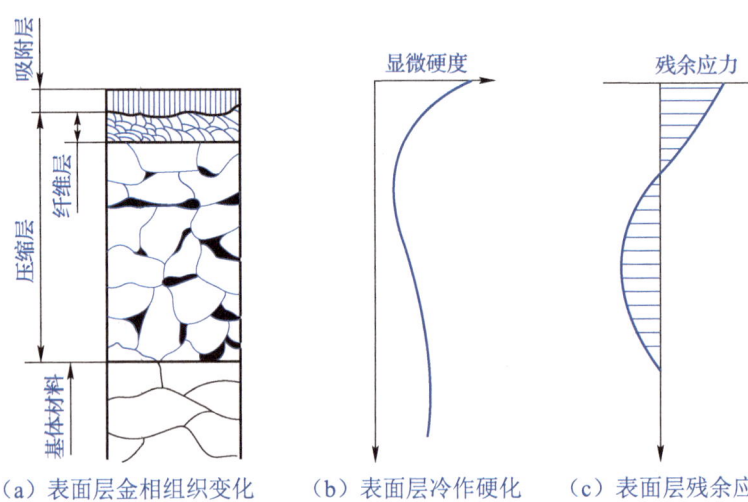

（a）表面层金相组织变化　　（b）表面层冷作硬化　　（c）表面层残余应力

图 9-18　表面层的物理及力学性能

表面层的物理及力学性能

1）表面层金相组织变化

机械加工过程中，在切削热的作用下零件表面层温度逐渐升高。如图 9-18（a）所示，当温度超过材料的相变临界点时，表面层的金相组织就会沿深度方向发生变化，形成吸附层和压缩层。其中，吸附层由表面层金属发生化学反应后形成的氧化膜或其他化合物，并吸收渗进来的一些气态、液态和固态粒子后而形成，其厚度一般不超过 8×10^{-3} μm；压缩层是指在加工过程中由切削力造成的表面塑性变形区，其厚度约为几十至几百微米。压缩层中的纤维层由零件材料与刀具之间的摩擦力造成。

2）表面层冷作硬化

机械加工过程中，由于切削力的作用，工件表面层金属会产生强烈的塑性变形，使晶体产生滑移、扭曲，晶粒被拉长、呈纤维状甚至发生破碎，从而使表面层的强度和硬度升高，塑性减小，这种现象称为表面层冷作硬化，又称表面层加工硬化。

表面层冷作硬化用硬化层深度 h 和硬化度 N 两个指标来衡量。硬化层深度 h 一般为 0.05～0.3 mm，硬化程度 N 的计算公式为

$$N = \frac{H - H_0}{H_0} \times 100\% \tag{9-19}$$

式中：

H ——加工后表面层的显微硬度（HV）；

H_0 ——加工前表面层的显微硬度（HV）。

点 拨

机械加工过程中，由于切削热的作用，工件表面层的温度会升高。当温度升高到一定程度时，已硬化的金属会恢复到正常状态。因此，表面层冷作硬化实际上是硬化和恢复综合作用的结果。

3）表面层残余应力

机械加工过程中，由于切削力和切削热的综合作用，表面层金属会发生塑性变形或金相组织变化，从而产生残余应力。

9.2.2 表面质量对零件使用性能的影响

表面质量对零件的使用寿命和可靠性有重要影响，主要体现在耐磨性、耐疲劳性、耐蚀性和配合精度等方面。

1. 对零件耐磨性的影响

零件工作表面的耐磨性不仅与摩擦副的材料和润滑情况有关，还与两个相对运动零件的表面质量有关。其中，表面质量中的表面粗糙度、表面纹理、表面层冷作硬化和表面层金相组织变化，对零件的耐磨性影响较大。

1）表面粗糙度

零件的表面粗糙度过大或过小都会影响其耐磨性。其中，表面粗糙度过大，会使零件摩擦的实际面积减小，单位应力增大，在接触点的凸峰处产生弹性变形、塑性变形和剪切

破坏，从而使零件磨损加剧；表面粗糙度过小，接触面容易发生分子黏结，且润滑液不易附着在表面，也会导致零件磨损严重。因此，在一定工作条件下，通常存在一个最佳的表面粗糙度，具有该表面粗糙度的零件耐磨性最好。

知识链接

实验证明，摩擦副的初期磨损量与其表面粗糙度有很大关系。在一定条件下，摩擦副存在一个初期磨损量最小的表面粗糙度，称为最佳表面粗糙度。如图 9-19 所示为初期磨损量与表面粗糙度的关系曲线，曲线 Ⅰ 为摩擦副在轻载和良好润滑条件下的实验结果，当载荷加重或润滑条件恶化时，曲线将向右上方移动，如图中曲线 Ⅱ 所示，此时最佳表面粗糙度也相应右移。

实验还表明，在初期磨损过程中，摩擦副的表面粗糙度也在变化：当原有表面粗糙度大于最佳值时，磨损过程中摩擦副表面粗糙度会不断减小，直到初期磨损结束时趋近于最佳值；当摩擦副原有表面粗糙度小于最佳表面粗糙度时，磨损过程中摩擦副表面粗糙度会逐渐增大，最后也趋近于最佳值；若原有的表面粗糙度等于最佳值，则在磨损过程中摩擦副的表面粗糙度基本不变，此时初期磨损量最小。

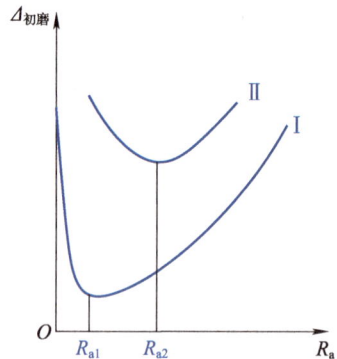

图 9-19　初期磨损量与表面粗糙度的关系曲线

2）表面纹理

表面纹理对零件的耐磨性也有一定影响，这是因为表面纹理的形状和方向能影响实际的接触面积和润滑油的存留量。一般情况下，圆弧状、凹坑状的表面纹理耐磨性好；尖峰状的表面纹理由于摩擦副接触面压强大，因此耐磨性较差。在运动副中，相对运动零件两个表面的刀纹方向均与运动方向相同时，耐磨性较好；两者的刀纹方向均与运动方向垂直时，耐磨性最差；其余情况介于上述两种状态之间。但在重载情况下，由于压强、分子亲和力和润滑液存留情况发生变化，耐磨性规律可能有所变化。

3）表面层冷作硬化

表面层冷作硬化可提高表面层的显微硬度，减小接触面的弹性变形和塑性变形，从而改善零件的耐磨性。但冷作硬化程度太高时，零件表面层金属会变脆，容易产生微观裂纹或剥落现象，反而会影响零件的耐磨性。因此，为保证零件的耐磨性，应将表面层冷作硬化程度控制在一定范围内。

4）表面层金相组织变化

表面层金相组织产生变化时，会改变表面层的硬度，从而影响零件的耐磨性。

2. 对零件耐疲劳性的影响

耐疲劳性是指零件抵抗疲劳破坏的能力。加工表面的几何形状误差和表面层金属的力学及物理性能都会影响零件的耐疲劳性。

1）加工表面的几何形状特征

加工表面的几何形状特征中，表面粗糙度对零件的耐疲劳性影响最大。表面粗糙度越大，在交变载荷的作用下，其波谷处的应力集中现象越严重，就越容易引起疲劳裂纹，从而影响零件的耐疲劳性。

加工表面上存在表面缺陷的部分也容易产生应力集中，尤其是当缺陷方向与应力方向垂直时，加工表面容易产生疲劳裂纹，从而影响零件的耐疲劳性。

2）表面层的物理及力学性能

表面层的物理及力学性能中，表面残余应力对零件耐疲劳性的影响最大。当表面层存在残余压应力时，疲劳裂纹的产生和扩展受到阻碍，零件的耐疲劳性将会改善；当表面层存在残余拉应力时，零件表面容易产生裂纹，零件的耐疲劳性将会恶化。

适当的表面层冷作硬化能阻碍疲劳裂纹的产生和扩展，改善零件的耐疲劳性；但冷作硬化程度太高时，零件表面层金属会变脆，零件表面反而容易产生裂纹，使零件的耐疲劳性恶化。

3. 对零件耐蚀性的影响

耐蚀性是指材料抵抗周围介质对其腐蚀破坏的能力。表面质量中的表面粗糙度和残余应力对零件的耐蚀性影响较大。

1）表面粗糙度

零件的耐蚀性在很大程度上取决于表面粗糙度。如图9-20所示，表面粗糙度较大时，腐蚀性物质容易积聚在粗糙表面的波谷处，波谷处的表面层金属更容易发生化学腐蚀或电化学腐蚀，从而恶化零件的耐蚀性；反之，表面粗糙度较小时，零件的耐蚀性会改善。

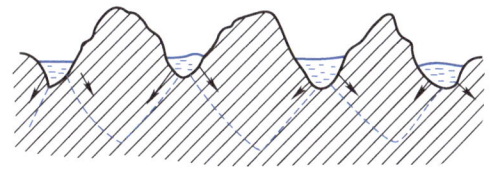

图9-20 粗糙表面腐蚀过程示意

2）残余应力

表面层的残余压应力可使零件表面组织致密，腐蚀性物质不易侵入，有利于改善零件的耐蚀性；而表面层的残余拉应力则会恶化零件的耐蚀性。

4. 对零件配合精度的影响

表面质量中的表面粗糙度对零件配合精度有很大的影响。若表面粗糙度太大，则间隙配合表面的初期磨损量就大，零件工作一段时间后配合间隙就会增大，从而改变原有配合性质，影响间隙配合的稳定性；对于过盈配合表面，轴在压入孔内时表面粗糙度的部分凸峰会被挤平,从而使实际过盈量比预定的小,影响过盈配合的可靠性;对于过渡配合表面,则兼有以上两种配合的影响。因此,对有配合精度要求的表面都应规定较小的表面粗糙度。

9.2.3 影响表面质量的因素

1. 影响加工表面几何形状特征的因素

表面粗糙度是构成加工表面几何形状特征的基本单元。下面就从切削加工和磨削加工这两种不同的加工方式来分析影响表面粗糙度的工艺因素。

1) 影响切削加工表面粗糙度的因素

影响切削加工表面粗糙度的因素主要有几何因素、物理因素和机械加工振动三个。下面介绍前两个,机械加工振动将在后文详细介绍。

(1) 几何因素。

切削加工中,由于刀具切削刃的形状和进给量等几何因素的影响,加工余量不可能完全切除,而会在加工表面留下一定的残留面积。切削残留面积高度 H 决定了表面粗糙度的大小。切削残留面积高度 H 的影响因素主要包括切削加工的进给量 f、主偏角 κ_r、副偏角 κ_r' 和刀尖圆弧半径 r_ε 等,如图 9-21 所示。

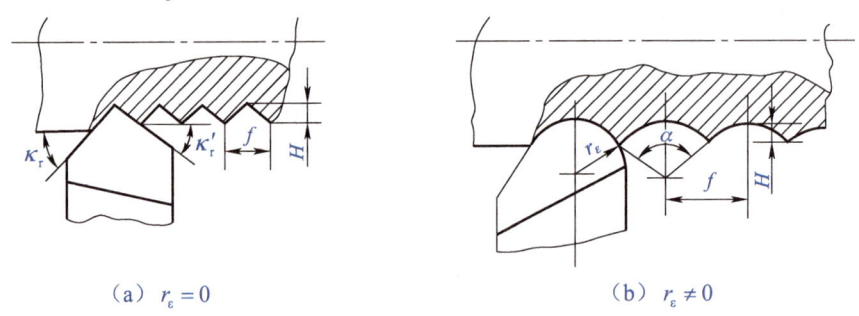

图 9-21 切削残留面积高度的影响因素

如图 9-21(a)所示,当车刀刀尖圆弧半径 $r_\varepsilon = 0$ 时,由几何关系可计算出切削残留面积高度 H,即

$$H = \frac{f}{\cot\kappa_r + \cot\kappa_r'} \tag{9-20}$$

如图 9-21(b)所示,当车刀刀尖圆弧半径 $r_\varepsilon \neq 0$ 时,切削残留面积高度 H 为

$$H \approx \frac{f^2}{8r_\varepsilon} \tag{9-21}$$

由式（9-20）和式（9-21）可知，切削加工中减小进给量 f、主偏角 κ_r、副偏角 κ_r'，增大刀尖圆弧半径 r_ε，可降低切削残留面积高度，从而减小表面粗糙度。

（2）物理因素。

切削加工中，刀具对工件的挤压与摩擦，会使加工表面发生塑性变形，造成原有切削残留面积扭曲，或使其原有沟纹加深，从而增大表面粗糙度。

当采用中低切削速度加工塑性金属材料时，加工表面容易产生积屑瘤和鳞刺，从而增大表面粗糙度；加工脆性金属材料时，切削速度对表面粗糙度的影响不大，容易得到较小的表面粗糙度。

> **点 拨**
>
> 鳞刺是指在一定切削条件下，在加工表面出现的鳞片状、有裂口的毛刺。鳞刺对加工表面的粗糙度影响很大，是获得较小粗糙度的一大障碍。

对同样的金属材料，其金相组织越粗大，切削加工后的表面粗糙度就越大。因此，精加工前对工件进行调质处理，可得到均匀细密的组织和较高的硬度，从而减小表面粗糙度。

2）影响磨削加工表面粗糙度的因素

磨削加工与切削加工有许多不同之处。在磨削加工过程中，磨粒会在工件表面上切削、刻画和滑擦出无数微细的沟槽，且沟槽两边伴随着塑性隆起。每单位面积的沟槽越多，刻痕的等高性越好，隆起量越小，磨削加工的表面粗糙度就越小。

影响磨削加工表面粗糙度的因素主要包括磨削用量、砂轮和工件材料等。

（1）磨削用量。

- **砂轮速度 v_c**：提高砂轮速度 v_c 会增加工件单位面积的刻痕数，且高速磨削时工件表面的塑性变形不充分，从而减小沟槽两侧的隆起量，有利于减小表面粗糙度。
- **工件线速度 v_w**：在其他条件不变的情况下，提高工件线速度 v_w，会减少磨粒单位时间内在工件表面的刻痕数，从而增大表面粗糙度。
- **磨削深度 a_p**：增大磨削深度 a_p，会使磨削力增大，磨削温度升高，表面的塑性变形增大，从而使表面粗糙度增大。

（2）砂轮。

- **砂轮的粒度**：砂轮的粒度应适宜。砂轮的粒度越小，单位面积的磨粒越多，在加工表面的刻痕越紧密，则表面粗糙度越小；但粒度过细容易使砂轮堵塞，导致砂轮磨削性能下降，反而会使表面粗糙度增大。
- **砂轮的硬度**：砂轮的硬度应适宜。砂轮太硬，磨粒钝化后不易脱落，加工表面会受到强烈的摩擦和挤压，塑性变形增大，从而导致表面粗糙度增大或烧伤加工表面；砂轮太软，磨粒容易脱落，会产生磨损不均匀的现象，也会使表面粗糙度增大。

- **砂轮的修整**：砂轮上切削微刃的等高性越好，磨出的工件表面粗糙度就越小。因此，应及时修整砂轮，以去除外层已钝化或被磨屑堵塞的磨粒，保证切削微刃的等高性。

（3）工件材料。

工件材料的硬度、塑性、韧性和导热性等对磨削加工表面粗糙度有显著的影响。

工件材料硬度太高，易使磨粒钝化，会增大表面粗糙度；工件材料硬度太低，易堵塞砂轮，也会增大表面粗糙度。

工件材料的塑性、韧性较大时，其塑性变形程度也较大，会增大表面粗糙度。工件材料的导热性较差时，磨削温度较高，也会增大表面粗糙度。

2．影响表面层物理及力学性能的因素

1）影响表面层金相组织变化的因素

对于一般的切削加工，切削温度一般不会达到相变临界点，表面层金相组织不会发生变化。但对于磨削加工，由于磨削温度较高，很容易达到相变临界点，表面层金相组织会发生变化，从而使其硬度和强度发生变化，并产生残余应力，甚至出现裂纹，这种现象称为磨削烧伤。

影响磨削烧伤的因素主要如下。

（1）磨削用量。当磨削深度 a_p 增大时，磨削温度会显著升高，容易造成磨削烧伤。增大工件的轴向进给量 f_a，会减少热源的作用时间，使金相组织来不及变化，从而减轻磨削烧伤。提高工件线速度 v_w，虽然会使发热量增大，但由于热源作用时间减少，因此对磨削烧伤影响不大。但提高工件线速度 v_w 会增大表面粗糙度，一般可通过提高砂轮线速度 v_c 来弥补不足。

（2）砂轮的特性。砂轮的粒度越细，硬度越高，则磨削温度越高，磨削烧伤越严重。砂轮结合剂最好采用具有一定弹性的材料，以保证磨粒受到过大磨削力时能产生一定的弹性退让，从而减小磨削深度，减轻磨削烧伤。

（3）冷却方式。采用切削液进行冷却可避免磨削烧伤，但磨削时砂轮转速较高，其表面会产生一层强气流，采用一般的冷却方式时切削液很难进入磨削区，冷却效果不理想。目前，比较有效的冷却方式有喷射法、喷雾法和内冷却法。

> **点　拨**
>
> 内冷却法是指利用砂轮的多孔隙特点，从砂轮中心通孔将切削液注入砂轮内部进行冷却的方法。采用这种方法时，注入砂轮中心腔的切削液随砂轮转动，会在离心力的作用下经砂轮内部的孔隙甩入磨削区，从而达到充分冷却的目的。

2）影响表面层冷作硬化的因素

影响表面层冷作硬化的因素主要如下。

（1）刀具几何参数。刀具前角 γ_0 减小，刀尖圆弧半径 r_ε 增大及刀具后刀面磨损宽度 VB 增大，都会使表面层金属的塑性变形增大，从而导致硬化层深度 h 和硬化程度 N 增大。

（2）切削用量。切削用量中进给量 f 和切削速度 v_c 对冷作硬化的影响较大。其中，进

给量 f 增大，会使切削力增大，工件的表面层金属塑性变形增大，从而导致硬化层深度 h 和硬化程度 N 增大；切削速度 v_c 增大，会使切削温度升高，冷作硬化的恢复作用加强，同时刀具对工件的作用时间减少，塑性变形减小，故硬化层深度 h 和硬化程度 N 都会有所减小。

（3）工件材料。工件材料的硬度越低、塑性越大，加工时表面层金属的塑性变形越大，冷作硬化越严重。

3）影响表面层残余应力的因素

影响表面层残余应力的因素主要如下。

（1）冷态塑性变形。切削加工时，加工表面会在切削力的作用下产生较大的塑性变形，使表面层金属体积膨胀，但由于受到里层金属的阻碍，因此会在表面层产生残余压应力，在里层产生了残余拉应力。另一方面，加工表面受到刀具后刀面的挤压和摩擦作用，会使表面层金属产生拉伸塑性变形，其也会受到里层金属的阻碍，最终在表面层产生残余压应力，在里层产生残余拉应力。

（2）热态塑性变形。切削加工时，加工表面在切削热的作用下产生热膨胀，但里层金属温度较低，会对表面层金属的热膨胀产生阻碍，从而使表面层产生热压缩应力。当热压缩应力超过材料的热屈服点时，表面层金属会产生压缩塑性变形。当加工结束后，温度下降，表面层金属在体积收缩时又会受到里层金属的阻碍，最终在表面层产生残余拉应力，在里层产生残余压应力。

（3）金相组织变化。切削加工时，若加工表面的温度超过金相组织的转变温度，则工件表面层金属将会产生组织转变。由于不同金相组织的密度不同，因此表面层金相组织的变化将会使表面层金属的体积发生变化。当体积膨胀时，表面层金属会因受到里层金属的阻碍而在自身内部产生残余压应力，反之会产生残余拉应力。

以磨淬火钢工件为例，该工件原来的组织为马氏体，磨削时，若表面层产生二次淬火现象，则马氏体会转化成二次淬火马氏体，体积将会增大，在表面层产生残余压应力，在里层产生残余拉应力；若表面层产生回火现象，则马氏体会转化成索氏体或屈氏体，体积将会缩小，在表面层产生残余拉应力，在里层产生残余压应力。

> **点拨**
>
> 实际加工中，表面层残余应力是冷态塑性变形、热态塑性变形和金相组织变化三方面综合作用的结果，其大小、性质和分布规律由起主导作用的因素决定。例如，切削时，起主导作用的因素是冷态塑性变形，工件表面常产生残余压应力；磨削时，起主导作用的是热态塑性变形或金相组织变化，工件表面常产生残余拉应力。

9.2.4 提高表面质量的方法

零件的表面质量主要取决于零件表面的最终加工方法。因此，选择正确的最终加工方法对于提高零件的表面质量至关重要。生产中，用于提高零件表面质量的最终加工方法主要有光整加工和表面强化两种。

1. 光整加工

光整加工是指精加工后，不切除或从工件上切出极薄金属层，以提高零件表面质量的加工方法，如研磨、珩磨、超精加工及抛光等。光整加工的生产率较低、生产成本较高。

2. 表面强化

表面强化是指通过改变零件表面层组织结构，从而提高表面质量的方法，如喷丸强化、滚压加工、液体磨料强化等方法。由于表面强化方法简单、成本低，因此在生产中应用十分广泛。这里主要对几种常见的表面强化工艺进行介绍。

1）喷丸强化

喷丸强化是指利用压缩空气将大量的珠丸高速喷向已加工表面，使已加工表面产生冷硬层和残余压应力，以显著提高零件疲劳强度的表面强化方法。这种方法硬化深度可达 0.7 mm，表面粗糙度 Ra 可从 2.5～5 μm 减小为 0.32～0.63 μm，适用于强化形状复杂的零件，如齿轮、连杆、曲轴等。

2）滚压加工

滚压加工是指利用淬硬的滚轮或滚珠对零件表面施加压力，使表面产生塑性变形的表面强化方法。滚压加工时，零件表面上原有的粗糙度凸峰被填充到相邻的凹谷中，使金属表面晶格产生畸变、硬度提高，并使表面产生冷硬层和残余压应力，从而提高零件的承载能力及疲劳强度。

滚压加工表面硬化层深度为 0.2～1.5 mm，可使表面粗糙度 Ra 从 1.25～10 μm 减小为 0.08～0.63 μm，硬化程度为 10%～40%。滚压加工一般在精车或精磨后进行，适用于加工外圆、平面及直径大于 ϕ30 mm 的孔。

3）液体磨料强化

液体磨料强化是指将高速喷出的液体磨料混合物射向零件表面，使工件表面产生塑性变形的表面强化方法。这种方法的液体磨料压力为 400～800 kPa，在其冲击作用下，零件表面的粗糙度凸峰被磨平，并被碾压而产生塑性变形和残余压应力，从而改善零件的耐磨性、耐腐蚀性，提高其疲劳强度。

液体磨料强化适用于加工复杂形面，如锻模、汽轮机叶片螺旋桨、仪表零件和切削刀具等。

9.3 机械加工振动

机械加工过程中，工件和刀具之间常产生振动，使它们正常的相对运动轨迹受到破坏。这不仅会影响零件的表面质量、缩短刀具和机床的使用寿命，还可能造成刀具切削刃崩碎，甚至酿成事故。因此，研究机械加工振动产生的原因、发展的规律及抑制方法具有重要的意义。

按激励控制方式的不同，机械加工振动可分为自由振动、受迫振动和自激振动三种。其中，自由振动是指所受激励或约束去除后工艺系统出现的振动，它一般能迅速衰减，对机械加工的影响很小；受迫振动是指工艺系统在一个与时间有关的外力作用下产生的振动；自激振动又称颤振，是指工艺系统内的能量转换成振荡激励而形成的振动。

下面主要介绍受迫振动和自激振动。

9.3.1 受迫振动

1．受迫振动产生的原因

受迫振动的振源分为来自机床外部的机外振源和来自机床内部的机内振源两大类。

1）机外振源

机外振源有很多，主要通过地基传给机床，从而使工艺系统产生受迫振动。机外振源可通过加设隔振地基来隔离。

2）机内振源

机内振源主要有机床旋转零件的不平衡、机床传动机构的缺陷和切削过程中的冲击等。

（1）机床旋转零件的不平衡。

机床上做旋转运动的零件，如联轴器、带轮、卡盘等，由于形状不对称、材质不均匀或加工误差、装配误差等原因造成质量偏心而产生离心力，从而引起受迫振动。

（2）机床传动机构的缺陷。

机床传动机构的缺陷，如传动齿轮的齿距误差或安装误差、轴承滚动体大小不一、传动皮带的厚度不均匀、液压系统中油泵排出的液压油脉动等，都会使工艺系统产生受迫振动。

（3）切削过程中的冲击。

在铣削、拉削加工中，刀齿在切入和切出工件、加工断续表面的过程中都会产生冲击，从而引起受迫振动。

2．受迫振动的特征

（1）受迫振动是由周期性激振力引起的，是一种不衰减的稳定振动，且振动本身不会引起激振力的变化。

（2）受迫振动的振动频率与激振力的频率相同或呈倍数关系，与工艺系统的固有频率无关。这一规律常用于查找受迫振动的振源。

（3）受迫振动的振幅主要取决于激振力的频率与工艺系统固有频率的比值，此外还与激振力的大小、工艺系统刚度和阻尼系数等有关。当激振力的频率与工艺系统的固有频率相近时，振幅会急剧增大，产生共振现象。

3．抑制受迫振动的方法

1）消振和隔振

将振源隔离，减轻振源对振动的影响是抑制受迫振动的一种有效的方法。例如，对同一机床系统，为避免液压驱动引起受迫振动，可将液压泵和机床分离并用软管连接。

2）减小激振力

对工艺系统中的旋转零件进行平衡处理，提高齿轮、传动带、传动链等传动零部件的精度，可减小激振力的大小。

3）调节振源频率

在选择参数时，尽量使振源的频率远离工艺系统的固有频率，以免产生共振。

4）提高工艺系统刚度及增大工艺系统阻尼

提高工艺系统刚度及增大工艺系统阻尼，可减小振幅，从而有效抑制工艺系统在共振区的受迫振动。

9.3.2 自激振动

1. 自激振动产生的原理

在一定条件下，切削力在切削过程中即使没有受到外部激振力，也可能产生周期性的变化，这个周期性变化的动态力称为交变力。交变力对振动系统做功，即输入能量，可补偿振动系统因阻尼而耗散的能量，以加强或维持这种振动。这种由振动过程本身所产生的交变力维持的振动，就是自激振动。

机械加工过程中，自激振动的原理如图 9-22 所示。切削过程产生交变力，使工艺系统的弹性元件产生振动；工艺系统振动产生的位移再反馈给切削过程，从而使切削过程产生持续的交变力。由于维持自激振动所需的交变力是由工艺系统本身产生的，因此工艺系统的运动一旦停止，交变力即随之消失，自激振动也就停止。

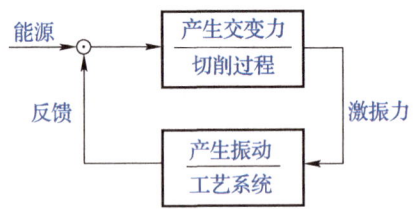

图 9-22 自激振动的原理

2. 自激振动的特征

（1）自激振动的振动频率与工艺系统的固有频率相近。

（2）自激振动是一种不衰减的振动，这是因为振动系统本身能产生交变力，可加强或维持这种振动。外部振源可能在最初激发振动时起作用，但它不是产生振动的内在原因。

（3）自激振动能否产生及振幅的大小，均取决于振动系统在每个振动周期内能量的获得和消耗情况。若获得的能量大于消耗的能量，则振幅将会不断变化，直到两者能量相等为止；若获得的能量小于消耗的能量，则自激振动不会产生。

抑制自激振动的方法

3. 抑制自激振动的方法

机械加工过程中，自激振动是频率较高的强烈振动，它通常是影响表面质量及生产率的主要因素。因此，生产中应尽量避免和减小自激振动。通常可采取以下方法抑制自激振动。

1）合理选择切削用量

（1）切削速度 v_c。

如图 9-23 所示为切削速度和自激振动振幅的关系曲线。其中，当切削速度 v_c 在 20~60 m/min 范围内时，振幅 A 较大，自激振动容易产生。因此，可选择高速或低速进行切削，以避免产生自激振动。

（2）进给量 f。

如图 9-24 所示为进给量和自激振动振幅的关系曲线。其中，振幅 A 随进给量 f 的增大而减小。因此，在表面粗糙度允许的情况下，应适当增大进给量 f，以减小自激振动。

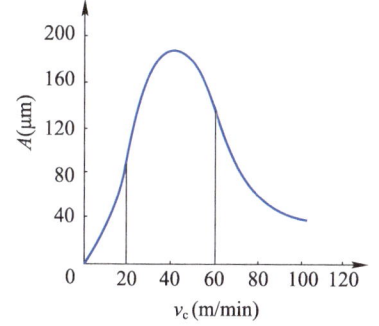

图 9-23　切削速度和自激振动振幅的关系曲线

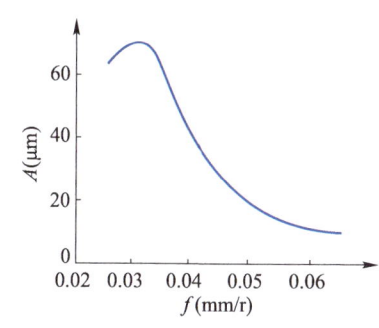

图 9-24　进给量和自激振动振幅的关系曲线

（3）背吃刀量 a_p。

如图 9-25 所示为背吃刀量和自激振动振幅的关系曲线。其中，振幅 A 随背吃刀量 a_p 的增大而增大，减小背吃刀量 a_p 能减小自激振动。但减小背吃刀量 a_p 会降低生产率，故这种方法不常使用，而常采用调整切削速度 v_c 和进给量 f 的方法来减小自激振动。

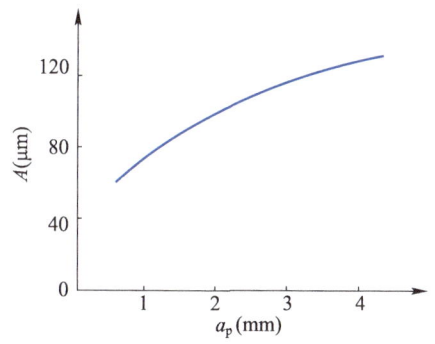

图 9-25　背吃刀量和自激振动振幅的关系曲线

2）合理选择刀具几何参数

在刀具几何参数中，对自激振动影响最大的是前角 γ_0 和主偏角 κ_r。适当增大前角 γ_0 和主偏角 κ_r 能减小切削力，从而减小自激振动。

3）提高工艺系统的抗振能力

（1）提高机床的抗振能力。

机床的抗振能力可通过提高机床刚度、合理安排各部件的固有频率、增大阻尼，以及

提高制造和装配质量等方法来提高。

（2）提高刀具的抗振能力。

刀具的抗振能力可通过改变刀杆的惯性矩和弹性模量，以及增大刀具的阻尼系数等方法来提高。

（3）提高工件安装时的刚度。

提高工件安装时的刚度主要是指提高工件的弯曲刚度，如车细长轴时采用中心架或跟刀架等。

4）采用消振及减振装置

为保证加工质量和提高生产率，若采用上述方法后仍无法达到减振要求，则可采用各种消振和减振装置。

项目实施——分析影响活塞销孔精镗加工精度的原始误差

1. 分析影响销孔直径尺寸精度的原始误差

影响销孔直径尺寸精度的原始误差有：① 镗刀切削刃的伸出长度；② 刀具磨损；③ 刀具热变形。

2. 分析影响销孔形状精度的原始误差

影响销孔形状精度的原始误差有：① 主轴回转误差；② 导轨导向误差；③ 工作台运动方向与主轴回转轴线不平行；④ 机床热变形。

3. 分析影响销孔位置精度的原始误差

影响销孔位置精度的原始误差有：① 由设计基准（顶面）与定位基准（止口端面）不重合引起的定位误差；② 由夹紧力过大引起的夹紧误差；③ 安装误差，如夹具在工作台上的位置误差，菱形销与主轴的同轴度误差；④ 夹具制造误差；⑤ 机床热变形。

项目9 机械加工质量分析与控制

项目考核

1. 填空题

(1) 零件尺寸精度的获得方法有试切法、调整法、＿＿＿＿和自动控制法四种。

(2) 多次装夹法是指工件在加工过程中经多次装夹，由加工表面与＿＿＿＿之间的位置精度来保证工件位置精度的方法。

(3) 由于工艺系统的受力变形，加工后的工件上会出现与毛坯形状相似的误差，这种现象称为＿＿＿＿。

(4) 表面层的物理及力学性能中，＿＿＿＿对零件耐疲劳性的影响最大。

(5) 按激励控制方式的不同，机械加工振动可分为自由振动、＿＿＿＿和自激振动三种。

2. 选择题

(1) 下列不属于几何误差的是（　　）。
　　A．原理误差　　　　　　B．调整误差
　　C．工件安装误差　　　　D．工艺系统磨损

(2) 下列不属于主轴回转误差基本形式的是（　　）。
　　A．轴向误差运动　　　　B．轴线漂移
　　C．倾斜误差运动　　　　D．纯径向误差跳动

(3) 引起工艺系统热变形的热源不包括（　　）。
　　A．切削热　　　　　　　B．接触热
　　C．摩擦热　　　　　　　D．环境热

(4) 机械加工中，为减小表面粗糙度，改善表面物理及力学性能，常采用的表面强化工艺不包括（　　）。
　　A．喷丸强化　　　　　　B．滚压加工
　　C．光整加工　　　　　　D．液体磨料强化

(5) 下列不属于机内振源是（　　）。
　　A．相邻机床的振动　　　B．切削过程中的冲击
　　C．机床传动机构的缺陷　D．旋转零件的不平衡

3. 判断题

(1) 零件的形状精度要求高时，其位置精度和尺寸精度要求一定高。（　　）

(2) 采用一次装夹法加工零件时，位置精度的大小取决于机床的运动精度。（　　）

(3) 在加工螺纹或用展成法加工齿轮或蜗轮等工件时，主轴回转误差是影响加工精度的主要因素。（　　）

(4) 零件的表面粗糙度过大或过小都会影响其耐磨性。（　　）

(5) 自激振动不会随工艺系统运动的停止而停止，因此是一种不衰减的振动。（　　）

4. 问答题

（1）简述提高主轴的回转精度常采取的方法。

（2）为什么对有配合精度要求的表面都应规定较小的表面粗糙度？

（3）自激振动通常可采取哪些方法来抑制？

项目评价

指导教师根据学生对本项目的实际学习成果对其进行评价,学生配合指导教师共同完成如表 9-4 所示的学习成果评价表。

表 9-4 学习成果评价表

班级		组号		日期	
姓名		学号		指导教师	
项目名称		机械加工质量分析与控制			
评价项目	评价内容		评价方式	分值/分	评分/分
知识 (40%)	加工精度的基本知识		理论测试	6	
	加工精度的影响因素和提高方法			8	
	表面质量的基本知识			6	
	表面质量对零件使用性能的影响			4	
	表面质量的影响因素和提高方法			8	
	受迫振动和自激振动			8	
技能 (40%)	能分析中等复杂零件的机械加工质量		实践操作	20	
	能解决一般的机械加工质量问题			20	
素养 (20%)	认真参加教学活动,积极学习和思考		综合评判	5	
	高效完成学习和实践任务			5	
	服从指挥,遵守课堂纪律			5	
	团结合作,具有创新思维			5	
合计				100	
自我评价					
指导教师评价					

参考文献

[1] 卢秉恒. 机械制造技术基础 [M]. 4版. 北京：机械工业出版社，2017.
[2] 王先逵. 机械制造工艺学 [M]. 4版. 北京：机械工业出版社，2019.
[3] 熊良山. 机械制造技术基础 [M]. 4版. 武汉：华中科技大学出版社，2020.
[4] 刘英. 机械制造技术基础 [M]. 3版. 北京：机械工业出版社，2018.
[5] 杨叔子. 机械加工工艺师手册 [M]. 2版. 北京：机械工业出版社，2010.